经济数学基础丛书

丛书主编　陶前功

# 高等数学（上）

## （第二版）

陶前功　严培胜　主编

科学出版社

北京

# 内 容 简 介

　　本套书是依据教育部《经济管理类数学课程教学基本要求》,针对高等学校经济类、管理类各专业的教学实际编写的高等数学或微积分课程教材,分上、下两册. 本书是上册,内容包括函数、极限与连续,导数与微分,微分中值定理与导数的应用,不定积分,定积分及其应用. 每节后配有(A)、(B)两组习题,每章后配有总习题,(B)组习题为满足有较高要求的读者配备,题型丰富,梯度难度恰到好处.

　　本书适合经济、管理、部分理工科(非数学)、社科、人文等各专业学生使用.

**图书在版编目(CIP)数据**

高等数学.上/陶前功,严培胜主编. —2 版.—北京:科学出版社,2022.8
(经济数学基础丛书/陶前功主编)
ISBN 978-7-03-072603-2

Ⅰ.① 高… Ⅱ.① 陶… ②严… Ⅲ.① 高等数学-高等学校-教材
Ⅳ.① O13

中国版本图书馆 CIP 数据核字(2022)第 112759 号

责任编辑:吉正霞/责任校对:郑金红
责任印制:彭　超/封面设计:图阅盛世

科学出版社 出版
北京东黄城根北街 16 号
邮政编码:100717
http://www.sciencep.com

武汉市首壹印务有限公司印刷
科学出版社发行　各地新华书店经销
*
开本:787×1092　1/16
2022 年 8 月第　二　版　　印张:16 1/4
2023 年 8 月第二次印刷　　字数:413 000
**定价:49.00 元**
(如有印装质量问题,我社负责调换)

# 第二版前言

本套教材具有科学性和应用性的有机结合、提高大学生的数学素质、适应面广的特色，自 2012 年出版以来，深受读者欢迎. 本套教材语言准确、通俗易懂、深入浅出，通过数学知识、数学能力、数学思维的融合，既能适应经济管理类专业对高等数学知识能力的要求，也兼顾部分学生进一步学习深造的需求.

第一版出版时正值党的十八大召开，我们努力在教材的编写中落实党中央对高等教育的要求，遵循党的教育方针. 再版时，又逢党的二十大胜利召开. 第一版出版十余年来，我国科学技术和社会经济取得巨大的发展，特别是信息技术的广泛应用影响着所有人的生活、工作和学习，人民对生活水平和追求更高生活质量的愿望在不断提高，社会、经济、科学的发展对数学的要求也有所变化. 因此我们进行了改版，第二版在保持前一版的特色的基础上，更加体现如下几个特点.

1. 教材内容的先进性：本次改版的理念，在于认真贯彻党的二十大精神，落实党的教育方针. 落实党的二十大守正创新的要求，选入一些相应学科的新思想、新要求的材料，补充更新部分内容；在例题、习题中添加一些国家日新月异变化的文字和数据，体现"四个自信"；在信息化拓展资料中增加一些我国劳动人民特别是科学家勇于创新、踔厉奋发、勇毅前行的实例，弘扬为推进中华民族伟大复兴而团结奋斗的精神.

2. 内容编排的科学性：在内容安排和习题安排上由浅入深，符合认知规律，概念表述力求严谨，逻辑清晰，尽可能通过生活生产实际背景引入数学概念，便于学生理解和掌握.

3. 教材内容的适应性：教学是教师和学生共同完成的一个知识传授的过程，在这个过程中教材是根本，也是媒介. 本套教材在概念、性质、推理演绎、例题和习题的选配等方面，都是从教学的实际要求出发而编写的，遵循教学活动自身的规律性，方便教师讲授和学生学习.

4. 教材内容的信息化技术应用：本套教材在重点难点的内容处补充视频等信息化材料，方便学生学习.

本版教材分为上、下两册，上册由陶前功、严培胜任主编，游丽霞、刘云芳任副主编；下册由陶前功、曾艳妮任主编，郑昌红、刘云芳任副主编.

参加教材编写的作者们都是多年从事数学教学研究的教授、学者，有丰富的教学经验，在编写中紧扣教学大纲的要求，结合自身的教学实践，研究学习同类教材，取长补短，使教材具有一些新意和特色. 相信本套教材在使用的过程中，能够教学相长，在教育教学改革中发挥积极的作用.

　　本套教材在编写过程中参考了许多同类教材，得到很多学校和教学管理部门的大力支持和指导，在此特别致谢！同时也希望在使用的过程中得到老师和同学的指导意见，以便在教学实践中不断完善.

编　者

2023 年 6 月

# 第一版前言

本书是依据教育部《经济管理类数学课程教学基本要求》，针对高等学校经济类、管理类各专业的教学实际编写的高等数学或微积分课程教材.

高等数学课程对经济类、管理类专业来说"非常重要"是普遍认同的. 在当前高等教育从精英化走向大众化的趋势下，高等数学课程在教与学两方面都产生了新的要求与挑战. 一方面，学生的数学基础更加参差不齐；另一方面，现代社会对人才的数学素质要求越来越高. 如何体现"数学教育不仅是培养现代专业技术人才最重要的素质教育，也是人才培养的关键因素"，如何实施将数学教学重点从"为专业课提供数学工具"扩展到"提高大学生的数学素质"上来，希望本书所做的尝试是有益的.

数学有三个层面：一是作为科学思维的数学，它反映人类进行抽象和理性思维的能力；二是作为技术应用的数学，它使数学成为创造社会财富和价值的工具；三是作为文化修养的数学，使数学成为现代人类基本社会素养的一部分. 对于这三个层面，所有教材都希望具备，本教材也不例外. 但我们更侧重于上述二、三两个层面的把握.

本教材具有以下特色：

（1）继承与保持传统和经典的《高等数学》（或《微积分》）教材的优点和编排体系.

（2）强调高等数学在经济管理中的应用. 凡是能够涉及的内容，都尽可能做一些经济学上的诠释，并在例题和习题中加以体现.

（3）内容展开不简单套用"定义、定理、推论"的形式化演绎. 力求在语言准确的前提下，陈述通俗易懂，深入浅出，推理简洁直观，符合人们普遍的认知和心理过程.

（4）适当弱化诸如极限、连续、微分、积分等内容的理论要求，强化利用几何直观、经济应用形成抽象概念，加强数学思想的融汇与培养——让概念在应用中形成.

（5）适当弱化对解题技巧训练的要求，强调基本方法和基本技巧的训练，强化数值方法和软件计算的训练——将繁杂的计算留给计算机完成.

（6）体现知识、能力、意识三者的关系. 既要讲授知识，还要培养运用知识的能力，更要有运用知识解决问题的意识.

（7）适当兼顾学生的考研需求. 从教材的内容和结构上注意与考研大纲（数学三）衔接，从例题和（B）组习题上反映考研的典型题型和知识要点.

（8）为方便学习，每一章都做了内容小结，对本章的基本内容、基本概念、基本方法和技巧做系统归纳.

本教材分上、下两册. 上册由严培胜、陶前功任主编，曾艳妮、魏小燕、朱奋秀任副主编，易风华、黄传喜、潘志斌、邢婧、游丽霞等参加编写. 内容包括第 1 章：函数、极限与连续，第 2 章：导数与微分，第 3 章：中值定理与导数的应用，第 4 章：不定积分，

第 5 章：定积分及应用. 下册由陶前功、严培胜任主编，谢承义、赵琼、朱奋秀任副主编，耿智琳、陈兰、黄振东等参加编写，内容包括第 6 章：无穷级数，第 7 章：微分方程，第 8 章：多元函数微分学，第 9 章：二重积分. 各章都专设一节编入了 MATLAB 的应用方法作为讲授内容. 书中注有"*"号的内容可供不同专业、不同要求选用.

　　本教材在编写过程中，参考了众多的国内外教材，得到了学校及相关教学单位、教学管理部门和兄弟理学院的大力支持和指导，在此一并特别致谢！

　　由于编者水平有限，教材中疏漏和不足之处一定存在，真诚希望得到专家、同行、读者的批评指正，并在教学实践中不断完善.

编　者
2012 年 6 月

# 目　　录

# 第 1 章

# 函数、极限与连续

由于社会经济和科学技术发展的需要，数学在经历数千年的发展之后进入了从形的研究向数的研究的新时代，由常量数学发展为变量数学，微积分的创立是这一时期最突出的成就之一. 微积分研究的基本对象是定义在实数集上的函数.

极限是研究函数的基本方法，连续函数则是函数的一种重要属性，因而本章是整个微积分学的基础. 本章主要介绍函数的概念及其基本性质、数列和函数的极限及其基本性质、连续函数的概念及其基本性质，为进一步学好微积分打下一个良好的基础.

# 1.1 函 数

## 1.1.1 集合、区间与邻域

### 1. 集合

自从德国数学家康托尔（Cantor）于 19 世纪末创立集合论以来，集合论的概念和方法已渗透到数学的各个分支，成为现代数学的基础和语言. 集合是数学中的一个最基本的概念，它在现代数学和工程技术中有着非常重要的作用. 一般地，具有某种特定性质的对象的全体称为**集合**. 组成这个集合的对象称为该集合的**元素**. 例如：某人通讯录好友的全体组成一个集合，其中每一个好友为该集合的一个元素；整数的全体组成整数集合，每个整数是它的元素等.

习惯上，用大写的英文字母 $A, B, C, \cdots$ 表示集合，用小写的英文字母 $a, b, c, \cdots$ 表示集合的元素. 若 $a$ 是集合 $A$ 的元素，则称 $a$ 属于 $A$，记为 $a \in A$；否则称 $a$ 不属于 $A$，记为 $a \notin A$（或 $a \overline{\in} A$）. 含有有限个元素的集合称为**有限集**；由无限个元素组成的集合称为**无限集**；不含任何元素的集合称为**空集**，用 $\varnothing$ 表示. 例如，某人通讯录好友的全体组成的集合是有限集；全体整数组成的集合是无限集；方程 $x^2 + 2 = 0$ 的实根组成的集合是空集.

元素都是数的集合称为数集. 全体自然数组成的集合称为自然数集，记为 **N**；全体整数组成的集合称为整数集，记为 **Z**；全体有理数组成的集合称为有理数集，记为 **Q**；全体实数组成的集合称为实数集，记为 **R**. 如无特别说明，本书中提到的数都是实数.

集合的表示方法主要有**列举法**和**描述法**. 列举法是将集合的元素一一列举出来，写在一对花括号内，如 $A = \{1, 2, 3\}$. 描述法是在花括号内指明集合中元素所具有的性质，即将具有某种性质特征的元素 $x$ 所组成的集合 $A$ 记为 $A = \{x \mid x$ 具有某种性质特征$\}$. 例如，由方程 $x^2 - 5x + 4 = 0$ 的根构成的集合，可记为 $B = \{x \mid x^2 - 5x + 4 = 0\}$.

设 $A, B$ 是两个集合，若 $A$ 的每个元素都是 $B$ 的元素，则称 $A$ 是 $B$ 的**子集**，记为 $A \subseteq B$（或 $B \supseteq A$），读为 $A$ 被 $B$ 包含（或 $B$ 包含 $A$）；若 $A \subseteq B$，且有元素 $a \in B$，但 $a \notin A$，则称 $A$ 是 $B$ 的**真子集**，记为 $A \subset B$. 例如，$\mathbf{N} \subseteq \mathbf{Z} \subseteq \mathbf{Q} \subseteq \mathbf{R}$.

**注** 规定空集为任何集合的子集，即对任何集 $A$，$\varnothing \subseteq A$.

若 $A \subseteq B$，且 $A \supseteq B$，则称集合 $A$ 与集合 $B$ **相等**，记为 $A = B$. 例如，设 $A = \{1, 4\}$，$B = \{x \mid x^2 - 5x + 4 = 0\}$，则 $A = B$.

由属于 $A$ 或属于 $B$ 的所有元素组成的集合称为 $A$ 与 $B$ 的**并集**，记为 $A \cup B$，即
$$A \cup B = \{x \mid x \in A \text{或} x \in B\}$$
由同时属于 $A$ 与 $B$ 的元素组成的集合称为 $A$ 与 $B$ 的**交集**，记为 $A \cap B$，即
$$A \cap B = \{x \mid x \in A \text{且} x \in B\}$$
由属于 $A$ 但不属于 $B$ 的元素组成的集合称为 $A$ 与 $B$ 的**差集**，记为 $A \backslash B$（或 $A - B$），即

$$A \setminus B = \{x \mid x \in A \text{但} x \notin B\}$$

两个集合的并集、交集、差集如图 1.1.1 阴影部分所示.

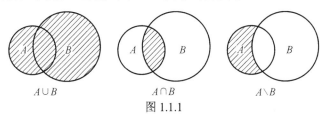

图 1.1.1

在研究某个问题时，如果所考虑的一切集合都是某个集合 $S$ 的子集，则称 $S$ 为基本集或全集. $S$ 中的任何集合 $A$ 关于 $S$ 的差集 $S \setminus A$ 称为 $A$ 的**补集**（或**余集**），记为 $\overline{A}$.

集合运算具有下列性质：

（1）交换律 $A \cup B = B \cup A$，$A \cap B = B \cap A$；

（2）结合律 $A \cup (B \cup C) = (A \cup B) \cup C$，$A \cap (B \cap C) = (A \cap B) \cap C$；

（3）分配律 $A \cap (B \cup C) = (A \cap B) \cup (A \cap C)$，$A \cup (B \cap C) = (A \cup B) \cap (A \cup C)$；

（4）对偶律 $\overline{A \cup B} = \overline{A} \cap \overline{B}$，$\overline{A \cap B} = \overline{A} \cup \overline{B}$.

## 2. 区间

区间是用得较多的一类数集. 设 $a$ 和 $b$ 都是实数，且 $a < b$，数集 $\{x \mid a < x < b\}$ 称为**开区间**，记为 $(a, b)$，即 $(a, b) = \{x \mid a < x < b\}$. 数集 $\{x \mid a \leqslant x \leqslant b\}$ 称为**闭区间**. 记为 $[a, b]$，即 $[a, b] = \{x \mid a \leqslant x \leqslant b\}$. 数集 $[a, b) = \{x \mid a \leqslant x < b\}$ 和 $(a, b] = \{x \mid a < x \leqslant b\}$ 称为**半开半闭区间**.

以上四种区间的长度都是有限的，因此统称为**有限区间**. 称 $a$ 为区间的左端点，$b$ 为区间的右端点，数 $b - a$ 称为**区间长度**. 此外还有**无限区间**，如

$$(-\infty, +\infty) = \left\{ x \mid -\infty < x < +\infty \right\} = \mathbf{R}$$
$$(-\infty, b] = \left\{ x \mid -\infty < x \leqslant b \right\}$$
$$(-\infty, b) = \left\{ x \mid -\infty < x < b \right\}$$
$$[a, +\infty) = \left\{ x \mid a \leqslant x < +\infty \right\}$$
$$(a, +\infty) = \left\{ x \mid a < x < +\infty \right\}$$

这里记号 "$-\infty$" 和 "$+\infty$" 分别表示 "负无穷大" 和 "正无穷大".

## 3. 邻域

邻域也是常用的一类数集，是微积分学中经常用到的一个概念.

设 $a$ 是一个给定的实数，$\delta$（通常是很小的正数）是某一正数，称数集

$$\{x \mid a - \delta < x < a + \delta\}$$

为点 $a$ 的 $\delta$ **邻域**，记为 $U(a, \delta)$，即

$$U(a, \delta) = \{x \mid a - \delta < x < a + \delta\} = \{x \mid |x - a| < \delta\}$$

其中称点 $a$ 为该邻域的**中心**，$\delta$ 为**邻域的半径**. $U(a, \delta)$ 在数轴上表示以 $a$ 为中心、长度为

$2\delta$ 的对称开区间 $(a-\delta,a+\delta)$，如图 1.1.2 所示.

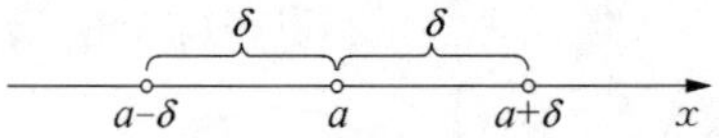

图 1.1.2

若将邻域 $U(a,\delta)$ 的中心去掉，所得到的数集称为点 $a$ 的**去心 $\delta$ 邻域**，记为 $\mathring{U}(a,\delta)$，即

$$\mathring{U}(a,\delta)=(a-\delta,a)\bigcup(a,a+\delta)=\{x\mid 0<|x-a|<\delta\}$$

称区间 $(a-\delta,a)$ 为点 $a$ 的**左 $\delta$ 邻域**，区间 $(a,a+\delta)$ 为点 $a$ 的**右 $\delta$ 邻域**.

**注** 不等式 $0<|x-a|$ 意味着 $x\neq a$，即 $\mathring{U}(a,\delta)=U(a,\delta)\setminus\{a\}$.

更一般地，以 $a$ 为中心的任何开区间均是点 $a$ 的邻域，当不需要特别指明邻域的半径时，可简记为 $U(a)$.

## 1.1.2 函数的概念

### 1. 函数的定义

在自然现象或工程技术中，常常会遇到各种各样的量，如几何中的长度、面积、体积和经济学中的产量、成本、利润等. 在某个过程中，保持不变的量称为**常量**，取不同值的量称为**变量**. 例如：圆周率 $\pi$ 是永远不变的量，它是常量；某商品的价格在一定的时间段内是不变的，所以在这段时间内它也是常量；一天中的气温、工厂在生产过程中的产量都是不断变化的量，这些都是变量. 又如，北京时间 2021 年 10 月 16 日 0 时 23 分，搭载神舟十三号载人飞船的长征二号 F 遥十三运载火箭点火发射，神舟十三号载人飞船与火箭成功分离，进入预定轨道，顺利将翟志刚、王亚平、叶光富三名航天员送入太空，飞行乘组状态良好，发射取得圆满成功. 火箭飞行过程中，其重力加速度随着火箭离地面高度的增加而减小，是不断变化的，所以它是变量.

一般地，在一个问题中往往同时有几个变量在变化着，而且这些变量并非孤立在变，而是相互联系、相互制约的. 这些变量之间相互依赖的关系刻画了客观世界中事物变化的内在规律，函数就是描述变量间相互依赖关系的一种数学模型.

**定义 1.1.1** 设 $D$ 是一个给定的非空数集，若对任意 $x\in D$，按照对应法则 $f(x)$，都有唯一确定的 $y\in\mathbf{R}$ 与之对应，则称 $f$ 为定义在 $D$ 上的一个**一元函数**，简称函数，记为

$$y=f(x),\quad x\in D$$

其中数集 $D$ 称为函数 $f(x)$ 的**定义域**，记为 $D_f$，$x$ 为**自变量**，$y$ 为**因变量**.

图 1.1.3

若将函数视为一个机器，它将输入值 $x$ 作为它的原料，将输出值 $y=f(x)$ 作为它的产品，如图 1.1.3 所示. 每一个输入值都有唯一相对应的输出值，但是几个不同的输入值有可能输出相同的值.

对 $x_0\in D_f$，按照对应法则 $f$，总有确定的值 $y_0$（记为 $f(x_0)$）与之对应，称 $f(x_0)$ 为函

数在点 $x_0$ 处的**函数值**. 因变量与自变量的这种相依关系通常称为**函数关系**.

当自变量 $x$ 遍取 $D_f$ 的所有数值时，对应的函数值 $f(x)$ 的全体组成的集合称为函数 $f$ 的**值域**，记为 $R_f$，即

$$R_f = \{y \mid y = f(x), x \in D_f\}.$$

**注** 函数概念的两个基本要素是**定义域**和**对应法则**. 两个函数相等的充要条件是它们的定义域和对应法则都相同.

通常所说的定义域为使函数的表达式有意义的一切实数所构成的集合，即自变量的取值范围，这种定义域称为函数的**自然定义域**. 在实际问题中，函数的定义域应根据问题的实际意义来确定.

从几何上看，在平面直角坐标系中，点集

$$\{(x,y) \mid y = f(x), x \in D_f\}$$

称为函数 $y = f(x)$ 的**图像**. 函数 $y = f(x)$ 的图像通常是一条曲线，$y = f(x)$ 也称为这条曲线的方程. 这样，函数的一些特性常常可借助于几何直观来发现；反过来，一些几何问题也可借助于函数进行理论探讨.

**例 1.1.1** 求函数 $y = \dfrac{\ln(x+1)}{\sqrt{x-1}}$ 的定义域.

**解** 要使数学式子有意义，$x$ 必须满足

$$\begin{cases} x+1 > 0 \\ x-1 > 0 \end{cases}$$

即 $x>1$，因此函数的定义域为 $(1,+\infty)$.

**例 1.1.2** 判断下面函数是否相同，并说明理由：

（1）$y = \ln x^2$ 与 $y = 2\ln x$；

（2）$y = x$ 与 $y = \sqrt{x^2}$；

（3）$y = 1$ 与 $y = \sin^2 x + \cos^2 x$；

（4）$y = 2x+1$ 与 $x = 2y+1$.

**解** （1）不相同. 因为 $y = \ln x^2$ 的定义域是 $(-\infty,0) \bigcup (0,+\infty)$，而 $y = 2\ln x$ 的定义域是 $(0,+\infty)$.

（2）不相同. 虽然 $y = x$ 与 $y = \sqrt{x^2}$ 的定义域都是 $(-\infty,+\infty)$，但对应法则不同，$y = \sqrt{x^2} = |x|$.

（3）相同. 虽然这两个函数的表现形式不同，但它们的定义域 $(-\infty,+\infty)$ 和对应法则均相同，所以这两个函数相同.

（4）相同. 虽然这两个函数的自变量和因变量所用的字母不同，但其定义域 $(-\infty,+\infty)$ 和对应法则均相同，所以这两个函数相同.

**例 1.1.3** 设 $f(x)$ 的定义域是 $[0,1]$，求函数 $y = f\left(x+\dfrac{1}{3}\right) + f\left(x-\dfrac{1}{3}\right)$ 的定义域.

**解** 要使函数有定义，$x$ 必须满足

$$\begin{cases} 0 \leqslant x+\dfrac{1}{3} \leqslant 1 \\ 0 \leqslant x-\dfrac{1}{3} \leqslant 1 \end{cases}$$

即

$$\begin{cases} -\dfrac{1}{3} \leqslant x \leqslant \dfrac{2}{3} \\ \dfrac{1}{3} \leqslant x \leqslant \dfrac{4}{3} \end{cases}$$

所以函数的定义域为 $\left[\dfrac{1}{3}, \dfrac{2}{3}\right]$.

### 2. 常见的分段函数

在自变量的不同变化范围内，对应法则用不同数学式子来表示的函数称为**分段函数**. 常见的分段函数有以下四种.

**例 1.1.4　绝对值函数**

$$y = |x| = \begin{cases} x, & x \geqslant 0 \\ -x, & x < 0 \end{cases}$$

的定义域是 $(-\infty, +\infty)$，值域是 $[0, +\infty)$，如图 1.1.4 所示.

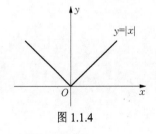

图 1.1.4

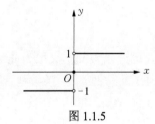

图 1.1.5

**例 1.1.5　符号函数**

$$y = \operatorname{sgn} x = \begin{cases} -1, & x < 0 \\ 0, & x = 0 \\ 1, & x > 0 \end{cases}$$

的定义域是 $(-\infty, +\infty)$，值域是三个点的集合 $\{-1, 0, 1\}$，如图 1.1.5 所示.

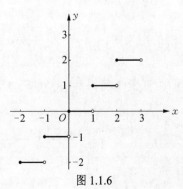

图 1.1.6

**例 1.1.6　最大取整函数** $y = [x]$，其中 $[x]$ 为不超过 $x$ 的最大整数. 例如，$[-3.14] = -4$，$[0] = 0$，$[\sqrt{2}] = 1$，$[\pi] = 3$ 等. 函数 $y = [x]$ 的定义域是 $(-\infty, +\infty)$，值域是整数集. 一般地，$y = [x] = n$ （$n \leqslant x < n+1$；$n = 0, \pm 1, \pm 2, \cdots$），如图 1.1.6 所示.

**例 1.1.7　狄利克雷（Dirichlet）函数**

$$D(x) = \begin{cases} 1, & x\text{为有理数} \\ 0, & x\text{为无理数} \end{cases}$$

对于分段函数，需要注意以下三点：

（1）虽然在自变量的不同取值范围内函数的表达式不同，但它实质上是一个函数，不能理解为两个或多个函数.

（2）分段函数的定义域是各个表达式的定义域的并集.

（3）求自变量 $x$ 的函数值时，要先找到自变量 $x$ 所在取值范围内对应的函数表达式，然后按照此表达式计算函数值.

### 3. 反 函 数

函数关系的实质就是从定量分析的角度来描述变量之间的相互依赖关系，但在研究过程中，哪个量作为自变量，哪个量作为因变量（函数）是由具体问题来决定的.

例如，在商品销售时，某种商品的价格为 $P$，销量为 $x$，销售收入为 $y$，若已知销量，要求销售收入，则可根据关系式

$$y = xP$$

得到，这时，函数关系中，$y$ 是 $x$ 的函数；反过来，若已知销售收入，要求相应的销量，则可由 $y = xP$ 得到关系式

$$x = \frac{y}{P}$$

这时，$x$ 是 $y$ 的函数. 称函数 $x = \dfrac{y}{P}$ 是函数 $y = xP$ 的反函数.

**定义 1.1.2**  设函数 $y = f(x)$ 的定义域为 $D$，值域为 $W$. 若对于 $W$ 中的任一数值 $y$，都有 $D$ 中唯一的 $x$ 值，满足 $f(x) = y$，将 $y$ 与 $x$ 对应，则所确定的以 $y$ 为自变量的函数 $x = \varphi(y)$ 称为函数 $y = f(x)$ 的**反函数**，记为 $x = f^{-1}(y)$，$y \in W$. 相对于反函数而言，原来的函数称为**直接函数**.

显然，反函数 $x = f^{-1}(y)$ 的定义域正好是直接函数 $y = f(x)$ 的值域，反函数 $x = f^{-1}(y)$ 的值域正好是直接函数 $y = f(x)$ 的定义域. 在平面直角坐标系中，函数 $y = f(x)$ 的图形与其反函数 $y = f^{-1}(x)$ 的图形关于直线 $y = x$ 对称.

由于函数的表示法只与定义域和对应关系有关，而与自变量和因变量用什么字母表示无关，且习惯上常用字母 $x$ 表示自变量，用字母 $y$ 表示因变量，这样 $y = f(x)$ 的反函数通常写为 $y = f^{-1}(x)$.

并不是所有函数都存在反函数. 例如，函数 $y = x^2$ 的定义域为 $(-\infty, +\infty)$，值域为 $[0, +\infty)$，但对每一个 $y \in (0, +\infty)$，有两个 $x$ 值即 $x_1 = \sqrt{y}$ 和 $x_2 = -\sqrt{y}$ 与之对应，因此 $x$ 不是 $y$ 的函数，从而 $y = x^2$ 不存在反函数. 下面直接给出反函数存在定理.

**定理 1.1.1**  （**反函数存在定理**）  单调函数 $y = f(x)$ 必存在单调的反函数 $y = f^{-1}(x)$，且具有相同的单调性.

例如：函数 $y = x^2$ 在 $(-\infty, 0]$ 上单调减少，其反函数 $y = -\sqrt{x}$ 在 $[0, +\infty)$ 上也单调减少；函数 $y = x^2$ 在 $[0, +\infty)$ 上单调增加，其反函数 $y = \sqrt{x}$ 在 $[0, +\infty)$ 上也单调增加.

求反函数的一般步骤如下：

（1）由方程 $y = f(x)$ 解出 $x = f^{-1}(y)$；

（2）将 $x$ 与 $y$ 对换，即得所求的反函数为 $y = f^{-1}(x)$.

**例 1.1.7** 求函数 $y = 2x - 3$ 的反函数.

**解** 由 $y = 2x - 3$ 解得 $x = \dfrac{y+3}{2}$，故所求反函数为

$$y = \frac{x+3}{2}$$

### 4. 复合函数

**定义 1.1.3** 设函数 $y = f(u)$ 的定义域为 $D_f$，值域为 $R_f$；而函数 $u = g(x)$ 的定义域为 $D_g$，值域为 $R_g \subseteq D_f$. 则 $y = f[g(x)]$ 称为 $y = f(u)$ 与 $u = g(x)$ 的**复合函数**，其中 $x$ 为**自变量**，$y$ 为**因变量**，$u$ 称为**中间变量**，$u = g(x)$ 称为**内层函数**，$y = f(u)$ 称为**外层函数**.

若将函数视为机器，则复合函数就是将两台机器前后串联起来. 第一台机器将输入值 $x$ 作为它的原料，将输出值 $u = g(x)$ 作为它的产品；第二台机器将输入值 $u = g(x)$ 作为它的原料，将输出值 $y = f[g(x)]$ 作为它的产品. 例如，复合函数 $y = \sin(1 + x^2)$ 是由函数 $y = \sin u$，$u = 1 + x^2$ 复合而成的.

**注** （1）不是任何两个函数都可以复合成一个复合函数. 构建复合函数的前提条件是：内层函数的值域与外层函数的定义域的交集非空. 也就是说，内层函数必须有函数值落在外层函数的定义域内，否则就会成为无意义的函数.

例如，$y = \sqrt{u}$，$u = \sin x - 2$ 复合成 $y = \sqrt{\sin x - 2}$ 在实数范围内无意义.

（2）复合函数 $y = f[g(x)]$ 的定义域为 $D_g \bigcap \{x \mid g(x) \in D_f\}$，即内层函数的定义域去掉函数值落在外层函数的定义域之外的部分.

（3）两个函数的复合也可推广到多个函数复合的情形，在复合函数中可以出现两个或两个以上的中间变量.

例如，函数 $y = \sin^2 u$，$u = \sqrt{v}$，$v = x^2 + 1$ 可以构成复合函数 $y = (\sin\sqrt{x^2+1})^2$，其中 $u$ 和 $v$ 都是中间变量.

（4）有时，在实际应用中，既要知道由简单函数构造成复合函数，同时也要会将复合函数分解为简单函数.

例如，函数 $y = (\sin\sqrt{x^2+1})^2$ 可以分解为简单函数 $y = \sin^2 u$，$u = \sqrt{v}$，$v = x^2 + 1$，即由这些简单函数复合而成.

**例 1.1.8** 写出下列函数的复合函数：

（1）$y = u^4$，$u = \sin x$； （2）$y = \sin u$，$u = x^4$.

**解** （1）将 $u = \sin x$ 代入 $y = u^4$，得所求复合函数为 $y = \sin^4 x$，其定义域为 $(-\infty, +\infty)$.

（2）将 $u = x^4$ 代入 $y = \sin u$，得所求复合函数为 $y = \sin x^4$，其定义域为 $(-\infty, +\infty)$.

**例 1.1.9** 指出下列复合函数的复合过程：

（1）$y = \sqrt{1 + x^3}$； （2）$y = \sqrt{\cos x^2}$.

**解**　（1）$y=\sqrt{1+x^3}$ 由 $y=\sqrt{u}$，$u=1+x^3$ 复合而成.

（2）$y=\sqrt{\cos x^2}$ 由 $y=\sqrt{u}$，$u=\cos v$，$v=x^2$ 复合而成.

**例 1.1.10**　设 $f(x)=\dfrac{x}{x+2}$（$x\neq-2$），求 $f[f(x)]$.

**解**　令 $y=f(u)$，$u=f(x)$，则

$$y=f(u)=\frac{u}{u+2}=\frac{\dfrac{x}{x+2}}{\dfrac{x}{x+2}+2}=\frac{x}{3x+4}\quad\left(x\neq-\frac{4}{3}\right)$$

所以
$$f[f(x)]=\frac{x}{3x+4}\quad\left(x\neq-2,-\frac{4}{3}\right)$$

**5. 函数的四则运算**

设 $f(x)$，$g(x)$ 的定义域分别为 $D_f$，$D_g$，且 $D=D_f\bigcap D_g\neq\varnothing$，则可以定义这两个函数的下列运算：

（1）和 $f+g$，即 $(f+g)(x)=f(x)+g(x),x\in D$；

（2）差 $f-g$，即 $(f-g)(x)=f(x)-g(x),x\in D$；

（3）积 $f\cdot g$，即 $(f\cdot g)(x)=f(x)\cdot g(x),x\in D$；

（4）商 $\dfrac{f}{g}$，即 $\left(\dfrac{f}{g}\right)(x)=\dfrac{f(x)}{g(x)},x\in D$且$g(x)\neq0$.

**注**　（1）两个函数进行四则运算的前提条件是它们的定义域的交集非空，因此不是任意两个函数都可以进行四则运算.

（2）两个函数经过四则运算后得到的是一个新的函数.

## 1.1.3　函数的特性

**1. 函数的单调性**

设 $f(x)$在区间 $I$ 上有定义，若对于任意 $x_1$，$x_2\in I$，当 $x_1<x_2$ 时，恒有
$$f(x_1)\leqslant f(x_2)\quad\text{或}\quad f(x_1)\geqslant f(x_2)$$
则称 $f(x)$在区间 $I$ 上为单调增加函数（或单调减少函数）.

若对于任意 $x_1$，$x_2\in I$，当 $x_1<x_2$ 时，恒有 $f(x_1)<f(x_2)$(或$f(x_1)>f(x_2)$)，则称 $f(x)$在区间 $I$ 上为严格单调增加函数（或严格单调减少函数）.

单调增加函数（或单调减少函数）和严格单调增加函数（或严格单调减少函数）统称为单调函数（也称函数具有单调性）.

在几何上，单调增加（或减少）函数的图形沿 $x$ 轴的正向渐升（或渐降），如图 1.1.7（a）和（b）所示.

例如，函数 $y=\tan x$ 在 $\left(-\dfrac{\pi}{2},\dfrac{\pi}{2}\right)$内单调增加，函数 $y=\cot x$ 在$(0,\pi)$内单调减少.

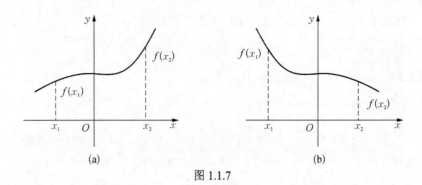

图 1.1.7

## 2. 函数的奇偶性

设函数 $f(x)$ 的定义域 $D$ 关于原点对称，即 $\forall x \in D$，有 $-x \in D$.

（1）若 $\forall x \in D$，有 $f(-x)=f(x)$，则称 $f(x)$ 为偶函数；

（2）若 $\forall x \in D$，有 $f(-x)=-f(x)$，则称 $f(x)$ 为奇函数.

从几何特征来说，偶函数的图形关于 $y$ 轴对称，奇函数的图形关于原点对称，如图 1.1.8（a）和（b）所示.

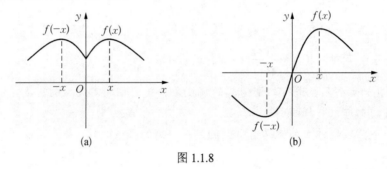

图 1.1.8

例如，函数 $y=\sin x$ 是奇函数，函数 $y=\cos x$ 是偶函数.

## 3. 函数的周期性

设函数 $f(x)$ 的定义域为 $D$，若存在常数 $T>0$，使得 $\forall x \in D$，有 $x \pm T \in D$，并且有

$$f(x \pm T)=f(x)$$

成立，则称 $f(x)$ 为周期函数，并称 $T$ 是函数 $f(x)$ 的一个周期.

值得注意的是，一个函数如果是周期函数，它就有无穷多个周期. 通常所说的周期，是指它的最小正周期.

例如，函数 $y=\sin x$，$y=\cos x$ 都是周期为 $2\pi$ 的周期函数，而函数 $y=\tan x$，$y=\cot x$ 都是周期为 $\pi$ 的周期函数.

周期函数一定存在一个周期，它的几何特征是：以一个周期为跨度，把曲线划断，各段曲线再移到一起，它们完全重合.

可是，周期函数不一定存在最小正周期. 例如，函数 $y=2$ 就是一个以任意正实数为一个周期的周期函数，由于不存在最小正实数，$y=2$ 不存在最小正周期.

#### 4. 函数的有界性

**定义 1.1.4**　设函数 $y = f(x)$ 的定义域为 $D$，区间 $I \subseteq D$，若存在一个正数 $M$，使得对于任一 $x \in I$，都有

$$\left| f(x) \right| \leqslant M$$

则称函数 $f(x)$ 在 $I$ 上**有界**，也称函数 $f(x)$ 是 $I$ 上的**有界函数**；否则，称 $f(x)$ 在 $I$ 上**无界**，也称 $f(x)$ 为 $I$ 上的**无界函数**.

若存在 $M > 0$，使得对任意 $x \in I$，恒有 $f(x) \leqslant M$（或 $f(x) \geqslant -M$），则称函数 $f(x)$ 在区间 $I$ 上有上界（或下界），其几何特征如图 1.1.9 所示.

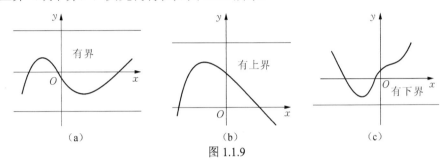

图 1.1.9

显然，$f(x)$ 在区间 $I$ 上有界等价于它在区间 $I$ 上既有上界又有下界.

例如，函数 $y = \sin x$，对任意 $x \in (-\infty, +\infty)$，都有不等式 $|\sin x| \leqslant 1$ 成立，所以 $y = \sin x$ 是 $(-\infty, +\infty)$ 内的有界函数.

**注**　函数的有界性与 $x$ 取值的区间 $I$ 有关. 例如，函数 $y = \dfrac{1}{x}$ 在区间 $(0,1)$ 内是无界的，但它在区间 $[1, +\infty)$ 上有界.

**例 1.1.11**　证明函数 $y = \dfrac{x}{x^2 + 1}$ 在 $(-\infty, +\infty)$ 内是有界的.

**证**　因为 $(1 - |x|)^2 \geqslant 0$，所以 $|1 + x^2| \geqslant 2|x|$，故

$$|f(x)| = \left| \frac{x}{x^2 + 1} \right| = \frac{2|x|}{2|1 + x^2|} \leqslant \frac{1}{2}$$

对一切 $x \in (-\infty, +\infty)$ 都成立. 因此函数 $y = \dfrac{x}{x^2 + 1}$ 在 $(-\infty, +\infty)$ 内是有界函数.

## 1.1.4　初等函数

#### 1. 基本初等函数

幂函数、指数函数、对数函数、三角函数、反三角函数统称为**基本初等函数**，它们是研究各种函数的基础. 由于在中学数学中，已经深入学习过这些函数，这里只进行简要回顾.

**1）幂函数**

幂函数 $y = x^\mu$ 的定义域随 $\mu$ 的不同而异，但无论 $\mu$ 为何值，函数在 $(0, +\infty)$ 内总是有定义的.

当 $\mu > 0$ 时，$y = x^\mu$ 在 $[0, +\infty)$ 上是单调增加的，其图像过点 $(0, 0)$ 和点 $(1, 1)$，图 1.1.10 画出了 $\mu = \dfrac{1}{2}$，$\mu = 1$，$\mu = 2$ 时幂函数在第一象限的图像.

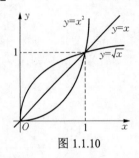 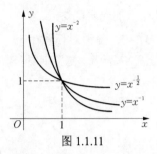

图 1.1.10            图 1.1.11

当 $\mu < 0$ 时，$y = x^\mu$ 在 $(0, +\infty)$ 内是单调减少的，其图像过点 $(1, 1)$，图 1.1.11 画出了 $\mu = -\dfrac{1}{2}$，$\mu = -1$，$\mu = -2$ 时幂函数在第一象限的图像.

**2）指数函数**

指数函数 $y = a^x$（$a$ 为常数且 $a > 0, a \neq 1$）的定义域是 $(-\infty, +\infty)$，图像过点 $(0, 1)$，因为 $a > 0$，所以无论 $x$ 取什么值，$a^x > 0$，于是指数函数 $y = a^x$ 的图像总在 $x$ 轴上方. 当 $a > 1$ 时，$y = a^x$ 是单调增加的；当 $0 < a < 1$ 时，$y = a^x$ 是单调减少的，如图 1.1.12 所示.

以常数 $e = 2.71828182\cdots$ 为底的指数函数 $y = e^x$ 是科技和经济中常用的指数函数.

**3）对数函数**

对数函数 $y = \log_a x$ 的定义域为 $(0, +\infty)$，图像过点 $(1, 0)$. 当 $a > 1$ 时，$y = \log_a x$ 单调增加；当 $0 < a < 1$ 时，$y = \log_a x$ 单调减少，如图 1.1.13 所示.

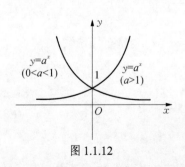 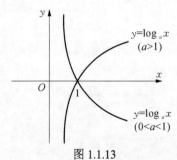

图 1.1.12            图 1.1.13

中学学过的常用对数函数 $y = \lg x$ 是以 10 为底的对数函数. 在科技和经济中常用的以 e 为底的对数函数 $y = \log_e x$，称为**自然对数函数**，简记为 $y = \ln x$.

### 4）三角函数

常用的三角函数有**正弦函数** $y = \sin x$、**余弦函数** $y = \cos x$、**正切函数** $y = \tan x$、**余切函数** $y = \cot x$，其中自变量以弧度作单位来表示.

它们的图形如图 1.1.14～图 1.1.17 所示，分别称为**正弦曲线、余弦曲线、正切曲线、余切曲线**.

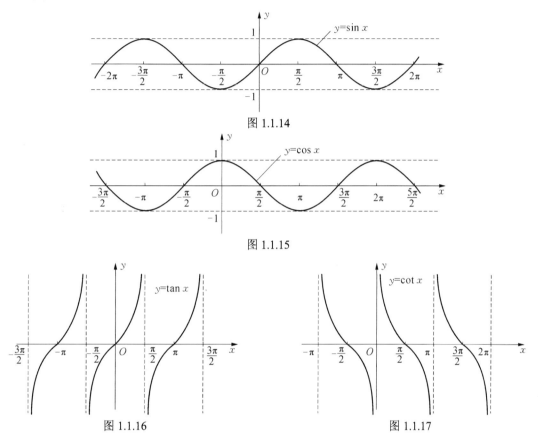

图 1.1.14

图 1.1.15

图 1.1.16　　　　　　　　　　　　　图 1.1.17

正弦函数和余弦函数都是以 $2\pi$ 为周期的周期函数，它们的定义域都是 $(-\infty, +\infty)$，值域都是 $[-1, 1]$. 正弦函数是奇函数，余弦函数是偶函数.

因为 $\cos x = \sin\left(x + \dfrac{\pi}{2}\right)$，所以将正弦曲线 $y = \sin x$ 沿 $x$ 轴向左移动 $\dfrac{\pi}{2}$ 个单位，就得到余弦曲线 $y = \cos x$.

正切函数 $y = \tan x = \dfrac{\sin x}{\cos x}$ 的定义域为

$$\left\{ x \,\middle|\, x \in \mathbf{R}, x \neq (2n+1)\frac{\pi}{2}, n \text{为整数} \right\}$$

余切函数 $y = \cot x = \dfrac{\cos x}{\sin x}$ 的定义域为

$$\{ x \,|\, x \in \mathbf{R}, x \neq n\pi, n \text{为整数} \}$$

正切函数和余切函数的值域都是 $(-\infty, +\infty)$ ，且它们都是以 $\pi$ 为周期的函数，它们都是奇函数.

另外，常用的三角函数还有**正割函数** $y = \sec x$ 和**余割函数** $y = \csc x$ . 它们都是以 $2\pi$ 为周期的周期函数，且

$$\sec x = \frac{1}{\cos x}, \qquad \csc x = \frac{1}{\sin x}$$

### 5）反三角函数

常用的反三角函数有反正弦函数 $y = \arcsin x$ 、反余弦函数 $y = \arccos x$ 、反正切函数 $y = \arctan x$ 、反余切函数 $y = \operatorname{arccot} x$ .

$y = \sin x$ 在闭区间 $\left[ -\dfrac{\pi}{2}, \dfrac{\pi}{2} \right]$ 上单调增加，从而存在反函数，称此反函数为**反正弦函数**，记为 $y = \arcsin x$ ，其定义域为 $[-1,1]$ ，值域为 $\left[ -\dfrac{\pi}{2}, \dfrac{\pi}{2} \right]$ . 反正弦函数在 $[-1,1]$ 上单调增加，它的图像如图 1.1.18 所示.

$y = \cos x$ 在闭区间 $[0,\pi]$ 上单调减少，从而存在反函数，称此反函数为**反余弦函数**，记为 $y = \arccos x$ ，其定义域为 $[-1,1]$ ，值域为 $[0,\pi]$ . 反余弦函数在 $[-1,1]$ 上单调减少，它的图像如图 1.1.19 所示.

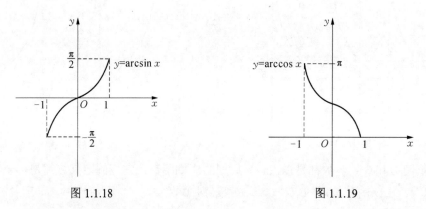

图 1.1.18　　　　　　　　　　　图 1.1.19

$y = \tan x$ 在开区间 $\left( -\dfrac{\pi}{2}, \dfrac{\pi}{2} \right)$ 内单调增加，从而存在反函数，称此反函数为**反正切函数**，记为 $y = \arctan x$ ，其定义域为 $(-\infty, +\infty)$ ，值域为 $\left( -\dfrac{\pi}{2}, \dfrac{\pi}{2} \right)$ . 反正切函数在 $(-\infty, +\infty)$ 内单调增加，它的图像如图 1.1.20 所示.

$y = \cot x$ 在开区间 $(0,\pi)$ 内单调减少，从而存在反函数，称此反函数为**反余切函数**，记为 $y = \operatorname{arccot} x$ ，其定义域为 $(-\infty, +\infty)$ ，值域为 $(0,\pi)$ . 反余切函数在 $(-\infty, +\infty)$ 内单调减少，它的图像如图 1.1.21 所示.

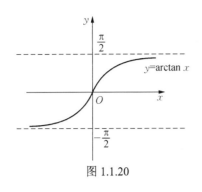

图 1.1.20

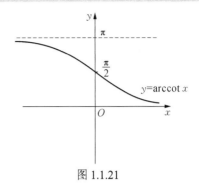

图 1.1.21

### 2. 初等函数

由常数和基本初等函数经过有限次四则运算和有限次复合而构成，并能用一个解析式表示的函数，称为**初等函数**.

例如，$y = x^3 + \sqrt{\dfrac{1+\sin x}{1-\cos x}}$，$y = 3xe^{\sqrt{1-x}} + 1$ 等都是初等函数. 而分段函数

$$f(x) = \begin{cases} x+3, & x \geqslant 0 \\ x^2, & x < 0 \end{cases}$$

不是初等函数，因为它在定义域内不能用一个解析式表示.

**注** 初等函数是用一个解析式表示的，分段函数一般不是初等函数，但绝对值函数

$$f(x) = |x| = \begin{cases} x, & x \geqslant 0 \\ -x, & x < 0 \end{cases}$$

是初等函数，因为它可看成由 $y = \sqrt{u}$，$u = x^2$ 复合而成.

## 1.1.5 常用经济函数

在经济与管理分析中，经常需要用数学方法解决实际问题，首先建立变量之间的函数关系，即构建该问题的数学模型，然后进行模型的求解与分析. 下面将介绍几种常用的经济函数.

### 1. 单利与复利

利息是指借款者向贷款者支付的报酬，它是根据本金的数额按一定比例计算出来的. 利息又有存款利息、贷款利息、债券利息、贴现利息等几种主要形式.

#### 1）单利计算公式

设初始本金为 $p$（元），银行年利率为 $r$，则：

第 1 年年末本利和为 $s_1 = p + rp = p(1+r)$；

第 2 年年末本利和为 $s_2 = p(1+r) + rp = p(1+2r)$；

······

第 $n$ 年年末本利和为 $s_n = p(1+nr)$.

**2）复利计算公式**

设初始本金为 $p$（元），银行年利率为 $r$，则：

第 1 年年末本利和为 $s_1 = p + rp = p(1+r)$；

第 2 年年末本利和为 $s_2 = p(1+r) + rp(1+r) = p(1+r)^2$；

......

第 $n$ 年年末本利和为 $s_n = p(1+r)^n$.

## 2. 需 求 函 数

**需求函数**是指在某一特定时期内，市场上某种商品各种可能的购买量与决定这些购买量的诸因素之间的数量关系.

假定其他因素（如消费者的货币收入、偏好、相关商品的价格等）不变，则决定某种商品需求量的因素就是这种商品的**价格**. 此时，需求函数表示的就是商品需求量与价格这两个经济量之间的数量关系：

$$Q = f(P)$$

其中 $Q$ 为需求量，$P$ 为价格.

一般来说，当商品提价时，需求量会减少；当商品降价时，需求量就会增加. 因此，需求函数为单调减少函数.

需求函数的反函数 $P = f^{-1}(Q)$ 称为**价格函数**，习惯上将价格函数也统称为需求函数.

## 3. 供 给 函 数

**供给函数**是指在某一特定时期内，市场上某种商品各种可能的供给量与决定这些供给量的诸因素之间的数量关系. 若 $Q$ 为供给量，$P$ 为价格，则供给函数为

$$Q = g(P)$$

一般来说，当商品的价格提高时，商品的供给量会相应增加. 因此，供给函数是关于价格的单调增加函数.

**市场均衡价格**就是市场上商品需求量与供给量相等时的价格，此时需求量和供给量记为 $Q_0$，称为**市场均衡商品量**. 当市场价格高于均衡价格时，将出现**供过于求**的现象；而当市场价格低于均衡价格时，将出现**供不应求**的现象.

## 4. 成 本 函 数

产品成本是以货币形式表现的企业生产与销售产品的全部费用支出，**成本函数**表示费用总额与产量（或销售量）之间的依赖关系，产品成本可分为**固定成本**和**变动成本**两部分. 固定成本，是指在一定时期内不随产量变化的那部分成本，如厂房及设备折旧费、保险费等；变动成本，是指随产量变化而变化的那部分成本，如材料费、燃料费、提成费等. 一般地，以货币计值的（总）成本 $C$ 是产量 $x$ 的函数，即

$$C = C(x) \quad (x \geqslant 0)$$

称其为**成本函数**. 当产量 $x = 0$ 时，对应的成本函数值 $C(0)$ 就是产品的固定成本值.

成本函数是单调增加函数，其图像称为**成本曲线**.

在讨论总成本的基础上，还要进一步讨论均摊在单位产量上的成本. 均摊在单位产量上的成本称为**平均单位成本**. 设 $C(x)$ 为成本函数，称

$$\overline{C} = \frac{C(x)}{x} \quad (x > 0)$$

为**平均成本函数**.

### 5. 收入函数与利润函数

销售某种产品的收入 $R$，等于产品的单位价格 $P$ 乘以销售量 $x$，即 $R = P \cdot x$，称其为**收入函数**.

而销售利润 $L$ 等于收入 $R$ 减去成本 $C$，即 $L = R - C$，称其为**利润函数**.

当 $L = R - C > 0$ 时，生产者盈利；当 $L = R - C < 0$ 时，生产者亏损；当 $L = R - C = 0$ 时，生产者盈亏平衡，使 $L(x) = 0$ 的点 $x_0$ 称为**盈亏平衡点**（也称为**保本点**）.

**例 1.1.12**　某厂每年生产 $Q$ 台某商品的平均单位成本为

$$\overline{C} = \overline{C}(Q) = \left( Q + 6 + \frac{20}{Q} \right)（万元/台）$$

商品销售价格 $P = 30$ 万元/台，试将每年商品全部销售后获得总利润 $L$ 表示为年产量 $Q$ 的函数.

**解**　每年生产 $Q$ 台产品，以价格 $P = 30$ 万元/台销售，获得总收入为
$$R = R(Q) = PQ = 30Q$$

又生产 $Q$ 台商品的总成本为

$$C = C(Q) = Q\overline{C}(Q) = Q\left( Q + 6 + \frac{20}{Q} \right) = Q^2 + 6Q + 20$$

所以总利润为

$$L = L(Q) = R(Q) - C(Q) = 30Q - (Q^2 + 6Q + 20) = -Q^2 + 24Q - 20 \quad (Q > 0)$$

## 习　题　1.1

### （A）

**1.** 若
$$g(x) = \begin{cases} 2^x, & -1 < x < 0 \\ 2, & 0 \leqslant x < 1 \\ x - 1, & 1 < x \leqslant 3 \end{cases}$$
求 $g(3), g(2), g(0)$.

**2.** 若 $f(x) = x^2 - 2x + 3$，求 $f(-x), f\left( \dfrac{1}{x} \right)$.

**3.** 下列各题中的函数是否相同？为什么？

（1）$f(x) = \dfrac{x}{x}$，$\varphi(x) = 1$；

（2）$f(x) = x\sqrt{x^2-1}$，$\varphi(x) = \sqrt{x^4 - x^2}$；

（3）$f(x) = |x|$，$\varphi(x) = \sqrt{x^2}$；

（4）$f(x) = \cos x$，$\varphi(x) = \sqrt{1-\sin^2 x}$.

**4.** 求下列函数的定义域：

（1）$y = \log_2(\log_3 x)$；

（2）$y = \sqrt{3-x} + \arcsin\dfrac{3-2x}{5}$；

（3）$y = \sqrt{2x+1} + \ln(1-x)$；

（4）$y = \arctan\dfrac{1}{x} - \sqrt{2-x}$.

**5.** 判别下列函数的有界性：

（1）$y = \dfrac{1}{\ln x}$，$x \in (0, 1)$；

（2）$y = \dfrac{1}{x^2}$，$x \in \left[\dfrac{1}{2}, 2\right]$；

（3）$y = a^x$（$a \neq 1$），$x \in (-\infty, +\infty)$；

（4）$y = \dfrac{2x}{1+x^2}$，$x \in (-\infty, +\infty)$.

**6.** 判断下列函数的单调性：

（1）$y = \dfrac{x}{x-1}$；

（2）$y = x + \ln x$.

**7.** 下列函数中哪些是奇函数，哪些是偶函数，哪些既非奇函数又非偶函数？

（1）$y = x^2(1-x^2)$；

（2）$y = \sin x - \cos x$；

（3）$y = \ln\dfrac{1+x}{1-x}$；

（4）$y = x(x-1)(x+1)$.

**8.** 下列函数中哪些是周期函数？对于周期函数，指出其最小正周期.

（1）$y = \cos(3x-1)$；

（2）$y = \tan 4x$；

（3）$y = 1 + \sin 2x$；

（4）$y = \sin^2 x$.

**9.** 求下列函数的反函数：

（1）$y = \dfrac{x+2}{x-2}$；

（2）$y = 1 + \lg(x+2)$；

（3）$y = x^2 - 2x$（$x > 1$）；

（4）$y = 10^x + 2$；

（5）$y = \sqrt[3]{x-2}$；

（6）$y = e^{x+1}$.

**10.** 指出下列函数是由哪些简单函数复合而成的：

（1）$y = \sin(1-3x^2)$；

（2）$y = 5^{\sin^2 x}$；

（3）$y = 3\sqrt{\log_5\sqrt[4]{1-x}}$；

（4）$y = 2^{\ln\sin x}$.

**11.** 下列函数中哪些是初等函数，哪些不是初等函数？

（1）$y = \sin \pi x + \cos \pi x$；

（2）$y = \ln\sin\sqrt{x} + \sqrt{x+1}$；

（3）$f(x) = \begin{cases} \sin x, & -2 \leq x < 0, \\ 1+x^2, & 0 \leq x < 2; \end{cases}$

（4）$y = |x-2|(x+1)$.

**12.** 设某商品的需求函数和供给函数分别为

$$D(P) = \dfrac{3\,000}{P} \quad \text{和} \quad S(P) = P - 10$$

（1）找出均衡价格，并求此时的供给量和需求量；

（2）在同一坐标系中画出供给曲线和需求曲线；

（3）何时供给曲线过 $P$ 轴？这一点的经济意义是什么？

**13.** 某厂生产录音机的成本为 30 元/台，预计当以 $x$ 元/台的价格卖出时，消费者每月购买 $300-x$ 台，请将该厂的月利润表示为价格 $x$ 的函数.

**14.** 某化肥厂生产某产品 2 000 t，每吨定价为 150 元，销售量在 800 t 以内时，按原价出售，超过 800 t 时超过的部分需打 9 折出售，请将销售总收益与总销售量的函数关系用数学表达式表示出来.

**15.** 某报纸的发行量以一定的速度增加，三个月前发行量为 30 000 份，现在为 45 000 份.

（1）写出发行量依赖于时间的函数关系，并画出图形；

（2）三个月后的发行量是多少？

**16.** 某厂生产的手掌游戏机售价为 110 元/台，固定成本为 7 500 元，可变成本为 60 元/台.

（1）要卖多少台手掌机，厂家才可保本（收回投资）？

（2）卖掉 100 台的话，厂家盈利或亏损了多少？

（3）要获得 1 250 元利润，需要卖多少台？

（B）

**1.** 已知函数 $f(x-1)=x^2+1$，求 $f(x)$.

**2.** 设 $f(x)=\dfrac{1}{1-x}$，且 $x\neq0$，$x\neq1$，求 $f[f(x)]$.

**3.** 已知函数

$$f(x)=\begin{cases}1, & |x|\leqslant1 \\ 0, & x>1\end{cases}$$

求 $f[f(x)]$.

**4.** 设 $f(x)=5^x$，$g(x)=x^4$，求 $f[g(x)]$，$g[f(x)]$.

**5.** 证明：两个偶函数之积是偶函数，两个奇函数之积是偶函数；一个奇函数与一个偶函数之积是奇函数.

**6.** 设 $f(x)$ 是定义在对称区间 $(-l, l)$ 内的任意函数，证明：$\varphi(x)=f(x)+f(-x)$ 是偶函数，$\psi(x)=f(x)-f(-x)$ 是奇函数，并写出下列函数所对应的 $\varphi(x)$ 和 $\psi(x)$.

（1）$f(x)=a^x\,(a>0)$；                （2）$f(x)=(1+x)^n$.

**7.** 利用第 6 题结论证明：定义在区间 $(-l, l)$ 内的任意函数可以表示为一个偶函数与一个奇函数的和.

**8.** 证明：

（1）两个单调增加（减少）的函数之和是单调增加（减少）的；

（2）两个单调增加（减少）的正值函数之积是单调增加（减少）的.

**9.** 有两家健身俱乐部，第一家会费为 300 元/月，健身收费为 1 元/次，第二家会费为 200 元/月，健身收费为 2 元/次，若只考虑经济因素，你会选择哪一家俱乐部（根据你每月健身次数决定）？

**10.** 某大楼有 50 间办公室出租，若定价每间每月租金 120 元，则可全部租出，租出的办公室每月需由房主负担维修费 10 元；若每月租金每提高 5 元，将空出一间办公室，试求房主所获得利润与闲置办公室的间数的函数关系，并确定每间月租金多少时才能获得最大利润，这时利润是多少.

**11.** 某汽车出厂价 40 000 元，使用后它的价值按年降价率 1/5 的标准贬值，试求此车的价格 $y(元)$ 与使用时间 $t(年)$ 之间的函数关系.

**12.** 每印一本杂志的成本为 1.22 元，每售出一本杂志仅能获得 1.20 元的收入，但销售额超过 15 000 本时还能取得超过部分收入的 10% 作为广告费收入，试问应至少销售多少本杂志才能保本？销售量达到多少时才能获利 1 000 元？

# 1.2　数列的极限

"极限"一词在日常生活中经常见到. 数学中的"极限"概念与日常生活中的"极限"概念有所不同，它是高等数学的最基本工具，需要严格地定义. 极限思想是在求一些实际问题的精确解答过程中产生的，我国古代的数学家和哲学家在这方面都做出过贡献. 公元 3 世纪魏晋期间，刘徽（225—295 年）在计算圆的面积时，提出利用圆内接正多边形来推算圆面积的方法——割圆术，即"割之弥细，所失弥少，割之又割，以至不可割，则与圆周合体而无所失矣". 这就是极限思想在几何学上的应用. 公元 4 世纪春秋战国时期，哲学家庄子在《庄子·天下篇》中对"截丈问题"有一段名言："一尺之棰，日截其半，万世不竭."其中就隐含了深刻的极限思想. 此外，我们熟知的"坐吃山空""愚公移山"等成语和寓言故事中都隐含了深刻的极限思想.

极限是研究变量变化趋势的基本工具，高等数学中许多基本概念，如连续、导数、定积分、无穷级数等都建立在极限的基础上. 极限方法是研究函数的一种最基本的方法，因此它在微积分学中占有非常重要的地位. 本节将首先给出数列极限的定义.

## 1.2.1　数列极限的定义

### 1. 数列及其相关概念

**定义 1.2.1**　按自然数 $1, 2, \cdots, n, \cdots$ 编号依次排列的一列数

$$x_1, x_2, \cdots, x_n, \cdots$$

称为无穷数列，简称数列，记为 $\{x_n\}$. 其中的每个数称为数列的项，$x_n$ 称为通项（一般项）. 例如：

(1) $\left\{\dfrac{n+1}{n}\right\}$：$2, \dfrac{3}{2}, \cdots, \dfrac{n+1}{n}, \cdots$；

(2) $\left\{\dfrac{1}{n}\right\}$：$1, \dfrac{1}{2}, \dfrac{1}{3}, \cdots, \dfrac{1}{n}, \cdots$；

(3) $\{(-1)^n\}$：$-1, 1, -1, 1, \cdots, (-1)^n, \cdots$；

(4) $\{2^n\}$：$2, 4, 8, \cdots, 2^n, \cdots$；

(5) $\left\{\dfrac{n+(-1)^{n+1}}{n}\right\}$：$2, \dfrac{1}{2}, \dfrac{4}{3}, \dfrac{3}{4}, \cdots, \dfrac{n+(-1)^{n+1}}{n}, \cdots$.

数列对应着数轴上的一个点列，可看成一动点在数轴上依次取正整数的函数，即 $x_n=f(n)$，其定义域为正整数.

### 2. 数列极限的描述性定义

先观察上面 5 个数列，当项数 $n$ 越来越大时，通项 $x_n$ 的变化趋势.

可以得到，随着项数 $n$ 的无限增大，数列（1）、（2）、（5）都有一定的趋向，分

别趋近于 1，0，1 三个数，称这三个数列分别以 1，0，1 为极限，于是可得数列极限的描述性定义.

**定义 1.2.2**　对于无穷数列 $\{x_n\}$，若当项数 $n$ 无限增大时（记为 $n\to\infty$），$x_n$ 无限地趋近于一个确定的常数 $a$，则称当 $n\to\infty$ 时，数列 $\{x_n\}$ 以常数 $a$ 为极限，或称数列收敛于 $a$，记为

$$\lim_{n\to\infty}x_n=a \quad 或 \quad x_n\to a\,(n\to\infty)$$

若当 $n\to\infty$ 时，$x_n$ 不趋近于一个确定的常数，则称数列 $\{x_n\}$ 没有极限，或称数列是发散的.

根据上述定义，数列（1）、（2）、（5）的极限存在，且分别为数 1，0，1，即

$$\lim_{n\to\infty}\frac{n+1}{n}=1,\quad \lim_{n\to\infty}\frac{1}{n}=0,\quad \lim_{n\to\infty}\frac{n+(-1)^{n+1}}{n}=1$$

数列（3）、（4）的极限不存在.

### 3. 数列极限的精确定义

在数列极限的描述性定义中，"项数 $n$ 无限增大"和"$x_n$ 无限地趋近于一个确定的常数 $a$"如何量化呢？

下面对数列（1）进行分析. 该数列的一般项是 $x_n=\dfrac{n+1}{n}=1+\dfrac{1}{n}$，当 $n$ 无限增大时，$x_n$ 无限趋近于 1，即 $x_n$ 与 1 之间的距离 $|x_n-1|=\left|1+\dfrac{1}{n}-1\right|=\dfrac{1}{n}$ 随着 $n$ 的无限增大可以任意小，可以小于任意给定的正数.

例如，给定正数 $\varepsilon_1=\dfrac{1}{100}$，要 $|x_n-1|<\varepsilon_1$，即 $\dfrac{1}{n}<\dfrac{1}{100}$，则 $n>100$. 也就是说，从数列第 100 项 $x_{100}$ 起，后面的一切项 $x_{101},x_{102},\cdots,x_n,\cdots$，都能使不等式 $|x_n-1|<\varepsilon_1$ 成立.

同样，给定正数 $\varepsilon_2=\dfrac{1}{10\,000}$，要 $|x_n-1|<\varepsilon_2$，即 $\dfrac{1}{n}<\dfrac{1}{10\,000}$，则 $n>10\,000$. 也就是说，从第 10 001 项 $x_{10\,001}$ 起，后面的一切项都能使不等式 $|x_n-1|<\varepsilon_2$ 成立.

一般地，无论任意给定的正数 $\varepsilon$ 多么小，要 $|x_n-1|<\varepsilon$，即 $\dfrac{1}{n}<\varepsilon$，取 $N=\left[\dfrac{1}{\varepsilon}\right]$，只需 $n>N=\left[\dfrac{1}{\varepsilon}\right]$.

因此，无论任意给定的正数 $\varepsilon$ 多么小，总存在一个正整数 $N$，使得对于 $n>N$ 的一切 $x_n$，不等式 $|x_n-1|<\varepsilon$ 都成立. 这就是数列 $x_n=\dfrac{n+1}{n}\,(n=1,2,\cdots)$ 当 $n\to\infty$ 时无限趋近于 1 的实质. 一般地，有下面的定义：

**定义 1.2.3**　设数列 $\{x_n\}$，若存在一个数 $a$，对于任意给定的正数 $\varepsilon$（无论它多么小），总存在一个正整数 $N$，使得当 $n>N$ 时，不等式 $|x_n-a|<\varepsilon$ 都成立，则称无穷数列 $\{x_n\}$ 以 $a$ 为极限，或称数列 $\{x_n\}$ 收敛于 $a$，记为

$$\lim_{n\to\infty}x_n=a \quad 或 \quad x_n\to a\,(n\to\infty)$$

为了表达方便，用符号"$\forall$"表示"对于任意给定的"或"对于每一个"，将"对于任意给定的$\varepsilon>0$"写成"$\forall\varepsilon>0$"；用符号"$\exists$"表示"存在"，将"存在正整数$N$"写成"$\exists N>0$". 于是数列极限$\lim\limits_{n\to\infty}x_n=a$的定义可简单表达为

$$\lim\limits_{n\to\infty}x_n=a\Leftrightarrow\forall\varepsilon>0,\exists N>0,\text{当}n>N\text{时，有}|x_n-a|<\varepsilon\text{成立}$$

数列极限的这种定义称为$\varepsilon\text{-}N$定义，用$\varepsilon\text{-}N$定义证明极限的关键是找正整数$N$.

**例 1.2.1**　证明$\lim\limits_{n\to\infty}\dfrac{n-1}{n}=1$.

**证**　因为
$$|x_n-a|=\left|\dfrac{n-1}{n}-1\right|=\dfrac{1}{n}$$

$\forall\varepsilon>0$，要使$|x_n-a|<\varepsilon$，只要$\dfrac{1}{n}<\varepsilon$，即$n>\dfrac{1}{\varepsilon}$. 取自然数$N$为$\dfrac{1}{\varepsilon}$的整数部分，即取$N=\left[\dfrac{1}{\varepsilon}\right]$，则当$n>N$时，恒有

$$\left|\dfrac{n-1}{n}-1\right|<\varepsilon$$

故
$$\lim\limits_{n\to\infty}\dfrac{n-1}{n}=1$$

**例 1.2.2**　设$|q|<1$，证明$\lim\limits_{n\to\infty}q^n=0$.

**证**　当$q=0$时，结论显然成立. 以下设$0<|q|<1$.

因为
$$|x_n-a|=|q^n-0|=|q|^n$$

$\forall\varepsilon>0$，要使$|x_n-a|<\varepsilon$，只要$|q|^n<\varepsilon$. 两边取自然对数，得

$$n\ln|q|<\ln\varepsilon$$

即
$$n>\dfrac{\ln\varepsilon}{\ln|q|}$$

取$N=\left[\dfrac{\ln\varepsilon}{\ln|q|}\right]$，则当$n>N$，恒有

$$|q^n-0|<\varepsilon$$

故
$$\lim\limits_{n\to\infty}q^n=0$$

数列极限的几何解释：

若$\lim\limits_{n\to\infty}x_n=a$，则对于任意给定的正数$\varepsilon$，总存在一个自然数$N$，使得数列$x_n$中第$N$项以后所有项所表示的点，即$x_{N+1},x_{N+2},\cdots$，都落在点$a$的$\varepsilon$邻域$(a-\varepsilon,a+\varepsilon)$内（外面的项最多只有$N$项）.

也就是说，若$\lim\limits_{n\to\infty}x_n=a$，则当$n>N$时，所有的点$x_n$都落在$(a-\varepsilon,a+\varepsilon)$内，如图1.2.1所示. 除有限项外，所有项都在这个区间内，只有有限个（至多只有$N$个）落在其外.

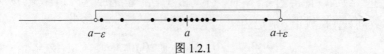

图 1.2.1

下面给出几个常用数列的极限：

（1）$\lim\limits_{n\to\infty} C = C$ （$C$ 为常数）；

（2）$\lim\limits_{n\to\infty} \dfrac{1}{n^{\alpha}} = 0 \, (\alpha > 0)$；

（3）$\lim\limits_{n\to\infty} q^n = 0 \, (|q| < 1)$.

## 1.2.2 数列极限的性质

**定理 1.2.1** （极限的唯一性） 收敛数列的极限必唯一.

**证** 设 $\lim\limits_{n\to\infty} x_n = a$，又 $\lim\limits_{n\to\infty} x_n = b$，由定义，$\forall \varepsilon > 0$，$\exists N_1 > 0$，$N_2 > 0$，使得当 $n > N_1$ 时，恒有 $|x_n - a| < \varepsilon$，当 $n > N_2$ 时，恒有 $|x_n - b| < \varepsilon$.

取 $N = \max\{N_1, N_2\}$，则当 $n > N$ 时，有
$$|a - b| = |(x_n - b) - (x_n - a)| \leqslant |x_n - b| + |x_n - a| < \varepsilon + \varepsilon = 2\varepsilon$$
上式当且仅当 $a = b$ 时能成立，故收敛数列极限唯一.

**定义 1.2.4** 设有数列 $\{x_n\}$，若 $\exists M > 0$，使得对一切 $n = 1, 2, \cdots$，有
$$|x_n| \leqslant M$$
则称数列 $\{x_n\}$ 是**有界**的；否则称它是**无界**的.

例如，数列 $\left\{\dfrac{1}{n^2 + 1}\right\}$，$\{(-1)^n\}$ 有界，数列 $\{n^2\}$ 无界.

**定理 1.2.2** （有界性） 若数列 $\{x_n\}$ 收敛，则数列 $\{x_n\}$ 有界.

**证** 设 $\lim\limits_{n\to\infty} x_n = a$，由极限定义，$\forall \varepsilon > 0$，且 $\varepsilon < 1$，$\exists$ 正整数 $N$，当 $n > N$ 时，$|x_n - a| < \varepsilon < 1$，从而 $|x_n| < 1 + |a|$.

取 $M = \max\{1 + |a|, |x_1|, |x_2|, \cdots, |x_N|\}$，则有 $|x_n| \leqslant M$，对一切 $n = 1, 2, \cdots$ 成立，即 $\{x_n\}$ 有界.

**注** （1）逆否命题：无界数列一定发散.

（2）定理 1.2.2 的逆命题不成立，即有界数列不一定收敛. 例如，数列 $\{(-1)^n\}$ 有界，但它不收敛.

**定理 1.2.3** （保号性） 若 $\lim\limits_{n\to\infty} x_n = a$，且 $a > 0$（或 $a < 0$），则存在正整数 $N$，当 $n > N$ 时，$x_n > 0$（或 $x_n < 0$）.

**证** 由极限定义，对于 $\varepsilon = \dfrac{a}{2} > 0$，存在正整数 $N$，当 $n > N$ 时，$|x_n - a| < \dfrac{a}{2}$，即 $\dfrac{a}{2} < x_n < \dfrac{3}{2}a$，故当 $n > N$ 时，$x_n > \dfrac{a}{2} > 0$.

类似可证 $a < 0$ 的情形.

**推论 1.2.1** 设有数列 $\{x_n\}$，存在正整数 $N$，当 $n > N$ 时，$x_n > 0$（或 $x_n < 0$）. 若 $\lim\limits_{n\to\infty} x_n = a$，则必有 $a \geqslant 0$（或 $a \leqslant 0$）.

**注** 在推论 1.2.1 中，只能推出 $a \geqslant 0$（或 $a \leqslant 0$），而不能由 $x_n > 0$（或 $x_n < 0$）推出其极限（若存在）也大于 0（或小于 0）. 例如，$x_n = \dfrac{1}{n} > 0$，但 $\lim\limits_{n\to\infty} x_n = \lim\limits_{n\to\infty} \dfrac{1}{n} = 0$.

数列 $\{x_n\}$ 中任意抽取无限多项，并保持这些项在原数列 $\{x_n\}$ 中的先后次序而得到的数列称为 $\{x_n\}$ 的子数列，可写成

$$x_{n_1}, x_{n_2}, \ldots, x_{n_k}, \ldots$$

**定理 1.2.4** 收敛数列的任一子数列也收敛，且极限相同.

**证** 设数列 $\{x_{n_k}\}$ 是数列 $\{x_n\}$ 的任一子数列.

因为 $\lim\limits_{n\to\infty} x_n = a$，所以 $\forall \varepsilon > 0$，$\exists N > 0$，使得当 $n > N$ 时，恒有 $|x_n - a| < \varepsilon$. 取 $K = N$，则当 $k > K$ 时，$n_k \geq K$，有

$$|x_{n_k} - a| < \varepsilon$$

故

$$\lim\limits_{k\to\infty} x_{n_k} = a$$

# 习 题 1.2

## （A）

**1.** 观察下列数列 $\{x_n\}$ 当 $n \to \infty$ 时的变化趋势，判定它们是否收敛，如收敛写出其极限：

（1）$x_n = (-1)^n \dfrac{1}{n}$；

（2）$x_n = n!$；

（3）$x_n = 1 - \dfrac{1}{10^n}$；

（4）$x_n = (-1)^n - \dfrac{1}{n}$；

（5）$x_n = \cos\dfrac{n\pi}{2}$；

（6）$x_n = \lg\dfrac{1}{n}$；

（7）$x_n = 3^{(-1)^n}$；

（8）$x_n = \cos\dfrac{1}{n+1}$；

（9）$x_n = a^{-n}\ (a > 1)$.

**2.** 用极限定义考查下列结论是否正确，为什么？

（1）设数列 $\{x_n\}$，当 $n$ 越来越大时，$|x_n - a|$ 越来越小，则 $\lim\limits_{n\to\infty} x_n = a$；

（2）设数列 $\{x_n\}$，当 $n$ 越来越大时，$|x_n - a|$ 越来越接近于 0，则 $\lim\limits_{n\to\infty} x_n = a$；

（3）设数列 $\{x_n\}$，若 $\forall \varepsilon > 0$，$\exists N$，当 $n > N$ 时，有无穷多个 $x_n$ 满足 $|x_n - a| < \varepsilon$，则 $\lim\limits_{n\to\infty} x_n = a$.

**3.** 已知 $\lim\limits_{n\to\infty}\dfrac{2n}{n+1} = 2$，分别求 $\varepsilon = 0.1$，$\varepsilon = 0.01$，$\varepsilon = 0.001$ 时的 $N$，使得当 $n > N$ 时（$N$ 为正整数）总有 $\left|\dfrac{2n}{n+1} - 2\right| < \varepsilon$.

## （B）

**1.** 用定义证明下列极限：

（1）$\lim\limits_{n\to\infty}\dfrac{3n+2}{2n+3} = \dfrac{3}{2}$；

（2）$\lim\limits_{n\to\infty}\left(1 - \dfrac{1}{2^n}\right) = 1$；

（3）$\lim\limits_{n\to\infty}\dfrac{1}{n^2} = 0$；

（4）$\lim\limits_{n\to\infty}\dfrac{\sqrt{n^2+1}}{n} = 1$.

**2.** 判断下列结论是否正确，为什么？

（1）若 $\{x_n\}$ 收敛，则 $\lim\limits_{n\to\infty} x_n = \lim\limits_{n\to\infty} x_{n+k}$（$k$ 为正整数）；

（2）有界数列 $\{x_n\}$ 必收敛；

（3）无界数列 $\{x_n\}$ 必发散；

（4）发散数列 $\{x_n\}$ 必无界；

（5）若 $\{x_n y_n\}$ 收敛，则 $\{x_n\}$，$\{y_n\}$ 也收敛；

（6）若 $x_n > y_n (n = 1, 2, \cdots)$，且 $\lim\limits_{n\to\infty} x_n = a$，$\lim\limits_{n\to\infty} y_n = b$，则 $a \geqslant b$.

**3.** 用定义证明：

（1）若 $\{x_n\}$ 为有界数列，$\lim\limits_{n\to\infty} y_n = 0$，则 $\lim\limits_{n\to\infty} x_n y_n = 0$；

（2）若 $a_n \to a\,(n\to\infty)$，则 $|a_n| \to |a|\,(n\to\infty)$；

（3）若 $|a_n| \to 0\,(n\to\infty)$，则 $a_n \to 0\,(n\to\infty)$.

# 1.3　函数的极限

　　数列作为定义在正整数集上的函数，上一节讨论了它的极限，即自变量无限增大时，相应的函数值（即相应项的值）的变化趋势. 因为数列中的自变量是离散变量，对于函数中连续的自变量而言，是否同样可以讨论当自变量呈某种变化趋势时，函数的变化情况呢？ 这就是本节要讲的内容.

## 1.3.1　自变量绝对值无限增大时函数的极限

　　自变量 $|x|$ 无限增大，是指 $x \to \infty$.

　　例如，函数

$$y = f(x) = \frac{1}{x} \quad (x \neq 0)$$

（图 1.3.1）当 $|x|$ 无限增大时，$y$ 无限地趋近于 0，称为 $x$ 趋于无穷大时，$y = f(x) = \dfrac{1}{x}$ 以 0 为极限.

　　对于当 $x \to \infty$ 时函数 $f(x)$ 的变化趋势，给出以下描述性定义：

　　**定义 1.3.1**　若当 $|x|$ 无限增大（即 $x \to \infty$）时，函数 $f(x)$ 无限趋近于一个确定的常数 $A$，则称当 $x \to \infty$ 时 $f(x)$ 以 $A$ 为极限，记为

$$\lim_{x\to\infty} f(x) = A \quad \text{或} \quad f(x) \to A\,(x\to\infty)$$

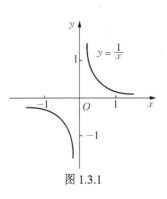

图 1.3.1

上例中，当 $x \to \infty$ 时，$f(x) = \dfrac{1}{x} \to 0$，可表示为

$$\lim_{x\to\infty} \frac{1}{x} = 0$$

与数列极限类似，该如何量化当 $x \to \infty$ 时函数极限的定义呢？

我们知道 $f(x) \to 0$ 是指 $|f(x) - 0|$ 可任意小. 对于任意给定的小正数 $\varepsilon$，要使

$$|f(x) - 0| = \left| \frac{1}{x} - 0 \right| = \frac{1}{|x|} < \varepsilon$$

成立，只要 $|x|>\dfrac{1}{\varepsilon}$.

因为 $\varepsilon$ 是任意小的正数，所以 $\dfrac{1}{\varepsilon}$ 是任意大的正数. $|x|$ 比任意大的正数 $\dfrac{1}{\varepsilon}$ 还要大，这就表明 $|x|$ 无限增大. 于是可将 $\lim\limits_{x\to\infty}\dfrac{1}{x}=0$ 表述为

$$\forall\varepsilon>0,\ \exists X>0\ \left(\text{取}\ X=\frac{1}{\varepsilon}\right),\ \text{当}\ |x|>X\ \text{时，有}\ |f(x)-0|<\varepsilon\ \text{成立}$$

通过以上分析，可得 $x\to\infty$ 时函数极限的精确定义：

**定义 1.3.2** 设函数 $f(x)$ 当 $|x|$ 大于某一正数时有定义，若对于任意给定的正数 $\varepsilon$（无论它多么小），总存在正数 $X$，使得当 $|x|>X$ 时，不等式 $|f(x)-A|<\varepsilon$ 成立，则称当 $x\to\infty$ 时函数 $f(x)$ 以常数 $A$ 为极限，记为

$$\lim_{x\to\infty}f(x)=A\quad\text{或}\quad f(x)\to A\ (x\to\infty)$$

定义 1.3.2 可简单表述为

$$\lim_{x\to\infty}f(x)=A\Leftrightarrow\forall\varepsilon>0,\ \exists X>0,\ \text{当}\ |x|>X\ \text{时，有}\ |f(x)-A|<\varepsilon$$

函数极限的这种定义称为 $\varepsilon\text{-}X$ 定义，用 $\varepsilon\text{-}X$ 定义证明极限的关键是找正数 $X$.

**例 1.3.1** 证明：$\lim\limits_{x\to\infty}\dfrac{x^3+1}{3x^3}=\dfrac{1}{3}$.

**证** 因为

$$\left|\frac{x^3+1}{3x^3}-\frac{1}{3}\right|=\left|\frac{1}{3x^3}\right|=\frac{1}{3|x|^3}$$

$\forall\varepsilon>0$，要使 $\left|\dfrac{x^3+1}{3x^3}-\dfrac{1}{3}\right|<\varepsilon$ 成立，只要

$$\frac{1}{3|x|^3}<\varepsilon\quad\text{或}\quad |x|>\sqrt[3]{\frac{1}{3\varepsilon}}$$

故取 $X=\sqrt[3]{\dfrac{1}{3\varepsilon}}$，则当 $|x|>X$ 时，有

$$\left|\frac{x^3+1}{3x^3}-\frac{1}{3}\right|<\varepsilon$$

所以

$$\lim_{x\to\infty}\frac{x^3+1}{3x^3}=\frac{1}{3}$$

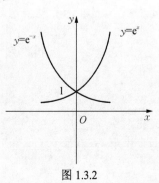

图 1.3.2

应该注意，有些函数只在 $x\to+\infty$ 或 $x\to-\infty$ 其中一种情况下有极限，如图 1.3.2 所示.

函数 $f(x)=e^{-x}$，当 $x\to+\infty$ 时，$f(x)\to 0$；而当 $x\to-\infty$ 时，$f(x)$ 不能无限趋近于任何一个确定的常数. 所以有

$$\lim_{x\to+\infty}e^{-x}=0$$

同样

$$\lim_{x\to-\infty}e^{x}=0$$

一般地，若设 $f(x)$ 在 $[a,+\infty)$ 上有定义，且 $\forall\varepsilon>0$，

$\exists X>0$，当 $x>X$ 时，有 $|f(x)-A|<\varepsilon$，则称 $A$ 为 $f(x)$ 当 $x\to+\infty$ 时的极限，记为

$$\lim_{x\to+\infty}f(x)=A \quad\text{或}\quad f(x)\to A\ (x\to+\infty)$$

若 $f(x)$ 在 $(-\infty, b]$ 上有定义，且 $\forall\varepsilon>0$，$\exists X>0$，当 $x<-X$ 时，有 $|f(x)-A|<\varepsilon$，则称 $A$ 为 $f(x)$ 当 $x\to-\infty$ 时的极限，记为

$$\lim_{x\to-\infty}f(x)=A \quad\text{或}\quad f(x)\to A\ (x\to-\infty)$$

由于 $x\to\infty$ 包括 $x\to+\infty$ 和 $x\to-\infty$，得到如下定理：

**定理 1.3.1** 函数 $f(x)$ 当 $x\to\infty$ 时极限存在的充要条件为

$$\lim_{x\to-\infty}f(x)=\lim_{x\to+\infty}f(x)$$

即

$$\lim_{x\to\infty}f(x)=A\Leftrightarrow\lim_{x\to-\infty}f(x)=\lim_{x\to+\infty}f(x)=A$$

$\lim\limits_{x\to\infty}f(x)=A$ 的几何解释：

在 $xOy$ 平面上，对于任意给定的两条直线 $y=A-\varepsilon$ 与 $y=A+\varepsilon\ (\varepsilon>0)$，可找到两条直线 $x=M$ 和 $x=-M$，使得这两条直线外侧的函数曲线 $y=f(x)$ 完全落在 $y=A-\varepsilon$ 与 $y=A+\varepsilon$ 两条直线之间，如图 1.3.3 所示.

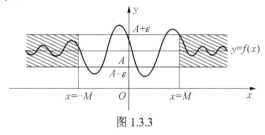

图 1.3.3

## 1.3.2 自变量趋于有限值时函数的极限

自变量 $x$ 趋于有限值 $x_0$，即 $x$ 无限接近 $x_0$，记为 $x\to x_0$.

**注** 这里不限制 $x$ 大于或小于 $x_0$，但 $x$ 不得等于 $x_0$.

若 $x$ 仅从右侧趋于 $x_0$，即 $x>x_0$，且趋向于 $x_0$，记为 $x_0\to x_0+0$ 或 $x\to x_0^+$；

若 $x$ 仅从左侧趋于 $x_0$，即 $x<x_0$，且趋向于 $x_0$，记为 $x_0\to x_0-0$ 或 $x\to x_0^-$.

即 $x\to x_0$ 包括 $x\to x_0^+$ 和 $x\to x_0^-$.

1. 当 $x\to x_0$ 时函数极限的定义

现在考察函数 $y=f(x)=\dfrac{4x^2-1}{2x-1}$，其定义域为 $\left(-\infty,\dfrac{1}{2}\right)\cup\left(\dfrac{1}{2},+\infty\right)$. 在定义域内，函数 $f(x)=2x+1$ 的图像是除去点 $\left(\dfrac{1}{2},2\right)$ 外的一条直线（图 1.3.4）. 从图像上看，尽管 $f(x)$ 在点 $x=\dfrac{1}{2}$ 处无定义，但当 $x$ 无限接近

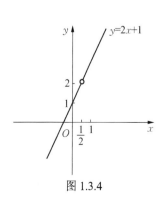

图 1.3.4

$\dfrac{1}{2}$ 时，$f(x)$ 无限接近于 2，称当 $x \to \dfrac{1}{2}$ 时，$f(x)$ 以 2 为极限.

由此得到当 $x \to x_0$ 时函数极限的描述性定义：

**定义 1.3.3** 若当 $x$ 无限接近于 $x_0$（$x$ 可以不等于 $x_0$）时，函数 $f(x)$ 无限接近一个确定的常数 $A$，则称 $f(x)$ 当 $x \to x_0$ 时以 $A$ 为极限，记为

$$\lim_{x \to x_0} f(x) = A \quad \text{或} \quad f(x) \to A \, (x \to x_0)$$

上例中，当 $x \to \dfrac{1}{2}$ 时 $f(x) \to 2$ 是指 $\left| x - \dfrac{1}{2} \right|$ 充分小时 $|f(x) - 2|$ 可任意小. 因为

$$|f(x) - 2| = |2x + 1 - 2| = 2\left| x - \dfrac{1}{2} \right|$$

所以，要 $|f(x) - 2|$ 任意小，即对任意给定的小正数 $\varepsilon$，有

$$2\left| x - \dfrac{1}{2} \right| < \varepsilon$$

即 $\left| x - \dfrac{1}{2} \right| < \dfrac{\varepsilon}{2}$，这表明 $\left| x - \dfrac{1}{2} \right|$ 也是充分小.

反过来说，若

$$\left| x - \dfrac{1}{2} \right| < \dfrac{\varepsilon}{2}$$

则 $|f(x) - 2| < \varepsilon$ 成立. 于是取 $\delta = \dfrac{\varepsilon}{2}$，用以下语言描述 "$x \to \dfrac{1}{2}$ 时，$f(x)$ 以 2 为极限"：

$$\forall \varepsilon > 0, \ \exists \delta > 0 \left( \text{取} \ \delta = \dfrac{\varepsilon}{2} \right), \ \text{当} \ 0 < \left| x - \dfrac{1}{2} \right| < \delta \ \text{时，有} \ |f(x) - 2| < \varepsilon \ \text{成立}$$

通过以上分析，可得当 $x \to x_0$ 时函数极限的精确定义（$\varepsilon$-$\delta$ 定义）：

**定义 1.3.4** 设函数 $f(x)$ 在点 $x_0$ 的某一去心邻域内有定义，若存在常数 $A$，对于任意给定的正数 $\varepsilon$（无论它多么小），总存在正数 $\delta$，当 $0 < |x - x_0| < \delta$ 时，不等式 $|f(x) - A| < \varepsilon$ 成立，则称当 $x \to x_0$ 时，函数 $f(x)$ 以常数 $A$ 为极限，记为

$$\lim_{x \to x_0} f(x) = A \quad \text{或} \quad f(x) \to A \, (x \to x_0)$$

**注** 定义中 $|x - x_0| > 0$ 表示 $x \ne x_0$，所以当 $x \to x_0$ 时 $f(x)$ 有没有极限与 $f(x)$ 在点 $x_0$ 处有没有定义无关.

定义 1.3.4 可简单表述为

$$\lim_{x \to x_0} f(x) = A \Leftrightarrow \forall \varepsilon > 0, \ \exists \delta > 0, \ \text{当} \ 0 < |x - x_0| < \delta \ \text{时，有} \ |f(x) - A| < \varepsilon \ \text{成立}$$

**例 1.3.2** 证明 $\lim\limits_{x \to x_0} C = C$（$C$ 为常数）.

**证** $\forall \varepsilon > 0$，可取任一正数 $\delta$，当 $0 < |x - x_0| < \delta$ 时，有

$$|f(x) - C| = |C - C| = 0 < \varepsilon$$

所以

$$\lim_{x \to x_0} C = C$$

**例 1.3.3**　证明 $\lim\limits_{x \to x_0} (ax+b) = ax_0 + b$ $(a \neq 0)$.

**证**　$\forall \varepsilon > 0$，要使

$$|(ax+b) - (ax_0+b)| = |a(x-x_0)| = |a||x-x_0| < \varepsilon$$

只要

$$|x-x_0| < \frac{\varepsilon}{|a|}$$

所以取 $\delta = \dfrac{\varepsilon}{|a|} > 0$．显然当 $0 < |x-x_0| < \delta$ 时，有

$$|(ax+b) - (ax_0+b)| < \varepsilon$$

因此

$$\lim\limits_{x \to x_0} (ax+b) = ax_0 + b$$

当 $x \to x_0$ 时，函数 $f(x)$ 以常数 $A$ 为极限的几何解释：

任意给定正数 $\varepsilon$，存在正数 $\delta$，使得对于位于点 $x_0$ 的 $\delta$ 去心邻域内的任何 $x$，函数曲线 $y = f(x)$ 位于两条直线 $y = A - \varepsilon$ 与 $y = A + \varepsilon$ 之间，如图 1.3.5 所示.

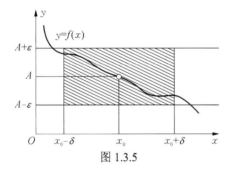
图 1.3.5

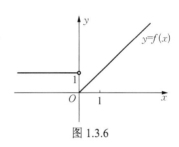
图 1.3.6

**2. 单侧极限**

在当 $x \to x_0$ 时 $f(x)$ 的极限概念中，$x$ 是从 $x_0$ 的左侧同时也从 $x_0$ 的右侧趋于 $x_0$，但有时还需要知道 $x$ 仅从 $x_0$ 的左侧或仅从 $x_0$ 的右侧趋于 $x_0$ 时，$f(x)$ 的变化趋势.

例如，函数

$$y = f(x) = \begin{cases} 1, & x < 0 \\ x, & x \geq 0 \end{cases}$$

从图 1.3.6 容易看到，当 $x$ 从 0 的左侧趋近于 0 时，$f(x) \to 1$；当 $x$ 从 0 的右侧趋近于 0 时，$f(x) \to 0$. 称 1 和 0 分别是 $x$ 趋近于 0 时 $f(x)$ 的左极限和右极限.

**定义 1.3.5**　若当 $x$ 从 $x_0$ 的左侧 $(x < x_0)$ 趋近于 $x_0$ 时，函数 $f(x)$ 以 $A$ 为极限，则称 $A$ 为当 $x \to x_0$ 时 $f(x)$ 的左极限，记为

$$\lim\limits_{x \to x_0^-} f(x) = A \quad \text{或} \quad f(x_0 - 0) = A \quad \text{或} \quad f(x_0^-) = A$$

若当 $x$ 从 $x_0$ 的右侧 $(x > x_0)$ 趋近于 $x_0$ 时，函数 $f(x)$ 以 $A$ 为极限，则称 $A$ 为当 $x \to x_0$ 时 $f(x)$ 的右极限，记为

$$\lim\limits_{x \to x_0^+} f(x) = A \quad \text{或} \quad f(x_0 + 0) = A \quad \text{或} \quad f(x_0^+) = A$$

左极限和右极限统称为单侧极限.

根据左、右极限的定义，可得下列定理：

**定理 1.3.2** 函数 $f(x)$ 极限存在的充要条件是左、右极限都存在并且相等，即

$$\lim_{x \to x_0} f(x) = A \Leftrightarrow \lim_{x \to x_0^-} f(x) = \lim_{x \to x_0^+} f(x) = A$$

由此可以看出，若函数 $f(x)$ 在 $x_0$ 左、右极限有一个不存在或者都存在但不相等，则极限 $\lim\limits_{x \to x_0} f(x)$ 不存在. 这一方法常常用来讨论分段函数的自变量在区间分界点处的极限问题.

**例 1.3.4** 设
$$f(x) = \begin{cases} x, & x < 1 \\ 2x - 1, & x \geqslant 1 \end{cases}$$

讨论 $\lim\limits_{x \to 1} f(x)$ 是否存在？

**解** 因为

$$\lim_{x \to 1^-} f(x) = \lim_{x \to 1^-} x = 1$$
$$\lim_{x \to 1^+} f(x) = \lim_{x \to 1^+} (2x - 1) = 2 \times 1 - 1 = 1$$

所以左、右极限相等，故由定理 1.3.2 知

$$\lim_{x \to 1} f(x) = 1$$

**例 1.3.5** 证明 $\lim\limits_{x \to 1} \dfrac{|x-1|}{x-1}$ 不存在.

**证** 因为

$$\lim_{x \to 1^-} \frac{|x-1|}{x-1} = \lim_{x \to 1^-} \frac{-(x-1)}{x-1} = -1$$
$$\lim_{x \to 1^+} \frac{|x-1|}{x-1} = \lim_{x \to 1^+} \frac{x-1}{x-1} = 1$$

所以左、右极限不相等，故极限 $\lim\limits_{x \to 1} \dfrac{|x-1|}{x-1}$ 不存在.

### 1.3.3 函数极限的性质

与数列极限性质类似，函数极限也具有下述性质，且其证明过程与数列极限性质相应定理的证明过程相似，有兴趣的读者可以自行证明. 此外，以下性质中 $x \to x_0$ 也可以换为 $x \to \infty$.

**性质 1.3.1** （唯一性）若 $\lim\limits_{x \to x_0} f(x) = A$，$\lim\limits_{x \to x_0} f(x) = B$，则 $A = B$.

性质 1.3.2 证明

**性质 1.3.2** （局部有界性）若 $\lim\limits_{x \to x_0} f(x) = A$，则存在 $x_0$ 去心邻域 $\mathring{U}(x_0, \delta)$ 和 $M > 0$，使得 $\forall x \in \mathring{U}(x_0, \delta)$，有 $|f(x)| \leqslant M$.

性质 1.3.3 证明

**性质 1.3.3** （保号性）若 $\lim\limits_{x \to x_0} f(x) = A$，且 $A > 0$（或 $A < 0$），则存在 $\delta > 0$，使得 $\forall x \in \mathring{U}(x_0, \delta)$，有 $f(x) > 0$（或 $f(x) < 0$）.

**推论 1.3.1** 若在 $x_0$ 某去心邻域 $\overset{\circ}{U}(x_0, \delta)$ 内，有 $f(x) \geqslant 0$（或 $f(x) \leqslant 0$），且 $\lim\limits_{x \to x_0} f(x) = A$，则 $A \geqslant 0$（或 $A \leqslant 0$）.

性质 1.3.3 和推论 1.3.1 指出了极限的正负与函数的正负之间的关系，在后面的学习中常常用到这两个性质.

必须指出，在有些情况下，若 $f(x) > 0$，且 $\lim\limits_{x \to x_0} f(x) = A$，可推得 $A = 0$.

例如，函数

$$f(x) = \begin{cases} |x|, & x \neq 0 \\ 1, & x = 0 \end{cases}$$

在定义域上的值均大于 0，且当 $x \to 0$ 时 $f(x)$ 的极限存在，但极限值

$$A = \lim_{x \to 0} f(x) = \lim_{x \to 0} |x| = 0$$

**性质 1.3.4** （函数极限与数列极限的关系）若 $\lim\limits_{x \to x_0} f(x) = A$，数列 $\{x_n\}$ 为 $f(x)$ 的定义域内任一数列，且 $\lim\limits_{n \to \infty} x_n = x_0$，且 $x_n \neq x_0$，则相应的函数值数列 $\{f(x_n)\}$ 必收敛，且

$$\lim_{n \to \infty} f(x_n) = \lim_{x \to x_0} f(x) = A$$

**注** （1）利用该性质可以将数列极限转化为函数极限来计算.

（2）该命题的逆否命题常用来证明函数极限不存在.

# 习　题　1.3

## （A）

**1.** 判断下列命题的正确性：

（1）若 $f(x)$ 在 $x = x_0$ 无定义，则 $\lim\limits_{x \to x_0} f(x)$ 不存在；

（2）若 $\lim\limits_{x \to +\infty} f(x) = A$，则存在 $X > 0$，当 $x \in (X, +\infty)$ 时，$f(x)$ 有界；

（3）若 $\lim\limits_{x \to -\infty} f(x)$ 不存在，则 $\lim\limits_{x \to -\infty} f^2(x)$ 也不存在.

**2.** 设 $f(x) = \begin{cases} 2x^2, & x \leqslant 1, \\ 2x - 1, & x > 1, \end{cases}$ 求 $\lim\limits_{x \to 1} f(x)$.

**3.** 设 $f(x) = \begin{cases} 2x^2 - 2, & x < 1, \\ 3, & x = 1, \\ \ln x, & x > 1, \end{cases}$ 求 $\lim\limits_{x \to 1} f(x)$.

**4.** 函数 $f(x)$ 在点 $x_0$ 处有定义，是当 $x \to x_0$ 时 $f(x)$ 有极限的（　　　）.

A. 必要条件　　　　B. 充分条件　　　　C. 充要条件　　　　D. 无关条件

**5.** 若函数 $f(x)$ 在点 $x_0$ 处的极限存在，则（　　　）.

A. $f(x_0)$ 必存在且等于极限值　　　　B. $f(x_0)$ 存在但不一定等于极限值

C. $f(x_0)$ 在点 $x_0$ 处的函数值可以不存在　　　　D. 若 $f(x_0)$ 存在，则必等于极限值

**6.** $\lim\limits_{x \to x_0^-} f(x)$ 与 $\lim\limits_{x \to x_0^+} f(x)$ 都存在是函数 $f(x)$ 在点 $x_0$ 处有极限的（　　　）.

A. 必要条件　　　　B. 充分条件　　　　C. 充要条件　　　　D. 无关条件

**（B）**

**1.** 用函数极限定义证明下列极限：

（1） $\lim\limits_{x\to 2}(3x-1)=5$ ；

（2） $\lim\limits_{x\to -\frac{1}{2}}\dfrac{1-4x^2}{2x+1}=2$ ；

（3） $\lim\limits_{x\to\infty}\dfrac{\arctan x}{x^2}=0$ ；

（4） $\lim\limits_{x\to\infty}\dfrac{1+x^3}{2x^3}=\dfrac{1}{2}$ .

**2.** 作函数 $f(x)=\dfrac{|x|}{x}$ 的图形，求函数 $f(x)$ 在点 $x=0$ 处的左、右极限，并说明函数 $f(x)$ 在点 $x=0$ 处是否有极限.

**3.** 证明：函数 $f(x)$ 当 $x\to x_0$ 时极限存在的充要条件为

$$\lim\limits_{x\to x_0^-}f(x)=\lim\limits_{x\to x_0^+}f(x)=A$$

# 1.4　无穷小与无穷大

有两种极限是数学理论研究和处理实际问题时经常遇到的，这就是本节要介绍的无穷大和无穷小的概念，尤其是无穷小的概念非常有用.

对无穷小的认识问题，可以追溯到古希腊，数学家阿基米德（Archimedes）就曾用无穷小方法得到许多重要的数学结果，但他认为无穷小方法存在着不合理的地方. 直到 1821 年，法国数学家柯西（Cauchy）在他的《分析教程》中才对无穷小这一概念给出了明确的说明. 而有关无穷小的理论就是在柯西理论的基础上发展起来的.

## 1.4.1　无穷小

**定义 1.4.1**　若函数 $f(x)$ 当 $x\to x_0$（或 $x\to\infty$）时的极限为 0，则称函数 $f(x)$ 是当 $x\to x_0$（或 $x\to\infty$）时的无穷小量，简称无穷小，记为

$$\lim\limits_{\substack{x\to x_0\\(x\to\infty)}}f(x)=0 \quad 或 \quad f(x)\to 0\ (x\to x_0\ 或\ x\to\infty)$$

定义 1.4.1 中自变量的变化趋势可以是 $x\to x_0^-$ 或 $x\to x_0^+$，也可以是 $x\to -\infty$ 或 $x\to +\infty$.

特别地，以 0 为极限的数列 $\{x_n\}$ 称为当 $n\to\infty$ 时的无穷小.

例如：因为 $\lim\limits_{x\to 0^-}\mathrm{e}^{\frac{1}{x}}=0$，所以当 $x\to 0^-$ 时，$y=\mathrm{e}^{\frac{1}{x}}$ 是无穷小；因为 $\lim\limits_{x\to\infty}\dfrac{1}{x^2}=0$，所以当 $x\to\infty$ 时，$y=\dfrac{1}{x^2}$ 是无穷小；因为 $\lim\limits_{n\to\infty}\dfrac{1}{2n}=0$，所以当 $n\to\infty$ 时，$x_n=\dfrac{1}{2n}$ 是无穷小.

研究无穷小时应注意：

（1）无穷小是变量，它反映变量趋近于 0 时的一种变化状态，即使是绝对值很小的常数（0 除外）也不是无穷小，因为这些常数的极限不是 0.

（2） $f(x)$ 为无穷小，必须指明自变量 $x$ 的变化趋势. 例如，函数 $f(x)=x-2$，当 $x\to 2$ 时是无穷小，而当 $x\to 3$ 时就不是无穷小.

下面定理说明了无穷小与函数极限的关系：

**定理 1.4.1** 在自变量 $x$ 的某一变化过程中，函数 $f(x)$ 具有极限 $A$ 的充要条件是 $f(x)=A+\alpha$，其中 $\alpha$ 为这一变化过程中的无穷小.

**证** 仅证当 $x \to x_0$ 时的情形.

**必要性** 设 $\lim\limits_{x \to x_0} f(x)=A$，由极限定义得，$\forall \varepsilon>0, \exists \delta>0$，当 $0<|x-x_0|<\delta$ 时，有

$$|f(x)-A|<\varepsilon$$

令 $f(x)-A=\alpha$，则有 $|\alpha|<\varepsilon$，所以 $\alpha$ 是当 $x \to x_0$ 时的无穷小，且

$$f(x)=A+\alpha$$

**充分性** 设 $f(x)=A+\alpha$，其中 $A$ 为常数，$\alpha$ 为当 $x \to x_0$ 时的无穷小，则

$$|f(x)-A|=|\alpha|$$

由 $\lim\limits_{x \to x_0} \alpha=0$ 得，$\forall \varepsilon>0, \exists \delta>0$，当 $0<|x-x_0|<\delta$ 时，有 $|\alpha|<\varepsilon$，即

$$|f(x)-A|<\varepsilon$$

所以

$$\lim\limits_{x \to x_0} f(x)=A$$

## 1.4.2 无穷小的性质

**性质 1.4.1** 有限个无穷小的代数和仍是无穷小.

**证** 先证两个无穷小的代数和是无穷小. 不失一般性，设 $\alpha(x)$ 和 $\beta(x)$ 都是当 $x \to x_0$ 时的无穷小，即

$$\lim\limits_{x \to x_0} \alpha(x)=0, \qquad \lim\limits_{x \to x_0} \beta(x)=0$$

则 $\forall \varepsilon>0$，

$$\exists \delta_1>0，当 0<|x-x_0|<\delta_1 时，|\alpha(x)|<\frac{\varepsilon}{2}$$

$$\exists \delta_2>0，当 0<|x-x_0|<\delta_2 时，|\beta(x)|<\frac{\varepsilon}{2}$$

取 $\delta=\min\{\delta_1,\delta_2\}$，则当 $0<|x-x_0|<\delta$ 时，有

$$|\alpha(x)\pm\beta(x)|\leqslant|\alpha(x)|+|\beta(x)|<\frac{\varepsilon}{2}+\frac{\varepsilon}{2}=\varepsilon$$

故当 $x \to x_0$ 时，$\alpha(x)\pm\beta(x)$ 是无穷小.

由两个无穷小的和是无穷小可推广到三个直至有限个，所以有限个无穷小的代数和仍是无穷小.

性质 1.4.1 中的"有限个"条件是不可少的，无限个无穷小的代数和不一定是无穷小，例如

$$\lim\limits_{n \to \infty}\left(\frac{1}{n^2}+\frac{2}{n^2}+\cdots+\frac{n}{n^2}\right)=\lim\limits_{n \to \infty}\frac{1+2+\cdots+n}{n^2}=\lim\limits_{n \to \infty}\frac{\frac{1}{2}n(n+1)}{n^2}=\frac{1}{2}$$

**性质 1.4.2** 有界函数与无穷小的乘积是无穷小.

**证** 只证当 $x \to \infty$ 时的情形，其他情形证法类似.

设 $f(x)$ 为当 $x \to \infty$ 时的有界函数，则 $\exists M>0$，当 $|x|>X_1>0$ 时，$|f(x)|<M$. 又设

$\lim\limits_{x\to\infty}\alpha(x)=0$，则 $\forall\varepsilon>0$，对 $\dfrac{\varepsilon}{M}$ 来说，$\exists X_2>0$，当 $|x|>X_2$ 时，$|\alpha(x)|<\dfrac{\varepsilon}{M}$．取 $X=\max\{X_1,X_2\}$，则当 $|x|>X$ 时，有

$$|f(x)\cdot\alpha(x)|=|f(x)|\cdot|\alpha(x)|<\dfrac{\varepsilon}{M}\cdot M=\varepsilon$$

这就证明了当 $x\to\infty$ 时，$f(x)\cdot\alpha(x)$ 是无穷小.

**推论 1.4.1** 常数与无穷小的乘积是无穷小.

**推论 1.4.2** 有限个无穷小的乘积仍是无穷小.

因为常量是有界的，所以与无穷小的乘积是无穷小. 两个无穷小 $\alpha$ 与 $\beta$ 相乘，由于 $|\alpha|<\varepsilon$，可将 $\alpha$ 看成有界函数，两个无穷小的乘积仍是无穷小. 以此类推，可得推论 1.4.2.

**例 1.4.1** 求极限 $\lim\limits_{x\to0}x\cos\dfrac{1}{x}$.

**解** 当 $x\to0$ 时，$x$ 是无穷小，而 $\left|\cos\dfrac{1}{x}\right|\leqslant1$，即 $\cos\dfrac{1}{x}$ 有界，所以 $x\cos\dfrac{1}{x}$ 是无穷小，即

$$\lim\limits_{x\to0}x\cos\dfrac{1}{x}=0$$

## 1.4.3 无穷大

考察函数 $y=\tan x$，当 $x\to\dfrac{\pi}{2}$ 时，其绝对值无限增大，比任意给定的正数 $M$ 还要大，即 $|y|>M$，称函数 $y=\tan x$ 为当 $x\to\dfrac{\pi}{2}$ 时的无穷大量，简称无穷大.

一般地，有以下关于无穷大的定义.

**定义 1.4.2** 若当 $x\to x_0$（或 $x\to\infty$）时函数 $f(x)$ 的绝对值 $|f(x)|$ 无限地增大，则称函数 $f(x)$ 为当 $x\to x_0$（或 $x\to\infty$）时的无穷大量，简称无穷大，记为

$$\lim\limits_{x\to x_0}f(x)=\infty \qquad (\text{或}\lim\limits_{x\to\infty}f(x)=\infty)$$

例如，当 $x\to0$ 时，$f(x)=\dfrac{1}{x}$ 的绝对值 $\left|\dfrac{1}{x}\right|$ 可无限地增大，则称 $f(x)=\dfrac{1}{x}$ 是当 $x\to0$ 时的无穷大，即 $\lim\limits_{x\to0}\dfrac{1}{x}=\infty$.

若 $x\to x_0$（或 $x\to\infty$）时函数 $f(x)$ 的值无限地增大，则称函数 $f(x)$ 为当 $x\to x_0$（或 $x\to\infty$）时的正无穷大量，简称正无穷大，记为

$$\lim\limits_{x\to x_0}f(x)=+\infty \qquad (\text{或}\lim\limits_{x\to\infty}f(x)=+\infty)$$

若 $x\to x_0$（或 $x\to\infty$）时函数 $f(x)$ 取负值且它的绝对值 $|f(x)|$ 无限地增大，则称函数 $f(x)$ 为当 $x\to x_0$（或 $x\to\infty$）时的负无穷大量，简称负无穷大，记为

$$\lim\limits_{x\to x_0}f(x)=-\infty \qquad (\text{或}\lim\limits_{x\to\infty}f(x)=-\infty)$$

由无穷大与无穷小的定义知它们有下列关系:

**定理 1.4.2** 在自变量的同一变化过程中, 若 $f(x)$ 为无穷大, 则 $\dfrac{1}{f(x)}$ 为无穷小; 反之, 若 $f(x)$ 为无穷小, 且 $f(x) \neq 0$, 则 $\dfrac{1}{f(x)}$ 为无穷大.

例如: 若 $\lim\limits_{x \to +\infty} e^x = +\infty$, 则

$$\lim_{x \to +\infty} e^{-x} = \lim_{x \to +\infty} \frac{1}{e^x} = 0$$

若 $\lim\limits_{x \to 0} x^2 = 0$, 则

$$\lim_{x \to 0} \frac{1}{x^2} = \infty$$

需要指出的是, 与无穷小不同, 在自变量的同一变化过程中, 两个无穷大相加或相减的结果不确定. 因此, 无穷大没有像无穷小那样类似的性质, 需具体问题具体分析.

# 习　题　1.4

## (A)

**1.** 指出下列各题中哪些是无穷小, 哪些是无穷大:

(1) $5x^2$, 当 $x \to 0$ 时;

(2) $\dfrac{1}{x^2-1}$, 当 $x \to 1$ 时;

(3) $x \cos \dfrac{1}{x}$, 当 $x \to 0$ 时;

(4) $\ln x$, 当 $x \to 0^+$ 时;

(5) $\ln x$, 当 $x \to 1$ 时;

(6) $\tan x$, 当 $x \to \dfrac{\pi}{2}$ 时;

(7) $e^{-x}$, 当 $x \to +\infty$ 时;

(8) $e^{-x}$, 当 $x \to -\infty$ 时.

**2.** 下列函数在自变量怎样变化时是无穷小或无穷大?

(1) $y = \dfrac{1}{x^3-x}$;

(2) $y = \dfrac{x(x+1)}{1+\sqrt{x}}$;

(3) $y = \tan x$;

(4) $y = \dfrac{1-x}{1+x}$.

**3.** 利用无穷小的性质计算下列极限:

(1) $\lim\limits_{x \to 0} x^2 \cos \dfrac{1}{x^2}$;

(2) $\lim\limits_{x \to 0} x^2 \sin \dfrac{1}{x}$;

(3) $\lim\limits_{x \to \infty} \dfrac{\arctan x}{x}$.

## (B)

**1.** 证明: $\lim\limits_{x \to a} \dfrac{1}{x-a} = \infty$.

**2.** 证明: 当 $x \to 0$ 时, $y = \dfrac{1}{x} \sin \dfrac{1}{x}$ 是一个无界变量, 但不是无穷大.

**3.** 求 $\lim\limits_{x \to \infty} \dfrac{x^3}{x^2+5}$.

# 1.5 极限的运算法则

利用无穷小的性质以及无穷小与函数极限的关系，可得极限的运算法则. 本节主要介绍极限的四则运算法则和复合函数的极限运算法则，利用这些法则，可以求某些函数的极限. 在后续章节中，还将介绍求极限的其他方法.

在下面的讨论中，记号"$\lim f(x)$"下面省略了自变量的变化过程，是指对 $x \to x_0$ 和 $x \to \infty$ 以及单侧极限均成立.

## 1.5.1 极限的四则运算法则

**定理 1.5.1** 设在自变量 $x$ 的同一变化过程中有 $\lim f(x)=A$，$\lim g(x)=B$，则有下列运算法则：

（i）$\lim [f(x) \pm g(x)]=\lim f(x) \pm \lim g(x)=A \pm B$；

（ii）$\lim [f(x) \cdot g(x)]=\lim f(x) \cdot \lim g(x)=AB$；

（iii）$\lim \dfrac{f(x)}{g(x)}=\dfrac{\lim f(x)}{\lim g(x)}=\dfrac{A}{B} \, (B \neq 0)$.

**证** 三个公式证明的思想方法是一致的，下面仅给出（i）的证明.

因为 $\lim f(x)=A$，$\lim g(x)=B$，所以有

$$f(x)=A+\alpha, \qquad g(x)=B+\beta$$

其中 $\alpha, \beta$ 均为无穷小. 于是

$$f(x) \pm g(x)=(A+\alpha) \pm (B+\beta)=(A \pm B)+(\alpha \pm \beta)$$

由函数极限与无穷小的关系得

$$\lim [f(x) \pm g(x)]=A \pm B=\lim f(x) \pm \lim g(x)$$

由法则（ii）可得：

**推论 1.5.1** 若 $\lim f(x)$ 存在，$C$ 为常数，则

$$\lim C f(x)=C \lim f(x)$$

这就是说，求极限时，常数因子可提到极限符号外面，因为 $\lim C=C$.

**推论 1.5.2** 若 $\lim f(x)$ 存在，$n$ 为正整数，则

$$\lim [f(x)]^n=[\lim f(x)]^n$$

**注** （1）可将法则推广到任何有限多个函数的情形，但对于无限的情形定理未必成立.

（2）使用定理时一定注意满足条件：每一个函数的极限都要存在. 例如，求极限 $\lim\limits_{x \to \infty} \dfrac{1}{x} \sin x$，若写成 $\lim\limits_{x \to \infty} \dfrac{1}{x} \sin x=\lim\limits_{x \to \infty} \dfrac{1}{x} \cdot \lim\limits_{x \to \infty} \sin x$，则出现错误. 因为当 $x \to \infty$ 时，函数 $\sin x$ 极限不存在，所以不能用法则（ii）. 实际上，$\lim\limits_{x \to \infty} \dfrac{1}{x} \sin x$ 中当 $x \to \infty$ 时 $\dfrac{1}{x} \to 0$，而 $\sin x$ 是有

界函数，由无穷小的性质 1.4.2 知 $\lim\limits_{x \to \infty} \dfrac{1}{x} \sin x = 0$.

**例 1.5.1**　设多项式函数 $Q_n(x) = a_0 x^n + a_1 x^{n-1} + \cdots + a_{n-1} x + a_n$，其中 $x \in \mathbf{R}$，证明

$$\lim_{x \to x_0} Q_n(x) = Q_n(x_0)$$

**证**
$$\lim_{x \to x_0} Q_n(x) = \lim_{x \to x_0}(a_0 x^n + a_1 x^{n-1} + \cdots + a_{n-1} x + a_n)$$

$$= \lim_{x \to x_0} a_0 x^n + \lim_{x \to x_0} a_1 x^{n-1} + \cdots + \lim_{x \to x_0} a_{n-1} x + \lim_{x \to x_0} a_n$$

$$= a_0 x_0^n + a_1 x_0^{n-1} + \cdots + a_{n-1} x_0 + a_n = Q(x_0)$$

例 1.5.1 说明，当 $x \to x_0$ 时，多项式函数 $Q_n(x) = a_0 x^n + a_1 x^{n-1} + \cdots + a_{n-1} x + a_n$ 的极限就等于这个函数在点 $x_0$ 处的函数值 $Q_n(x_0)$.

**例 1.5.2**　求 $\lim\limits_{x \to 3}(4x^2 - 5x + 1)$.

**解**
$$\lim_{x \to 3}(4x^2 - 5x + 1) = 4 \times 3^2 - 5 \times 3 + 1 = 22$$

**例 1.5.3**　设函数 $P(x) = \dfrac{Q_m(x)}{Q_n(x)}$，其中 $Q_m(x)$ 为 $m$ 次多项式函数，$Q_n(x)$ 为 $n$ 次多项式函数，且 $Q_n(x_0) \neq 0$，证明 $\lim\limits_{x \to x_0} P(x) = P(x_0)$.

**证**　由法则（iii）及例 1.5.1 有

$$\lim_{x \to x_0} P(x) = \frac{\lim\limits_{x \to x_0} Q_m(x)}{\lim\limits_{x \to x_0} Q_n(x)} = \frac{Q_m(x_0)}{Q_n(x_0)} = P(x_0)$$

**例 1.5.4**　求 $\lim\limits_{x \to 1} \dfrac{x^2 + 3x - 1}{2x^4 - 5}$.

**解**　分母的极限 $\lim\limits_{x \to 1}(2x^4 - 5) = 2 \cdot 1^4 - 5 = -3 \neq 0$，所以由上例知

$$\lim_{x \to 1} \frac{x^2 + 3x - 1}{2x^4 - 5} = \frac{1^2 + 3 \cdot 1 - 1}{2 \cdot 1^4 - 5} = -1$$

**例 1.5.5**　求 $\lim\limits_{x \to 1} \dfrac{x^2 + 2x - 3}{x^2 - 1}$.

**解**　首先看分母的极限 $\lim\limits_{x \to 1}(x^2 - 1) = 0$，所以不能运用商的极限的运算法则，再看分子的极限 $\lim\limits_{x \to 1}(x^2 + 2x - 3) = 0$，这种两个无穷小量之比的极限通常称为未定型，记为 "$\dfrac{0}{0}$" 型. 由于分子、分母在点 $x = 1$ 处的函数值都为 0，说明分子、分母都含有因式 $x-1$. 注意到，函数在一点的极限值与函数在这一点的函数值无关，对本例来说，在整个变化过程中，$x$ 始终不等于 1. 因此，可先消去分子、分母同为 0 的因式 $x-1$，再运用极限的运算法则进行计算.

$$\lim_{x \to 1} \frac{x^2 + 2x - 3}{x^2 - 1} = \lim_{x \to 1} \frac{(x-1)(x+3)}{(x-1)(x+1)} = \lim_{x \to 1} \frac{x+3}{x+1} = \frac{1+3}{1+1} = 2$$

**例 1.5.6** 求 $\lim\limits_{x \to 1} \dfrac{x-3}{x^2-5x+4}$.

**解** 由于 $\lim\limits_{x \to 1} \dfrac{x^2-5x+4}{x-3}=0$，由无穷大与无穷小的性质得

$$\lim_{x \to 1} \frac{x-3}{x^2-5x+4}=\infty$$

**例 1.5.7** 求 $\lim\limits_{x \to 1}\left(\dfrac{3}{1-x^3}-\dfrac{1}{1-x}\right)$.

**解** 当 $x \to 1$ 时，$\dfrac{1}{1-x^3}$ 和 $\dfrac{1}{1-x}$ 的极限均不存在，因此不能直接用法则（i），可先将函数恒等变形，再求极限.

$$\lim_{x \to 1}\left(\frac{3}{1-x^3}-\frac{1}{1-x}\right)=\lim_{x \to 1}\frac{3-1-x-x^2}{(1-x)(1+x+x^2)}=\lim_{x \to 1}\frac{-(x+2)(x-1)}{(1-x)(1+x+x^2)}=\lim_{x \to 1}\frac{x+2}{1+x+x^2}=1$$

**例 1.5.8** 求下列极限：

（1）$\lim\limits_{x \to \infty}\dfrac{3x^3+x^2+2}{7x^3-5x^2-3}$;  （2）$\lim\limits_{x \to \infty}\dfrac{x+2}{x^2+1}$;

（3）$\lim\limits_{x \to \infty}\dfrac{x^2+1}{x+2}$.

**解** （1）当 $x \to \infty$ 时，分子、分母的极限都是无穷大，分子、分母同除以 $x^3$（即分子、分母最高次幂）后取极限得

$$\lim_{x \to \infty}\frac{3x^3+x^2+2}{7x^3-5x^2-3}=\lim_{x \to \infty}\frac{3+\dfrac{1}{x}+\dfrac{2}{x^3}}{7-\dfrac{5}{x}-\dfrac{3}{x^3}}=\frac{3+0+0}{7-0-0}=\frac{3}{7}$$

（2）$\lim\limits_{x \to \infty}\dfrac{x+2}{x^2+1}=\lim\limits_{x \to \infty}\dfrac{\dfrac{1}{x}+\dfrac{2}{x^2}}{1+\dfrac{1}{x^2}}=\dfrac{0+0}{1+0}=0$.

（3）因为 $\lim\limits_{x \to \infty}\dfrac{x+2}{x^2+1}=0$，所以

$$\lim_{x \to \infty}\frac{x^2+1}{x+2}=\infty$$

从本例可得以下一般性结论，即当 $a_0 \neq 0$，$b_0 \neq 0$，且 $m$ 和 $n$ 为非负整数时，有

$$\lim_{x \to \infty}\frac{a_0 x^m+a_1 x^{m-1}+\cdots+a_m}{b_0 x^n+b_1 x^{n-1}+\cdots+b_n}=\begin{cases} \dfrac{a_0}{b_0}, & m=n \\[2mm] 0, & m<n \\[1mm] \infty, & m>n \end{cases}$$

**例 1.5.9** 求 $\lim\limits_{x \to \infty}(\sqrt{x^2+1}-\sqrt{x^2-1})$.

**解** 这是 "$\infty-\infty$" 型，先分子有理化，再进行运算.

$$\lim_{x\to\infty}(\sqrt{x^2+1}-\sqrt{x^2-1})=\lim_{x\to\infty}\frac{(\sqrt{x^2+1}-\sqrt{x^2-1})(\sqrt{x^2+1}+\sqrt{x^2-1})}{\sqrt{x^2+1}+\sqrt{x^2-1}}$$

$$=\lim_{x\to\infty}\frac{2}{\sqrt{x^2+1}+\sqrt{x^2-1}}=0$$

**例 1.5.10** 设函数 $f(x)=\begin{cases}2x^2+1, & x>0,\\ x+b, & x\leq 0,\end{cases}$ 当 $b$ 取什么值时，$\lim\limits_{x\to 0}f(x)$ 存在？

**解** 函数 $f(x)$ 在点 $x=0$ 左、右两侧的表达式不同，而求当 $x\to 0$ 时 $f(x)$ 的极限，要考察 $x$ 从 0 的两侧趋近于 0 时相应函数值的变化情况，因此要分别求在点 $x=0$ 的左、右极限：

$$\lim_{x\to 0^-}f(x)=\lim_{x\to 0^-}(x+b)=b,\qquad \lim_{x\to 0^+}f(x)=\lim_{x\to 0^+}(2x^2+1)=1$$

因为 $\lim\limits_{x\to 0}f(x)=A$ 存在的充要条件是

$$\lim_{x\to 0^+}f(x)=\lim_{x\to 0^-}f(x)=A$$

所以当 $b=1$ 时，$\lim\limits_{x\to 0}f(x)$ 存在.

由以上例题，可以得出求函数极限的一般方法. 在求极限的过程中，分母的极限不能为 0，若为 0 则想办法去掉使分母为 0 的因式；有根式的要设法有理化. 需要注意的是，$x\to x_0$ 是表示 $x$ 无限地接近于 $x_0$，但永远不等于 $x_0$. 还有很多求极限的方法和技巧在以后课程中会有介绍.

## 1.5.2 复合函数的极限运算法则

**定理 1.5.2** （复合函数的极限运算法则） 设函数 $y=f[\varphi(x)]$ 由 $y=f(u)$，$u=\varphi(x)$ 复合而成，若 $\lim\limits_{x\to x_0}\varphi(x)=u_0$，且在 $x_0$ 的一个去心邻域内，$\varphi(x)\neq u_0$，又 $\lim\limits_{u\to u_0}f(u)=A$，则

$$\lim_{x\to x_0}f[\varphi(x)]=A$$

该定理可运用函数极限的定义直接推出，证明略.

定理 1.5.2 表明，在一定条件下，可运用换元法计算极限，即令 $\varphi(x)=u$，则有

$$\lim_{x\to x_0}f[\varphi(x)]=\lim_{u\to u_0}f(u)=A$$

**例 1.5.11** 求极限 $\lim\limits_{x\to 2}\sqrt{\dfrac{x-2}{x^2-4}}$.

**解** 令 $u=\dfrac{x-2}{x^2-4}$，则

$$\lim_{x\to 2}u=\lim_{x\to 2}\frac{x-2}{x^2-4}=\lim_{x\to 2}\frac{1}{x+2}=\frac{1}{4}$$

又

$$\lim_{x\to 2}\sqrt{u}=\sqrt{\frac{1}{4}}=\frac{1}{2}$$

所以

$$\lim_{x\to 2}\sqrt{\frac{x-2}{x^2-4}}=\frac{1}{2}$$

# 习 题 1.5

## （A）

**1.** 求下列极限：

（1）$\lim\limits_{x \to 2} \dfrac{2x^2+1}{x-1}$ ;

（2）$\lim\limits_{x \to \sqrt{3}} \dfrac{x^2-3}{x^2+2}$ ;

（3）$\lim\limits_{x \to -8} \dfrac{x^2+3x}{(x+8)^2}$ ;

（4）$\lim\limits_{x \to 1} \dfrac{x^2-3x+2}{x^2-1}$ ;

（5）$\lim\limits_{x \to 1} \dfrac{x^n-1}{x^2-1}(n \in \mathbf{N})$ ;

（6）$\lim\limits_{x \to 1}\left( \dfrac{2}{x^2-1} - \dfrac{1}{x-1} \right)$ ;

（7）$\lim\limits_{x \to -8} \dfrac{\sqrt{1-x}-3}{2+\sqrt[3]{x}}$ ;

（8）$\lim\limits_{h \to 0} \dfrac{\sqrt{x+h}-\sqrt{x}}{h}$ ;

（9）$\lim\limits_{n \to \infty}\left( 1+\dfrac{1}{2}+\dfrac{1}{4}+\cdots+\dfrac{1}{2^n} \right)$ ;

（10）$\lim\limits_{n \to \infty} \dfrac{2^{n+1}+3^{n+1}}{2^n+3^n}$ .

**2.** 求下列极限：

（1）$\lim\limits_{x \to \infty} \dfrac{x^2+3}{5x^4-1}(3+\sin x)$ ;

（2）$\lim\limits_{n \to \infty} \dfrac{n^5+5n+1}{(n+1)^5}$ ;

（3）$\lim\limits_{n \to \infty} \dfrac{(n+1)(n+2)(n+3)}{5n^3}$ ;

（4）$\lim\limits_{x \to \infty} \dfrac{x^3}{3x-1}$ ;

（5）$\lim\limits_{x \to \infty} \dfrac{(3x-1)^{20}(2x+3)^{30}}{(7x+1)^{50}}$ ;

（6）$\lim\limits_{x \to \infty} \dfrac{(x^2-x)\operatorname{arccot} x}{x^3-x-5}$ .

## （B）

**1.** 求下列极限：

（1）$\lim\limits_{n \to \infty}\left( \dfrac{1}{n^2}+\dfrac{2}{n^2}+\cdots+\dfrac{n}{n^2} \right)$ ;

（2）$\lim\limits_{n \to \infty}(\sqrt{n+1}-\sqrt{n})\sqrt{n}$ ;

（3）$\lim\limits_{n \to \infty}\left[ \dfrac{1}{1\cdot 2}+\dfrac{1}{2\cdot 3}+\cdots+\dfrac{1}{n(n+1)} \right]$ ;

（4）$\lim\limits_{n \to \infty} \sqrt{3} \cdot \sqrt[4]{3} \cdot \sqrt[8]{3} \cdots \sqrt[2^n]{3}$ ;

（5）$\lim\limits_{n \to \infty} \dfrac{1+\dfrac{1}{3}+\dfrac{1}{9}+\cdots+\dfrac{1}{3^n}}{1+\dfrac{1}{2}+\dfrac{1}{4}+\cdots+\dfrac{1}{2^n}}$ ;

（6）$\lim\limits_{n \to \infty}\left( \dfrac{1+2+3+\cdots+n}{n+2} - \dfrac{n}{2} \right)$ .

**2.** 已知 $\lim\limits_{x \to \infty}\left( \dfrac{4x^2+3}{x-1} + ax+b \right)=2$ ，求 $a, b$ 的值.

**3.** 已知 $\lim\limits_{x \to 1} \dfrac{ax+b}{x-1}=2$ ，求 $a, b$ 的值.

**4.** 若 $|x|<1$ ，求 $\lim\limits_{n \to \infty}(1+x)(1+x^2)\cdots(1+x^{2^n})$ .

# 1.6 极限存在的准则及两个重要极限

在极限理论中，有两个重要极限公式：

（1）$\lim\limits_{x\to 0}\dfrac{\sin x}{x}=1$ ；　　　　　　（2）$\lim\limits_{x\to\infty}\left(1+\dfrac{1}{x}\right)^{x}=\mathrm{e}$ .

本节主要讨论能证明它们存在的准则及其基本应用.

## 1.6.1　极限存在的准则

**准则 I** （**夹逼准则**）　如果数列 $\{x_n\}$，$\{y_n\}$，$\{z_n\}$ 满足下列条件：

（i）$y_n\leqslant x_n\leqslant z_n\ (n=1,2,\cdots)$；

（ii）$\lim\limits_{n\to\infty}y_n=a$ ，$\lim\limits_{n\to\infty}z_n=a$ .

那么数列 $\{x_n\}$ 的极限存在，且 $\lim\limits_{n\to\infty}x_n=a$ .

**证**　因为 $y_n\to a,z_n\to a$，$\forall\varepsilon>0$，$\exists N_1>0,N_2>0$，使得当 $n>N_1$ 时恒有 $|y_n-a|<\varepsilon$，当 $n>N_2$ 时恒有 $|z_n-a|<\varepsilon$. 取 $N=\max\{N_1,N_2\}$，当 $n>N$ 时，$|y_n-a|<\varepsilon$ 与 $|z_n-a|<\varepsilon$ 同时成立，即

$$a-\varepsilon<y_n<a+\varepsilon ,\qquad a-\varepsilon<z_n<a+\varepsilon$$

当 $n>N$ 时，恒有

$$a-\varepsilon<y_n\leqslant x_n\leqslant z_n<a+\varepsilon$$

即 $|x_n-a|<\varepsilon$ 成立，所以

$$\lim\limits_{n\to\infty}x_n=a$$

上述数列极限存在的夹逼准则可以推广到函数的极限.

**准则 I'**　如果当 $x\in\overset{\circ}{U}(x_0,\delta)$（或 $|x|>M$）时，有

（i）$g(x)\leqslant f(x)\leqslant h(x)$；

（ii）$\lim\limits_{\substack{x\to x_0\\(x\to\infty)}}g(x)=A$ ，$\lim\limits_{\substack{x\to x_0\\(x\to\infty)}}h(x)=A$ .

那么 $\lim\limits_{\substack{x\to x_0\\(x\to\infty)}}f(x)$ 存在，且等于 $A$.

准则 I 和准则 I' 都称为夹逼准则.

利用夹逼准则求极限的关键是构造出 $\{y_n\}$，$\{z_n\}$，且 $\{y_n\}$ 与 $\{z_n\}$ 的极限相等.

**例 1.6.1**　求 $\lim\limits_{n\to\infty}\left(\dfrac{1}{\sqrt{n^2+1}}+\dfrac{1}{\sqrt{n^2+2}}+\cdots+\dfrac{1}{\sqrt{n^2+n}}\right)$.

**解**　因为　$\dfrac{n}{\sqrt{n^2+n}}<\dfrac{1}{\sqrt{n^2+1}}+\cdots+\dfrac{1}{\sqrt{n^2+n}}<\dfrac{n}{\sqrt{n^2+1}}$

又

$$\lim\limits_{n\to\infty}\dfrac{n}{\sqrt{n^2+n}}=\lim\limits_{n\to\infty}\dfrac{1}{\sqrt{1+\dfrac{1}{n}}}=1$$

$$\lim\limits_{n\to\infty}\dfrac{n}{\sqrt{n^2+1}}=\lim\limits_{n\to\infty}\dfrac{1}{\sqrt{1+\dfrac{1}{n^2}}}=1$$

由夹逼准则得

$$\lim_{n\to\infty}\left(\frac{1}{\sqrt{n^2+1}}+\frac{1}{\sqrt{n^2+2}}+\cdots+\frac{1}{\sqrt{n^2+n}}\right)=1$$

**准则 II** （单调有界准则） 单调有界数列必有极限.

例如， $x_n=\dfrac{1}{3^n}$ ，显然 $\{x_n\}$ 单调减少，且 $0<x_n<1$ ，所以极限 $\lim\limits_{n\to\infty}x_n$ 存在.

**例 1.6.2** 证明数列 $x_n=\sqrt{3+\sqrt{3+\sqrt{\cdots+\sqrt{3}}}}$ （ $n$ 重根式）的极限存在，并求 $\lim\limits_{n\to\infty}x_n$ .

**证** 因为 $x_n=\sqrt{3+x_{n-1}}$ ，显然 $x_{n+1}>x_n$ ，所以 $\{x_n\}$ 是单调增加的；又因为 $x_1=\sqrt{3}<3$ ，假定 $x_k<3$ ，则

$$x_{k+1}=\sqrt{3+x_k}<\sqrt{3+3}<3$$

所以 $\{x_n\}$ 是有界的. 故 $\lim\limits_{n\to\infty}x_n$ 存在.

由 $x_{n+1}=\sqrt{3+x_n}$ ，得

$$x_{n+1}^2=3+x_n, \qquad \lim_{n\to\infty}x_{n+1}^2=\lim_{n\to\infty}(3+x_n)$$

设 $\lim\limits_{n\to\infty}x_n=A$ ，则 $\lim\limits_{n\to\infty}x_{n+1}=A$ ，故 $A^2=3+A$ ，解方程得

$$A=\frac{1+\sqrt{13}}{2}, \qquad A=\frac{1-\sqrt{13}}{2} \text{（舍去）}$$

所以

$$\lim_{n\to\infty}x_n=\frac{1+\sqrt{13}}{2}$$

## 1.6.2 两个重要极限

1. $\lim\limits_{x\to 0}\dfrac{\sin x}{x}=1$

**证** 因为用 $-x$ 代替 $x$ 时，有

$$\frac{\sin(-x)}{-x}=\frac{-\sin x}{-x}=\frac{\sin x}{x}$$

所以只证当 $x\to 0^+$ 时的情形.

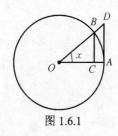

图 1.6.1

在图 1.6.1 所示的单位圆中，设圆心角 $\angle AOB=x$ , $x\in\left(0,\dfrac{\pi}{2}\right)$ ，点 $A$ 处的切线与 $OB$ 的延长线相交于 $D$ ， $BC\perp OA$ ，则

$$\sin x=CB, \quad x=\widehat{AB}, \quad \tan x=AD$$

由 $\triangle AOB$ 的面积 $\leqslant$ 扇形 $AOB$ 的面积 $\leqslant\triangle AOD$ 的面积，得

$$\frac{1}{2}\sin x\leqslant\frac{1}{2}x\leqslant\frac{1}{2}\tan x$$

即

$$\sin x\leqslant x\leqslant\tan x$$

不等式两边同除以 $\sin x\,(>0)$ 得

$$1 \leqslant \frac{x}{\sin x} \leqslant \frac{1}{\cos x} \quad \text{或} \quad \cos x \leqslant \frac{\sin x}{x} \leqslant 1$$

因为
$$0 \leqslant 1 - \cos x = 2\sin^2 \frac{x}{2} < 2\left(\frac{x}{2}\right)^2 = \frac{x^2}{2} \quad \text{且} \quad \lim_{x \to 0} \frac{x^2}{2} = 0$$

所以
$$\lim_{x \to 0^+} \cos x = 1$$

又 $\lim_{x \to 0^+} 1 = 1$，由准则 I 得
$$\lim_{x \to 0^+} \frac{\sin x}{x} = 1$$

从而
$$\lim_{x \to 0} \frac{\sin x}{x} = 1$$

例 1.6.3  求 $\lim_{x \to 0} \frac{\tan x}{x}$.

解
$$\lim_{x \to 0} \frac{\tan x}{x} = \lim_{x \to 0} \frac{\sin x}{x} \cdot \frac{1}{\cos x} = 1 \times \frac{1}{1} = 1$$

例 1.6.4  求 $\lim_{x \to 0} \frac{\sin 3x}{\tan 5x}$.

解
$$\lim_{x \to 0} \frac{\sin 3x}{\tan 5x} = \lim_{x \to 0}\left(\frac{\sin 3x}{3x} \cdot \frac{5x}{\tan 5x} \cdot \frac{3}{5}\right) = 1 \times 1 \times \frac{3}{5} = \frac{3}{5}$$

例 1.6.5  求 $\lim_{x \to 0} \frac{1 - \cos x}{x^2}$.

解
$$\lim_{x \to 0} \frac{1 - \cos x}{x^2} = \lim_{x \to 0} \frac{2\sin^2 \frac{x}{2}}{4 \cdot \left(\frac{x}{2}\right)^2} = \frac{1}{2} \lim_{x \to 0}\left(\frac{\sin \frac{x}{2}}{\frac{x}{2}}\right)^2 = \frac{1}{2} \times 1^2 = \frac{1}{2}$$

例 1.6.6  求 $\lim_{x \to 0} \frac{\arcsin x}{x}$.

解  令 $t = \arcsin x$，则 $x = \sin t$，当 $x \to 0$ 时，$t \to 0$，于是
$$\lim_{x \to 0} \frac{\arcsin x}{x} = \lim_{t \to 0} \frac{t}{\sin t} = 1$$

例 1.6.7  求 $\lim_{x \to \infty} x^2 \sin \frac{1}{x^2}$.

解
$$\lim_{x \to \infty} x^2 \sin \frac{1}{x^2} = \lim_{x \to \infty} \frac{\sin \frac{1}{x^2}}{\frac{1}{x^2}} = 1$$

2. $\lim_{x \to \infty}\left(1 + \frac{1}{x}\right)^x = e$

先证 $\lim_{n \to \infty}\left(1 + \frac{1}{n}\right)^n = e$.

证　令

$$x_n = \left(1 + \frac{1}{n}\right)^n = \sum_{k=0}^{n} C_n^k \frac{1}{n^k} \quad (n = 1, 2, \cdots)$$

（1）先证 $\{x_n\}$ 具有单调性. 因为

$$x_n = 1 + 1 + \frac{n(n-1)}{2!} \cdot \frac{1}{n^2} + \cdots + \frac{n(n-1)\cdots(n-n+1)}{n!} \cdot \frac{1}{n^n}$$

$$= 1 + 1 + \frac{1}{2!}\left(1 - \frac{1}{n}\right) + \cdots + \frac{1}{n!}\left(1 - \frac{1}{n}\right)\left(1 - \frac{2}{n}\right)\cdots\left(1 - \frac{n-1}{n}\right)$$

$$x_{n+1} = 1 + 1 + \frac{1}{2!}\left(1 - \frac{1}{n+1}\right) + \cdots + \frac{1}{n!}\left(1 - \frac{1}{n+1}\right)\left(1 - \frac{2}{n+1}\right)\cdots\left(1 - \frac{n-1}{n+1}\right)$$

$$+ \frac{1}{(n+1)!}\left(1 - \frac{1}{n+1}\right)\left(1 - \frac{2}{n+1}\right)\cdots\left(1 - \frac{n}{n+1}\right)$$

显然 $x_n \leqslant x_{n+1}$ $(n=1, 2, \cdots)$，所以 $\{x_n\}$ 单调增加.

（2）再证 $x_n < 3$，即 $|x_n| < 3$ $(n=1, 2, \cdots)$. 因为

$$x_n = 1 + 1 + \frac{1}{2!}\left(1 - \frac{1}{n}\right) + \cdots + \frac{1}{n!}\left(1 - \frac{1}{n}\right)\left(1 - \frac{2}{n}\right)\cdots\left(1 - \frac{n-1}{n}\right)$$

$$\leqslant 1 + 1 + \frac{1}{2!} + \frac{1}{3!} + \cdots + \frac{1}{n!}$$

$$\leqslant 1 + 1 + \frac{1}{2} + \frac{1}{2^2} + \cdots + \frac{1}{2^{n-1}}$$

$$= 1 + \frac{1 - \frac{1}{2^n}}{1 - \frac{1}{2}} = 3 - \frac{1}{2^{n-1}} < 3$$

所以 $\{x_n\}$ 有界.

（3）由（1）、（2）及准则 II 知，$\lim\limits_{n \to \infty} x_n$ 存在.

关于这个极限的值，暂不进行理论上的讨论，仅列出 $\left(1 + \frac{1}{n}\right)^n$ 的数值表（表 1.6.1），以观察其变化趋势.

表 1.6.1

| $n$ | 1 | 2 | 3 | 4 | 6 | 10 | 100 | 1 000 | 10 000 | $\cdots$ |
|---|---|---|---|---|---|---|---|---|---|---|
| $\left(1 + \dfrac{1}{n}\right)^n$ | 2 | 2.250 | 2.370 | 2.441 | 2.488 | 2.594 | 2.705 | 2.717 | 2.718 | $\cdots$ |

从表 1.6.1 可看出，当 $n$ 无限增大时，函数 $\left(1 + \frac{1}{n}\right)^n$ 无限趋近于一个无理数，其值为 e = 2.718 281 828 459 045$\cdots$，即

$$\lim_{n \to \infty}\left(1 + \frac{1}{n}\right)^n = e$$

不加证明地推广到当 $x \to \infty$ 时的情形，即

$$\lim_{x \to \infty}\left(1 + \frac{1}{x}\right)^x = e$$

令 $\dfrac{1}{x}=t$，则 $x=\dfrac{1}{t}$，当 $x\to\infty$ 时，$t\to 0$. 于是公式 $\lim\limits_{x\to\infty}\left(1+\dfrac{1}{x}\right)^x=\mathrm{e}$ 可化为

$$\lim_{t\to 0}(1+t)^{\frac{1}{t}}=\mathrm{e}$$

**例 1.6.8** 求 $\lim\limits_{x\to\infty}\left(1-\dfrac{1}{x}\right)^x$.

**解**
$$\lim_{x\to\infty}\left(1-\dfrac{1}{x}\right)^x=\lim_{x\to\infty}\left[\left(1+\dfrac{1}{-x}\right)^{-x}\right]^{-1}=\mathrm{e}^{-1}$$

**例 1.6.9** 求 $\lim\limits_{x\to 0}\dfrac{\ln(1+x)}{x}$.

**解**
$$\lim_{x\to 0}\dfrac{\ln(1+x)}{x}=\lim_{x\to 0}\ln(1+x)^{\frac{1}{x}}=\ln\mathrm{e}=1$$

**例 1.6.10** 求 $\lim\limits_{x\to 0}\dfrac{\mathrm{e}^x-1}{x}$.

**解** 令 $t=\mathrm{e}^x-1$，则 $x=\ln(1+t)$，所以

$$\lim_{x\to 0}\dfrac{\mathrm{e}^x-1}{x}=\lim_{t\to 0}\dfrac{t}{\ln(1+t)}=1$$

**例 1.6.11** 求 $\lim\limits_{x\to\infty}\left(\dfrac{x+1}{x-1}\right)^x$.

**解** 原式 $=\lim\limits_{x\to\infty}\left(\dfrac{x-1+2}{x-1}\right)^x=\lim\limits_{x\to\infty}\left(1+\dfrac{2}{x-1}\right)^x=\lim\limits_{x\to\infty}\left(1+\dfrac{2}{x-1}\right)^{\frac{x-1}{2}\cdot 2+1}$

$$=\lim_{x\to\infty}\left[\left(1+\dfrac{2}{x-1}\right)^{\frac{x-1}{2}}\right]^2\left(1+\dfrac{2}{x-1}\right)=\mathrm{e}^2(1+0)=\mathrm{e}^2$$

例 1.6.11
其他解法

**例 1.6.12** 设一笔贷款为 $A_0$（本金），年复利率为 $r$，则

1 年后的本利和为 $A_1=A_0(1+r)$；

2 年后的本利和为 $A_2=A_0(1+r)+A_0(1+r)r=A_0(1+r)^2$；

……

$t$ 年后的本利和为 $A_t=A_0(1+r)^t$.

若一年分 $m$ 期计息，年利率仍为 $r$，则每期利率为 $\dfrac{r}{m}$，于是

$$A_1=A_0\left(1+\dfrac{r}{m}\right)^m,\ A_2=A_0\left(1+\dfrac{r}{m}\right)^{2m},\ \cdots,\ A_t=A_0\left(1+\dfrac{r}{m}\right)^{mt}$$

若计息期数 $m\to\infty$，即每时每刻都在结算，则 $t$ 年后的本利和为

$$A=\lim_{m\to\infty}A_t=\lim_{m\to\infty}A_0\left(1+\dfrac{r}{m}\right)^{mt}=\lim_{m\to\infty}A_0\left[\left(1+\dfrac{r}{m}\right)^{\frac{m}{r}}\right]^{tr}=A_0\mathrm{e}^{tr}$$

这个公式称为**连续复利公式**.

# 习 题 1.6

## （A）

**1.** 计算下列极限：

（1）$\lim\limits_{x \to 0} \dfrac{\sin 3x}{\sin 5x}$；

（2）$\lim\limits_{x \to \pi} \dfrac{x - \pi}{\sin x}$；

（3）$\lim\limits_{n \to \infty} n \sin \dfrac{\pi}{n}$；

（4）$\lim\limits_{x \to 0} \dfrac{x(x+3)}{\sin x}$；

（5）$\lim\limits_{h \to 0} \dfrac{\cos(x+h) - \cos x}{h}$；

（6）$\lim\limits_{x \to 0} \dfrac{x \sin x}{1 - \cos 2x}$；

（7）$\lim\limits_{x \to 0^+} \dfrac{x}{\sqrt{1 - \cos x}}$；

（8）$\lim\limits_{n \to \infty} 2^n \cdot \sin \dfrac{x}{2^n}$；

（9）$\lim\limits_{x \to 0} \dfrac{\arctan 3x}{\sin 2x}$；

（10）$\lim\limits_{x \to 1} \dfrac{\sin(x-1)}{x^2 - 1}$.

**2.** 求下列极限：

（1）$\lim\limits_{x \to \infty} \left(1 - \dfrac{5}{x}\right)^{x+1}$；

（2）$\lim\limits_{x \to \infty} \left(1 + \dfrac{3}{x}\right)^{2x}$；

（3）$\lim\limits_{x \to 0} (1 + 3x)^{\frac{1}{x}}$；

（4）$\lim\limits_{x \to \infty} \left(\dfrac{x-1}{x+1}\right)^x$；

（5）$\lim\limits_{x \to \frac{\pi}{2}} (1 + \cot x)^{\tan x}$；

（6）$\lim\limits_{x \to \infty} \left(1 - \dfrac{1}{x^2}\right)^x$.

**3.** 利用夹逼准则计算下列极限：

（1）$\lim\limits_{n \to \infty} n \left(\dfrac{1}{n^2 + a} + \dfrac{1}{n^2 + 2a} + \cdots + \dfrac{1}{n^2 + na}\right)$ $(a > 0)$；

（2）$\lim\limits_{n \to \infty} \sqrt[n]{10^n + 9^n + \cdots + 1^n}$.

**4.** 证明数列 $x_n = \sqrt{5 + \sqrt{5 + \sqrt{\cdots + \sqrt{5}}}}$（$n$ 重根式）的极限存在，并求 $\lim\limits_{n \to \infty} x_n$.

**5.** 下列函数当 $x \to 0$ 时极限是否存在？

（1）$f(x) = \begin{cases} \dfrac{\sin x}{2x}, & x < 0, \\ (1+x)^{\frac{1}{2x}}, & x > 0; \end{cases}$

（2）$f(x) = \dfrac{1}{x} \sin \dfrac{1}{x}$.

## （B）

**1.** 设 $k$ 为常数，且 $\lim\limits_{x \to \infty} \left(\dfrac{2x-1}{2x}\right)^{kx} = \mathrm{e}$，求 $k$ 的值.

**2.** 求下列极限：

（1）$\lim\limits_{x \to \infty} \left(\dfrac{3+x}{6+x}\right)^{\frac{x-1}{2}}$；

（2）$\lim\limits_{x \to 0} \dfrac{\sin(\sin x)}{x}$；

（3）$\lim\limits_{x \to \frac{\pi}{2a}} \dfrac{1 - \sin ax}{(2ax - \pi)^2}$；

（4）$\lim\limits_{x \to 1} (1 - x) \tan \dfrac{\pi}{2} x$.

**3.** 求极限 $\lim\limits_{n \to \infty} \sqrt[n]{1 + \dfrac{1}{2} + \dfrac{1}{3} + \cdots + \dfrac{1}{n}}$.

**4.** 求 $\lim\limits_{x \to 0} x \left[\dfrac{2}{x}\right]$.

# 1.7 无穷小的比较

无穷小是极限为 0 的变量，但两个无穷小趋于 0 的速度可能不一样. 例如，当 $x \to 0$ 时，$x, 2x, x^2$ 都是无穷小，但它们趋于 0 的速度是不同的. 仅以当 $x \to 0^+$ 时的情形为例，列表比较如下（表 1.7.1）：

**表 1.7.1**

| $x$ | 0.1 | 0.01 | 0.001 | $\cdots$ | $\to 0$ |
|---|---|---|---|---|---|
| $2x$ | 0.2 | 0.02 | 0.002 | $\cdots$ | $\to 0$ |
| $x^2$ | 0.01 | 0.000 1 | 0.000 001 | $\cdots$ | $\to 0$ |

从表中可以看出，$x^2$ 趋于 0 的速度比 $x$ 快得多，它们商的极限为

$$\lim_{x \to 0} \frac{x^2}{x} = 0$$

反过来，$x$ 趋于 0 的速度比 $x^2$ 慢得多，它们的极限为

$$\lim_{x \to 0} \frac{x}{x^2} = \infty$$

而 $2x$ 趋于 0 的速度与 $x$ 趋于 0 的速度差不多，它们商的极限为

$$\lim_{x \to 0} \frac{2x}{x} = 2$$

两个无穷小的商的不同情况，反映了无穷小趋于 0 的快慢不同，可通过比较两个无穷小趋于 0 的速度引入无穷小阶的定义.

**定义 1.7.1** 设 $\alpha, \beta$ 是同一变化过程（$x \to x_0$ 或 $x \to \infty$）中的两个无穷小.

（i）若 $\lim \dfrac{\alpha}{\beta} = 0$，则称在该变化趋势下，$\alpha$ 是比 $\beta$ 高阶的无穷小，记为 $\alpha = o(\beta)$.

（ii）若 $\lim \dfrac{\alpha}{\beta} = \infty$，则称在该变化趋势下，$\alpha$ 是比 $\beta$ 低阶的无穷小.

（iii）若 $\lim \dfrac{\alpha}{\beta} = c \neq 0$，则称在该变化趋势下，$\alpha$ 与 $\beta$ 是同阶无穷小；若 $c = 1$，则称在该变化趋势下，$\alpha$ 与 $\beta$ 是等价无穷小，记为 $\alpha \sim \beta$.

（iv）若 $\lim \dfrac{\alpha}{\beta^k} = c \neq 0 \, (k > 0)$，则称在该变化趋势下，$\alpha$ 是 $\beta$ 的 $k$ 阶无穷小.

根据以上定义可知，当 $x \to 0$ 时，$x^2$ 是比 $x$ 高阶的无穷小，$x$ 是比 $x^2$ 低阶的无穷小，$2x$ 是与 $x$ 同阶的无穷小.

下面再举一个常用的等价无穷小的例子.

**例 1.7.1** 证明：当 $x \to 0$ 时，$\sqrt[n]{1+x} - 1 \sim \dfrac{1}{n} x$.

**证** 因为

$$\lim_{x \to 0} \frac{\sqrt[n]{1+x}-1}{\frac{1}{n}x} = \lim_{x \to 0} \frac{(\sqrt[n]{1+x})^n - 1}{\frac{1}{n}x\left[\sqrt[n]{(1+x)^{n-1}} + \sqrt[n]{(1+x)^{n-2}} + \cdots + 1\right]}$$

$$= \lim_{x \to 0} \frac{n}{\sqrt[n]{(1+x)^{n-1}} + \sqrt[n]{(1+x)^{n-2}} + \cdots + 1} = 1$$

所以，当 $x \to 0$ 时，有

$$\sqrt[n]{1+x} - 1 \sim \frac{1}{n}x$$

关于等价无穷小，有下面定理：

**定理 1.7.1** $\alpha$ 与 $\beta$ 是等价无穷小的充要条件是 $\beta = \alpha + o(\alpha)$ ，即

$$\alpha \sim \beta \Leftrightarrow \beta = \alpha + o(\alpha)$$

**证 必要性** 设 $\alpha \sim \beta$ ，则

$$\lim \frac{\beta - \alpha}{\alpha} = \lim \left(\frac{\beta}{\alpha} - 1\right) = \lim \frac{\beta}{\alpha} - 1 = 0$$

因此 $\beta - \alpha = o(\alpha)$ ，即

$$\beta = \alpha + o(\alpha)$$

**充分性** 设 $\beta = \alpha + o(\alpha)$ ，则

$$\lim \frac{\beta}{\alpha} = \lim \frac{\alpha + o(\alpha)}{\alpha} = \lim \left[1 + \frac{o(\alpha)}{\alpha}\right] = 1$$

因此
$$\alpha \sim \beta$$

由等价无穷小的定义及前面所学知识可以得到当 $x \to 0$ 时的几个常用等价无穷小：

$$\sin x \sim x, \quad \tan x \sim x, \quad \arcsin x \sim x, \quad \arctan x \sim x, \quad 1 - \cos x \sim \frac{1}{2}x^2$$

$$\mathrm{e}^x - 1 \sim x, \quad a^x - 1 \sim x \ln a, \quad \ln(1+x) \sim x, \quad \sqrt[n]{1+x} - 1 \sim \frac{1}{n}x$$

**定理 1.7.2** 设 $\alpha \sim \alpha'$ ， $\beta \sim \beta'$ ，且 $\lim \dfrac{\beta'}{\alpha'}$ 存在，则

$$\lim \frac{\beta}{\alpha} = \lim \frac{\beta'}{\alpha'}$$

**证** $\lim \dfrac{\beta}{\alpha} = \lim \left(\dfrac{\beta}{\beta'} \cdot \dfrac{\beta'}{\alpha'} \cdot \dfrac{\alpha'}{\alpha}\right) = \lim \dfrac{\beta}{\beta'} \cdot \lim \dfrac{\beta'}{\alpha'} \cdot \lim \dfrac{\alpha'}{\alpha} = \lim \dfrac{\beta'}{\alpha'}.$

定理 1.7.2 表明，在求两个无穷小之比的极限时，分子和分母都可用等价无穷小替换. 因此，若用来替换的无穷小选得适当的话，则可以简化计算.

**例 1.7.2** 求 $\lim\limits_{x \to 0} \dfrac{\tan 3x}{\sin 5x}$.

**解** $$\lim_{x \to 0} \frac{\tan 3x}{\sin 5x} = \lim_{x \to 0} \frac{3x}{5x} = \lim_{x \to 0} \frac{3}{5} = \frac{3}{5}$$

**例 1.7.3** 求下列极限：

（1） $\lim\limits_{x \to 0} \dfrac{1 - \cos x}{x \sin x}$ ； （2） $\lim\limits_{x \to 0} \dfrac{\tan x - \sin x}{x^3}$ .

**解** （1）当 $x \to 0$ 时，$\sin x \sim x$，$1 - \cos x \sim \frac{1}{2} x^2$，所以

$$\lim_{x \to 0} \frac{1 - \cos x}{x \sin x} = \lim_{x \to 0} \frac{\frac{1}{2} x^2}{x \cdot x} = \frac{1}{2}$$

（2）$\lim_{x \to 0} \frac{\tan x - \sin x}{x^3} = \lim_{x \to 0} \frac{\tan x (1 - \cos x)}{x^3} = \lim_{x \to 0} \frac{x \cdot \frac{1}{2} x^2}{x^3} = \frac{1}{2}$.

**例 1.7.4** 求 $\lim_{x \to 0} \frac{(1 + x^4)^{\frac{1}{5}} - 1}{\cos x^2 - 1}$.

**解** 当 $x \to 0$ 时，$(1 + x^4)^{\frac{1}{5}} - 1 \sim \frac{1}{5} x^4$，$\cos x^2 - 1 \sim -\frac{1}{2} x^4$，所以

$$\lim_{x \to 0} \frac{(1 + x^4)^{\frac{1}{5}} - 1}{\cos x^2 - 1} = \lim_{x \to 0} \frac{\frac{1}{5} x^4}{-\frac{1}{2} x^4} = -\frac{2}{5}$$

# 习　题　1.7

## （A）

**1.** 当 $x \to 0$ 时，$2x - x^2$ 与 $x^2 - x^3$ 相比，哪个是高阶无穷小？

**2.** 当 $x \to 1$ 时，无穷小 $1 - x$ 与（1）$1 - x^3$；（2）$\frac{1}{2}(1 - x^2)$ 是否同阶？是否等价？

**3.** 证明：当 $x \to 0$ 时，下列各对无穷小是等价的.

（1）$\arcsin (\sin x)$ 与 $x$；

（2）$\sqrt{x \sin x}$ 与 $x (x \to 0^+)$；

（3）$\sec x - 1$ 与 $\frac{x^2}{2}$；

（4）$\sqrt{1 + x} - \sqrt{1 - x}$ 与 $x$.

**4.** 利用等价无穷小的替换定理求下列极限：

（1）$\lim_{x \to 0} \frac{\sin x^3}{(\tan 2x)^3}$；

（2）$\lim_{x \to -2} \frac{\sin(2 + x)}{x^2 - 4}$；

（3）$\lim_{x \to 0} \frac{\tan x - \sin x}{(\arcsin x)^3}$；

（4）$\lim_{x \to 0} \frac{\sin(x^n)}{(\sin x)^m}$（$m, n$ 为正整数）.

## （B）

**1.** 设 $k$ 为常数，且 $\lim_{x \to 0} \frac{\tan kx}{4x} = \frac{1}{2}$，求 $k$.

**2.** 当 $x \to 0$ 时，$\sin^3 x^2 \sim x^a$，求 $a$.

**3.** 利用等价无穷小的替换定理求下列极限：

（1）$\lim_{x \to \pi} (\cos 3x - \cos x) \cot^2 2x$；

（2）$\lim_{x \to 0} \frac{3 \sin x + x^2 \cos \frac{1}{x}}{\ln(1 + x)}$；

（3）$\lim_{x \to 0} \frac{\ln(1 + x^n)}{\ln(1 + x^m)}$（$m, n \in \mathbf{N}$）；

（4）$\lim_{x \to 1} \frac{1 + \cos \pi x}{(x - 1)^2}$；

（5）$\lim\limits_{x\to 0}\dfrac{1-\cos 4x}{2\sin^2 x+x\tan^2 x}$；

（6）$\lim\limits_{x\to 0}\dfrac{\ln(\sin^2 x+\mathrm{e}^x)-x}{\ln(x^2+\mathrm{e}^{2x})-2x}$．

**4.** 证明无穷小的等价关系具有下列性质：

（1）$\alpha\sim\alpha$（自反性）；

（2）若 $\alpha\sim\beta$，则 $\beta\sim\alpha$（对称性）；

（3）若 $\alpha\sim\beta$，$\beta\sim\gamma$，则 $\alpha\sim\gamma$（传递性）．

# 1.8　函数的连续性及间断点

在自然界中有许多现象都是连续不断地变化的，如空气和水的流动、气温的变化等，都是随时间在连续不断地变化着，这些现象反映在数量关系上就是连续性．函数的连续性是微积分学的又一重要概念，反映在几何上就是看成一条不间断的曲线．

从本节开始将以极限为基础，介绍连续函数的概念、连续函数的运算，以及连续函数的一些性质．

## 1.8.1　函数连续性的概念

设自变量 $x$ 从它的初值 $x_0$ 变到终值 $x_1$ 时，终值与初值之差 $x_1-x_0$ 称为自变量 $x$ 的改变量（或增量），记为 $\Delta x$，即 $\Delta x=x_1-x_0$．

增量 $\Delta x$ 可以是正的，也可以是负的．$\Delta x$ 是一个整体，表示一个量．这种变化也可称为 $x$ 由初值 $x_0$ 变到终值 $x_0+\Delta x$．

设函数 $y=f(x)$．当自变量 $x$ 从 $x_0$ 变到 $x_0+\Delta x$ 时，函数 $f(x)$ 也相应地从 $f(x_0)$ 变到 $f(x_0+\Delta x)$，称 $\Delta y=f(x_0+\Delta x)-f(x_0)$ 为函数 $y=f(x)$ 的改变量（或增量），如图 1.8.1 和图 1.8.2 所示．

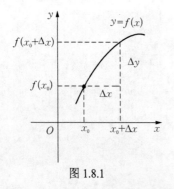

图 1.8.1

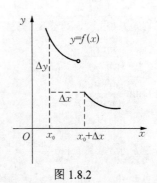

图 1.8.2

从图 1.8.1 可以看出，当 $\Delta x$ 趋于 0 时，函数的对应增量 $\Delta y$ 也趋于 0，对应函数的图像在点 $x_0$ 处连续；而从图 1.8.2 可以看出，当 $\Delta x$ 趋于 0 时，函数的对应增量 $\Delta y$ 不趋于 0，对应函数的图像在点 $x_0$ 处不连续．由此分析可得以下定义：

**定义 1.8.1**　设函数 $y=f(x)$ 在点 $x_0$ 的某一邻域内有定义，若

$$\lim_{\Delta x \to 0} \Delta y = \lim_{\Delta x \to 0}[f(x_0 + \Delta x) - f(x_0)] = 0$$

则称函数 $y=f(x)$ 在点 $x_0$ 处连续.

**例 1.8.1**  证明函数 $y=x^2+1$ 在给定点 $x_0$ 处连续.

**证**  当 $x$ 在点 $x_0$ 处取得改变量 $\Delta x$ 时，函数 $y=x^2+1$ 的相应改变量为

$$\Delta y = (x_0 + \Delta x)^2 + 1 - (x_0^2 + 1) = 2x_0 \Delta x + (\Delta x)^2$$

因为

$$\lim_{\Delta x \to 0} \Delta y = \lim_{\Delta x \to 0}[2x_0 \Delta x + (\Delta x)^2] = 0$$

所以函数 $y=x^2+1$ 在点 $x_0$ 处连续.

函数在点 $x_0$ 处连续的定义还可用另一种方式来叙述.

设 $x=x_0+\Delta x$，则 $\Delta x=x-x_0$，当 $\Delta x \to 0$ 时，$x \to x_0$. 又由于

$$\Delta y = f(x_0 + \Delta x) - f(x_0) = f(x) - f(x_0)$$

由 $\lim\limits_{\Delta x \to 0} \Delta y = 0$ 得

$$\lim_{x \to x_0}[f(x) - f(x_0)] = 0$$

即

$$\lim_{x \to x_0} f(x) = f(x_0)$$

因此有函数 $y=f(x)$ 在点 $x_0$ 处连续的另一定义：

**定义 1.8.2**  设函数 $y=f(x)$ 在点 $x_0$ 的某一邻域内有定义，若

$$\lim_{x \to x_0} f(x) = f(x_0)$$

则称函数 $y=f(x)$ 在点 $x_0$ 处连续.

由定义 1.8.2 知函数 $y=f(x)$ 在点 $x_0$ 处连续必须满足三个条件：

（ⅰ）函数 $f(x)$ 在点 $x_0$ 及其邻域内有定义；

（ⅱ）极限 $\lim\limits_{x \to x_0} f(x)$ 存在；

（ⅲ）当 $x \to x_0$ 时，函数 $f(x)$ 的极限值恰好等于 $f(x)$ 在点 $x_0$ 处的函数值.

**注**  （1）函数 $y=f(x)$ 在点 $x_0$ 处有极限并不要求其在点 $x_0$ 处有定义，而函数 $y=f(x)$ 在点 $x=x_0$ 处连续，则要求其在点 $x_0$ 本身及其邻域内有定义.

（2）若三个条件有一个不满足，则函数 $f(x)$ 在点 $x_0$ 处不连续.

相应于函数在点 $x_0$ 处的左、右极限的概念，可以给出函数在点 $x_0$ 处左、右连续的定义：

**定义 1.8.3**  设函数 $f(x)$ 在点 $x_0$ 的左邻域（或右邻域）内有定义，若 $\lim\limits_{x \to x_0^-} f(x)=f(x_0)$，称函数 $y=f(x)$ 在点 $x_0$ 处左连续，即 $f(x_0-0)=f(x_0)$；若 $\lim\limits_{x \to x_0^+} f(x)=f(x_0)$，称函数 $y=f(x)$ 在点 $x_0$ 处右连续，即 $f(x_0+0)=f(x_0)$.

由极限存在的充要条件及函数连续的定义不难得到以下定理：

**定理 1.8.1**  函数 $f(x)$ 在点 $x_0$ 处连续的充要条件是函数 $f(x)$ 在点 $x_0$ 处左连续且右连续，即

$$\lim_{x \to x_0} f(x) = f(x_0) \Leftrightarrow \lim_{x \to x_0^+} f(x) = \lim_{x \to x_0^-} f(x) = f(x_0)$$

**例 1.8.2** 证明函数 $f(x) = \begin{cases} x\cos\dfrac{1}{x}+1, & x \neq 0 \\ 1, & x = 0 \end{cases}$ 在点 $x=0$ 处连续.

**证** 因为
$$\lim_{x \to 0} f(x) = \lim_{x \to 0}\left(x\cos\frac{1}{x}+1\right) = 1, \quad f(0) = 1$$

有
$$\lim_{x \to 0} f(x) = 1 = f(0)$$

所以函数 $f(x)$ 在点 $x=0$ 处连续.

**例 1.8.3** 证明函数 $f(x) = \begin{cases} x^2, & x \geq 1 \\ \dfrac{1}{x}, & 0 < x < 1 \end{cases}$ 在点 $x=1$ 处连续.

**证** 因为
$$\lim_{x \to 1^+} f(x) = \lim_{x \to 1^+} x^2 = 1, \quad \lim_{x \to 1^-} f(x) = \lim_{x \to 1^-}\frac{1}{x} = 1, \quad f(1) = 1$$

有
$$\lim_{x \to 1} f(x) = f(1) = 1$$

所以函数 $f(x)$ 在点 $x=1$ 处连续.

以上讨论的是函数 $f(x)$ 在某一点的连续性，有时要考虑函数 $f(x)$ 在某一区间上的连续性问题.

若函数 $f(x)$ 在区间 $(a, b)$ 内的每一点都连续，则称 $f(x)$ 在 $(a, b)$ 内连续，并称区间 $(a, b)$ 是 $f(x)$ 的连续区间.

若函数 $f(x)$ 在区间 $(a, b)$ 内连续，并且在区间的左端点 $x=a$ 处右连续，即 $\lim\limits_{x \to a^+} f(x) = f(a)$，在右端点 $x=b$ 处左连续，即 $\lim\limits_{x \to b^-} f(x) = f(b)$，则称函数 $f(x)$ 在闭区间 $[a, b]$ 上连续.

**例 1.8.4** 证明 $y = \sin x$ 在 $(-\infty, +\infty)$ 内连续.

**证** 设 $x_0$ 是 $(-\infty, +\infty)$ 内任意一点，当 $x$ 从 $x_0$ 改变到 $x_0+\Delta x$ 时，函数 $y$ 取得相应的改变量为

$$\Delta y = \sin(x_0 + \Delta x) - \sin x_0 = 2\sin\frac{\Delta x}{2}\cos\left(x_0 + \frac{\Delta x}{2}\right)$$

因为
$$\left|\cos\left(x_0 + \frac{\Delta x}{2}\right)\right| \leqslant 1, \quad \left|\sin\frac{\Delta x}{2}\right| \leqslant \frac{|\Delta x|}{2}$$

所以
$$|\Delta y| \leqslant 2 \cdot \frac{|\Delta x|}{2} \cdot 1 = |\Delta x|$$

即
$$-|\Delta x| \leqslant \Delta y \leqslant \Delta x$$

因为
$$\lim_{\Delta x \to 0} |\Delta x| = 0$$

所以
$$\lim_{\Delta x \to 0} \Delta y = 0$$

于是 $y = \sin x$ 在点 $x_0$ 处连续. 又因为 $x_0 \in (-\infty, +\infty)$，所以 $y = \sin x$ 在 $(-\infty, +\infty)$ 内连续.

可以证明，基本初等函数在其定义域内都是连续函数.

## 1.8.2　函数的间断点

**定义 1.8.4**　若函数 $f(x)$ 在点 $x_0$ 处不连续，则称函数 $f(x)$ 在点 $x_0$ 处**间断**，点 $x = x_0$ 称为函数 $y=f(x)$ 的**间断点**或**不连续点**.

由函数 $f(x)$ 在点 $x_0$ 处连续的定义可知，$f(x)$ 在点 $x_0$ 处连续必须同时满足以下三个条件：

（ⅰ）函数 $f(x)$ 在点 $x_0$ 有定义（$x_0 \in D_f$）；

（ⅱ）$\lim\limits_{x \to x_0} f(x)$ 存在；

（ⅲ）$\lim\limits_{x \to x_0} f(x) = f(x_0)$.

若函数 $f(x)$ 不满足三个条件中的任何一个，则点 $x = x_0$ 就是函数 $f(x)$ 的一个间断点.

函数的间断点可分为以下几种类型：

（1）若函数 $f(x)$ 在点 $x_0$ 处的左、右极限 $f(x_0 - 0)$ 与 $f(x_0 + 0)$ 都存在，则称点 $x = x_0$ 为函数 $f(x)$ 的**第一类间断点**.

若 $f(x)$ 在点 $x_0$ 处的左、右极限存在且相等，即 $\lim\limits_{x \to x_0} f(x)$ 存在，但不等于该点处的函数值，即 $\lim\limits_{x \to x_0} f(x) = A \neq f(x_0)$，或者 $\lim\limits_{x \to x_0} f(x)$ 存在，但函数在点 $x_0$ 处无定义，则称点 $x = x_0$ 为函数 $f(x)$ 的**可去间断点**.

若 $f(x)$ 在点 $x_0$ 处的左、右极限存在但不相等，则称 $x = x_0$ 为函数 $f(x)$ 的**跳跃间断点**.

（2）若函数 $f(x)$ 在点 $x_0$ 处的左、右极限 $f(x_0 - 0)$ 与 $f(x_0 + 0)$ 中至少有一个不存在，则称点 $x = x_0$ 为函数 $f(x)$ 的**第二类间断点**.

下面以具体的例子说明函数间断点的几种常见类型.

**例 1.8.5**　函数

$$f(x) = \begin{cases} \dfrac{\sin x}{x}, & x \neq 0 \\ 0, & x = 0 \end{cases}$$

在点 $x=0$ 处有定义，$f(0)=0$，且当 $x \to 0$ 时 $f(x)$ 极限存在，即

$$\lim_{x \to 0} f(x) = \lim_{x \to 0} \frac{\sin x}{x} = 1$$

但是 $\lim\limits_{x \to 0} f(x) \neq f(0)$，所以点 $x=0$ 是函数的间断点.

若改变函数 $f(x)$ 在点 $x=0$ 处的定义：令 $f(0)=1$，则 $f(x)$ 在点 $x=0$ 处连续，所以点 $x=0$ 称为该函数的可去间断点.

**例 1.8.6**　函数

$$f(x) = \begin{cases} x-1, & x < 0 \\ 0, & x = 0 \\ x+1, & x > 0 \end{cases}$$

因为　　　　$\lim\limits_{x \to 0^-} f(x) = \lim\limits_{x \to 0^-} (x-1) = -1, \qquad \lim\limits_{x \to 0^+} f(x) = \lim\limits_{x \to 0^+} (x+1) = 1$

所以 $\lim\limits_{x\to0}f(x)$ 不存在，点 $x=0$ 是函数 $f(x)$ 的间断点（图 1.8.3）．由于函数 $f(x)$ 的图形在点 $x=0$ 处产生跳跃现象，称点 $x=0$ 是函数 $f(x)$ 的跳跃间断点．

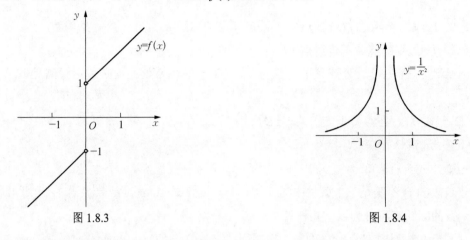

图 1.8.3 　　　　　　　　　　　　　　　　　　图 1.8.4

**例 1.8.7**　函数 $y=\dfrac{1}{x^2}$ 在点 $x=0$ 处无定义，所以点 $x=0$ 是函数的间断点．由于

$$\lim\limits_{x\to0}\frac{1}{x^2}=+\infty$$

称点 $x=0$ 是函数 $y=\dfrac{1}{x^2}$ 的无穷间断点（图 1.8.4）．

**例 1.8.8**　函数 $f(x)=\sin\dfrac{1}{x}$ 在点 $x=0$ 处无定义，点 $x=0$ 是函数 $f(x)$ 的间断点．当 $x\to0$ 时，相应的函数值在 $-1$ 与 $1$ 之间振荡，$\lim\limits_{x\to0}\sin\dfrac{1}{x}$ 不存在，这种类型的间断点称为**振荡间断点**．

### 1.8.3　初等函数的连续性

1. 连续函数的和、差、积、商的连续性

由函数在某点连续的定义及极限的四则运算法则，立即可得出下面的定理：

**定理 1.8.2**　若函数 $f(x)$ 和 $g(x)$ 在点 $x_0$ 处连续，则它们的和 $f(x)+g(x)$、差 $f(x)-g(x)$、积 $f(x)\cdot g(x)$、商 $\dfrac{f(x)}{g(x)}$ $(g(x_0)\neq0)$ 都在点 $x_0$ 处连续．

例如，$y=\sin x,y=\cos x$ 在 $(-\infty,+\infty)$ 内连续，则

$$\tan x=\frac{\sin x}{\cos x},\quad \cot x=\frac{\cos x}{\sin x},\quad \sec x=\frac{1}{\cos x},\quad \csc x=\frac{1}{\sin x}$$

在其定义域内连续．

2. 反函数和复合函数的连续性

**定理 1.8.3**　若函数 $f(x)$ 在某区间上单调增加（或单调减少）且连续，则其反函数 $f^{-1}(x)$ 在对应的区间上也单调增加（或单调减少）且连续．

**例 1.8.9**　讨论函数 $y=\arccos x$ 在 $[-1,1]$ 上的连续性.

**解**　由于 $y=\cos x$ 在 $[0,\pi]$ 上单调减少且连续，由定理 1.8.3，其反函数在 $[-1,1]$ 上连续. 类似地，$y=\arcsin x$，$y=\arctan x$，$y=\operatorname{arccot} x$ 在其定义区间上都是连续函数.

**定理 1.8.4**　若函数 $u=\varphi(x)$ 在点 $x_0$ 处连续，且 $\varphi(x_0)=u_0$，又函数 $y=f(u)$ 在点 $u_0$ 处连续，则复合函数 $y=f[\varphi(x)]$ 在点 $x_0$ 处连续.

这个法则说明，连续函数的复合函数仍是连续函数，并可得到如下结论：

若 $\lim\limits_{x\to x_0}\varphi(x)=\varphi(x_0)$，$\lim\limits_{u\to u_0}f(u)=f(u_0)$，且 $u_0=\varphi(x_0)$，则

$$\lim_{x\to x_0}f[\varphi(x)]=f[\varphi(x_0)]$$

即

$$\lim_{x\to x_0}f[\varphi(x)]=f[\lim_{x\to x_0}\varphi(x)]$$

这表示当复合函数的外层函数 $f$ 连续时，极限符号与函数符号 $f$ 可以交换次序.

**例 1.8.10**　讨论函数 $y=\ln\dfrac{1}{x}$ 的连续性.

**解**　函数 $y=\ln\dfrac{1}{x}$ 可以看成由 $y=\ln u, u=\dfrac{1}{x}$ 复合而成，$y=\ln u$ 在 $0<u<+\infty$ 内连续，$u=\dfrac{1}{x}$ 在 $0<x<+\infty$ 内连续，由定理 1.8.4，$y=\ln\dfrac{1}{x}$ 在 $0<x<+\infty$ 内连续.

**例 1.8.11**　求 $\lim\limits_{x\to 3}\sqrt{\dfrac{x^2-9}{x-3}}$.

**解**　$y=\sqrt{\dfrac{x^2-9}{x-3}}$ 可看成由 $y=\sqrt{u}$，$u=\dfrac{x^2-9}{x-3}$ 复合而成，因为 $\lim\limits_{x\to 3}\dfrac{x^2-9}{x-3}=6$，而函数 $y=\sqrt{u}$ 在 $u=6$ 处连续，所以

$$\lim_{x\to 3}\sqrt{\frac{x^2-9}{x-3}}=\sqrt{\lim_{x\to 3}\frac{x^2-9}{x-3}}=\sqrt{\lim_{x\to 3}(x+3)}=\sqrt{3+3}=\sqrt{6}$$

### 3. 初等函数的连续性

由函数极限的讨论及函数连续性的定义可知，基本初等函数在其定义域内是连续的. 由连续函数的定义及运算法则可得如下定理：

**定理 1.8.5**　初等函数在其定义区间上是连续的.

这里没有说初等函数在其定义域上都是连续的，而是说"在其定义区间上是连续的"，是因为存在这样的初等函数，如 $y=\sqrt{-x^2}$，仅在 $x=0$ 的"孤立"点有定义.

初等函数连续的一个重要应用是求函数的极限：若 $f(x)$ 是初等函数，$x_0$ 是 $f(x)$ 定义区间上的点，则

$$\lim_{x\to x_0}f(x)=f(x_0)$$

**例 1.8.12**　求 $\lim\limits_{x\to 0}\dfrac{a^x-1}{x}$.

**解**　令 $t=a^x-1$，则 $x=\log_a(1+t)$，所以

$$\lim_{x\to 0}\frac{a^x-1}{x}=\lim_{t\to 0}\frac{t}{\log_a(1+t)}=\lim_{t\to 0}\frac{1}{\log_a(1+t)^{\frac{1}{t}}}=\frac{1}{\log_a e}=\ln a$$

**例 1.8.13** 求极限 $\lim\limits_{x\to 1}\dfrac{x^2+\ln(2-x)}{4\arctan x}$.

**解** 因为点 $x=1$ 是初等函数 $\dfrac{x^2+\ln(2-x)}{4\arctan x}$ 定义区间上的点，所以

$$\lim_{x\to 1}\frac{x^2+\ln(2-x)}{4\arctan x}=\frac{1^2+\ln(2-1)}{4\arctan 1}=\frac{1}{\pi}$$

**例 1.8.14** 求 $\lim\limits_{x\to 0}(1+3x)^{\frac{2}{\sin x}}$.

例 1.8.14
其他解法

**解** $\lim\limits_{x\to 0}(1+3x)^{\frac{2}{\sin x}}=\lim\limits_{x\to 0}e^{\frac{2}{\sin x}\ln(1+3x)}=e^{\lim\limits_{x\to 0}\frac{2}{\sin x}\ln(1+3x)}=e^{\lim\limits_{x\to 0}\frac{2\ln(1+3x)}{\sin x}}=e^{\lim\limits_{x\to 0}\frac{2\cdot 3x}{x}}=e^6$

一般地，对于形如 $u(x)^{v(x)}$ $(u(x)>0, u(x)\neq 1)$ 的函数（通常称为幂指函数），如果

$$\lim u(x)=a>0, \qquad \lim v(x)=b$$

那么 $$\lim u(x)^{v(x)}=a^b$$

**注** 这里三个 lim 都是表示在同一自变量变化过程中的极限.

# 习　题　1.8

## （A）

**1.** 研究下列函数的连续性，并画出函数的图形：

（1）$f(x)=\begin{cases} e^x, & 0\leqslant x\leqslant 1, \\ x+1, & 1<x\leqslant 2; \end{cases}$ 　　（2）$f(x)=\begin{cases} 3x, & x\leqslant -1, \\ 2x, & -1<x\leqslant 0. \\ x, & x>0. \end{cases}$

**2.** 下列函数中，$a$ 取什么值时，函数连续？

（1）$f(x)=\begin{cases} x^2-1, & x\leqslant 1, \\ 3x^3+a, & x>1; \end{cases}$ 　　（2）$f(x)=\begin{cases} \dfrac{\sin 2x+e^{2ax}-1}{x}, & x\neq 0, \\ a, & x=0; \end{cases}$

（3）$f(x)=\begin{cases} \dfrac{x^2-9}{x-3}, & x\neq 3, \\ a, & x=3; \end{cases}$ 　　（4）$f(x)=\begin{cases} e^x, & x<0, \\ x-a, & x\geqslant 0. \end{cases}$

**3.** 求下列函数的间断点，并指出属于哪一类型. 如果是可去间断点，补充定义，使函数在该点连续.

（1）$f(x)=\dfrac{x^2-1}{x^2-3x-4}$；　　（2）$f(x)=\dfrac{1+x}{1+x^3}$；

（3）$f(x)=\dfrac{\sin x}{1-x^2}$；　　（4）$f(x)=\dfrac{x^2}{1-\cos x}$.

**4.** 求下列函数的极限：

（1）$\lim\limits_{x\to 0}\sin\left(x\sin\dfrac{1}{x}\right)$；　　（2）$\lim\limits_{x\to 1}\cos\dfrac{x^2-1}{x-1}$；

（3）$\lim_{x \to 0}(1+x^3)^{\cot^3 x}$ ;

（4）$\lim_{x \to \infty}\cos\left[\ln\left(1+\dfrac{2x-1}{x^2}\right)\right]$ ;

（5）$\lim_{x \to a}\dfrac{e^x - e^a}{x - a}$ ;

（6）$\lim_{x \to 0}(x + e^x)^{\frac{1}{x}}$ .

（B）

**1.** 设函数

$$f(x) = \begin{cases} x-1, & x \leqslant 0 \\ x^2, & x > 0 \end{cases}$$

（1）$f(x)$ 在点 $x=0$ 处的极限是否存在？

（2）指出此函数的间断点及其类型.

**2.** 求下列函数的连续区间，并求极限：

（1）$f(x) = \dfrac{x^4 + 3x^2 + 2}{x^2 - 3x - 10}$ ，求 $\lim_{x \to 1} f(x)$ ;

（2）$f(x) = \ln \arcsin x$ ，求 $\lim_{x \to \frac{1}{2}} f(x)$ .

**3.** 设函数

$$f(x) = \begin{cases} \dfrac{\cos x}{x+2}, & x \geqslant 0 \\[2mm] \dfrac{\sqrt{a} - \sqrt{a-x}}{x}, & x < 0 \end{cases}$$

其中 $a > 0$ ，当 $a$ 取何值时，$f(x)$ 在点 $x=0$ 处连续.

**4.** 设函数

$$f(x) = \begin{cases} \dfrac{\ln(1+x)}{x}, & x > 0 \\[2mm] a, & x = 0 \\[2mm] \dfrac{\sqrt{1+x} - \sqrt{1-x}}{x}, & -1 < x < 0 \end{cases}$$

在点 $x=0$ 处连续，求 $a$ 的值.

**5.** 设函数

$$f(x) = \begin{cases} x-1, & x \geqslant 0, \\ -1, & x < 0, \end{cases} \qquad g(x) = \begin{cases} x+1, & x < 1 \\ -x, & x \geqslant 1 \end{cases}$$

求 $f(x) + g(x)$ 的连续区间.

# 1.9　闭区间上连续函数的性质

　　闭区间上的连续函数有很多重要的性质，其中不少性质从几何直观上看是很明显的，但证明超出了本书要求. 本节将以定理的形式将这些性质叙述出来，但略去严格的证明.

## 1.9.1　最大值和最小值定理与有界性定理

　　先说明最大值和最小值的概念.

**定义 1.9.1**　对于区间 $I$ 上的函数 $f(x)$，若存在 $x_0\in I$，使得对于任一 $x\in I$ 都有
$$f(x)\leqslant f(x_0)\quad（或 f(x)\geqslant f(x_0)）$$
则称 $f(x_0)$ 是函数 $f(x)$ 在区间 $I$ 上的最大值（或最小值）.

例如：函数 $y=\sin x+3$ 在区间 $[0,2\pi]$ 上有最大值 4 和最小值 2；函数 $y=\operatorname{sgn}x$ 在 $(-\infty,+\infty)$ 内有最大值 1 和最小值 $-1$，在 $(0,+\infty)$ 内最大值和最小值都是 1.

**定理 1.9.1**　（**最大值和最小值定理**）　若函数 $f(x)$ 在闭区间 $[a,b]$ 上连续，则它在 $[a,b]$ 上一定有最大值和最小值.

例如，如图 1.9.1 所示，函数 $y=f(x)$ 在闭区间 $[a,b]$ 上连续，在点 $\xi_1$ 处取得最小值 $m$，在点 $\xi_2$ 处取得最大值 $M$.

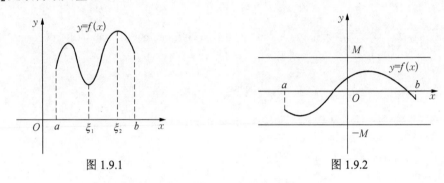

图 1.9.1　　　　　　　　　图 1.9.2

**注**　如果函数 $f(x)$ 在开区间 $(a,b)$ 内连续，或函数在闭区间 $[a,b]$ 上有间断点，那么函数 $f(x)$ 在该区间上不一定有最大值或最小值.

例如，函数 $y=\tan x$ 在开区间 $\left(-\frac{\pi}{2},\frac{\pi}{2}\right)$ 内是连续的，但它在开区间 $\left(-\frac{\pi}{2},\frac{\pi}{2}\right)$ 内是无界的，既无最大值，也无最小值；又如，函数 $y=\frac{1}{x}$ 在闭区间 $[-1,1]$ 上有间断点 $x=0$，既无最大值，也无最小值.

**定理 1.9.2**　（**有界性定理**）　若函数 $f(x)$ 在闭区间 $[a,b]$ 上连续，则 $f(x)$ 在 $[a,b]$ 上有界，即存在数 $M>0$，使得
$$|f(x)|\leqslant M,\quad x\in[a,b].$$
例如，如图 1.9.2 所示，函数 $y=f(x)$ 在闭区间 $[a,b]$ 上连续，从而在 $[a,b]$ 上有界.

## 1.9.2　零点定理与介值定理

使 $f(x_0)=0$ 的点 $x_0$ 称为函数 $f(x)$ 的零点.

**定理 1.9.3**　（**零点定理**）　若函数 $f(x)$ 在闭区间 $[a,b]$ 上连续，且 $f(a)$ 与 $f(b)$ 异号，即 $f(a)\cdot f(b)<0$，则至少存在一点 $\xi\in(a,b)$，使得 $f(\xi)=0$.

从几何上看，零点定理表示：如果连续曲线弧 $y=f(x)$ 的两个端点位于 $x$ 轴的不同侧，那么这段曲线弧与 $x$ 轴至少有一个交点，如图 1.9.3 所示.

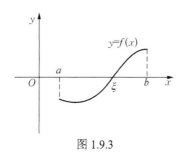

图 1.9.3

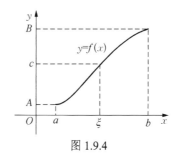

图 1.9.4

由定理 1.9.3 可推得以下定理：

**定理 1.9.4　（介值定理）**　设函数 $y=f(x)$ 在闭区间 $[a, b]$ 上连续，且 $f(a)=A$，$f(b)=B$，则对介于 $A$ 与 $B$ 之间的任何数 $C$，在开区间 $(a, b)$ 内必存在一点 $\xi$，使得 $f(\xi)=C$.

**证**　令 $\varphi(x)=f(x)-C$，则 $\varphi(x)$ 在 $[a, b]$ 上连续，显然 $\varphi(a)=A-C$ 与 $\varphi(b)=B-C$ 异号，则由零点定理，存在 $\xi\in(a, b)$，使得

$$\varphi(\xi)=0$$

即

$$f(\xi)=C$$

由图 1.9.4 可以看出，位于连续曲线弧 $y=f(x)$ 高低两点间的水平直线 $y=C$ 与这段曲线弧至少有一个交点.

由定理 1.9.3 和定理 1.9.4 可得以下推论：

**推论 1.9.1**　在闭区间 $[a, b]$ 上连续的函数 $f(x)$，可取得介于其在闭区间 $[a, b]$ 上的最大值与最小值之间的任意值.

**例 1.9.1**　证明：方程 $x^3+3x^2=1$ 在开区间 $(0, 1)$ 内至少存在一个实根.

**证**　设 $f(x)=x^3+3x^2-1$，它是初等函数，在闭区间 $[0, 1]$ 上连续，又

$$f(0)=-1<0, \qquad f(1)=3>0$$

根据零点定理，在 $(0, 1)$ 内至少存在一点 $\xi$，使得 $f(\xi)=0$，即

$$\xi^3+3\xi^2-1=0$$

从而

$$\xi^3+3\xi^2=1$$

所以方程 $x^3+3x^2=1$ 在 $(0, 1)$ 内至少存在一个实数根.

**例 1.9.2**　设 $f(x)$ 在 $[a, b]$ 上连续，且 $a<f(x)<b$，则在 $(a, b)$ 内至少存在一点 $\xi$，使得 $f(\xi)=\xi$（$\xi$ 称为 $f(x)$ 在 $[a, b]$ 上的不动点）.

**证**　设 $g(x)=f(x)-x$，则 $g(x)$ 在 $[a, b]$ 上连续，由已知条件可得

$$g(a)=f(a)-a>0, \qquad g(b)=f(b)-b<0$$

根据零点定理，在 $(a, b)$ 内至少存在一点 $\xi$，使得 $g(\xi)=0$，即

$$f(\xi)-\xi=0$$

从而

$$f(\xi)=\xi$$

# 习 题 1.9

## （A）

**1.** 证明：方程 $x^5 - 3x = 1$ 至少有一个根介于 1 与 2 之间.

**2.** 证明：方程 $x = 4\sin x + 1$ 至少有一个不超过 5 的正根.

**3.** 设 $f(x)$ 在 $[a, b]$ 上连续，且 $f(a) < a$，$f(b) > b$，证明：方程 $f(x) = x$ 在 $(a, b)$ 内至少有一根.

**4.** 证明：方程 $x = \cos x$ 在 $\left(0, \dfrac{\pi}{2}\right)$ 内至少存在一个实根.

**5.** 证明：方程 $2^x = x^2$ 在 $(-1, 1)$ 内必有实根.

**6.** 证明：方程 $x = a\sin x + b$ 至少有一个正根，并且它不大于 $a + b\ (a > 0, b > 0)$.

## （B）

**1.** 证明：方程 $4x - 2^x = 0$ 在 $\left(0, \dfrac{1}{2}\right)$ 内至少有一个实根.

**2.** 证明：方程 $x^3 - 3x^2 - x + 3 = 0$ 在区间 $(-2, 0)$，$(0, 2)$，$(2, 4)$ 内各有一个实根.

**3.** 设 $f(x)$ 在 $[a, b]$ 上连续，$a < x_1 < x_2 < \cdots < x_n < b$，则在 $[x_1, x_n]$ 上必存在 $\xi$，使得

$$f(\xi) = \frac{f(x_1) + f(x_2) + \cdots + f(x_n)}{n}$$

MATLAB 软件
简介及极限计算

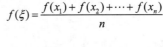

# 小 结

## 一、函数

### 1. 区间与邻域

设 $a, b$ 为实数，且 $a < b$，称集合 $\{x \mid a \leqslant x \leqslant b, x\ \text{为实数}\}$ 为闭区间，记为 $[a, b]$，即

$$[a, b] = \{x \mid a \leqslant x \leqslant b, x \in \mathbf{R}\}$$

同理可得 $(a, b) = \{x \mid a < x < b, x \in \mathbf{R}\}$ 为开区间，$[a, b) = \{x \mid a \leqslant x < b, x \in \mathbf{R}\}$ 和 $(a, b] = \{x \mid a < x \leqslant b, x \in \mathbf{R}\}$ 为半开半闭区间. $a, b$ 称为区间的端点，$b - a$ 称为区间的长度.

$(-\infty, b] = \{x \mid x \leqslant b, x \in \mathbf{R}\}$，$(a, +\infty) = \{x \mid a < x, x \in \mathbf{R}\}$，$(-\infty, +\infty) = \{x \mid x \in \mathbf{R}\}$. 以上三种区间称为无穷区间. 注意：$-\infty$，$+\infty$ 是记号，不是数.

设 $x_0$ 为实数，$\delta > 0$，称集合 $\{x \mid |x - x_0| < \delta\}$ 为 $x_0$ 的 $\delta$ 邻域，记为 $U(x_0, \delta)$，即

$$U(x_0, \delta) = \{x \mid |x - x_0| < \delta\}$$

其中 $x_0$ 称为邻域的中心，$\delta$ 称为邻域的半径.

称集合 $\{x \mid 0 < |x - x_0| < \delta\}$ 为 $x_0$ 的去心邻域，记为 $\overset{\circ}{U}(x_0, \delta)$，即

$$\overset{\circ}{U}(x_0, \delta) = (x_0 - \delta, x_0) \bigcup (x_0, x_0 + \delta)$$

### 2. 函数及其特性

**定义 1**　设 $D$ 为非空数集，$f$ 为 $D$ 上的对应法则，使得对每个 $x \in D$，都有唯一确定的实数 $y$ 与之对应，则称 $f$ 是 $D$ 上的一个函数，$y$ 称为函数 $f$ 在点 $x$ 的函数值，记为 $y=f(x)$. 其中 $x$ 称为自变量，$y$ 称为因变量，$D$ 称为函数 $f$ 的定义域，函数值的全体称为 $f$ 的值域.

函数的特性有有界性、单调性、奇偶性、周期性.

### 3. 反函数与复合函数

设 $y=f(x)$ 的定义域为 $D$，值域为 $W$，对 $y \in W$ 总有确定的 $x \in D$ 使得 $f(x)=y$，将 $y$ 看成自变量，则 $x$ 是 $y$ 的函数，称为 $y=f(x)$ 的反函数，记为 $x=\varphi(y)$. 习惯上用 $x$ 表示自变量，$y$ 表示因变量，因此 $y=f(x)$ 的反函数记为 $y=\varphi(x)$，而 $y=f(x)$ 称为直接函数. 这时反函数的图形与直接函数的图形关于直线 $y=x$ 对称.

设 $y=f(u)$ 的定义域为 $D_f$，$u=\varphi(x)$ 的定义域为 $D_\varphi$，值域为 $I_\varphi$，若 $D_f \cap I_\varphi \neq \varnothing$，则通过 $u$，$y$ 是 $x$ 的函数，称为由 $y=f(u)$ 与 $u=\varphi(x)$ 复合而成的复合函数，记为 $y=f[\varphi(x)]$. $u$ 称为中间变量.

**注**　条件 $D_f \cap I_\varphi \neq \varnothing$ 是重要的，它指出了并不是任意两个函数都能复合. 另外，函数复合可以多层次，或者说中间变量可以有若干个.

函数的分解：将一个复杂函数看成由若干个简单函数复合而成，这个过程称为函数的分解，这是重要问题，比复合更重要.

### 4. 初等函数

基本初等函数：

（1）幂函数　　　　　　　$y=x^\mu$（$\mu$ 为实数）

（2）指数函数　　　　　　$y=a^x$（$a>0$, $a \neq 1$）

（3）对数函数　　　　　　$y=\log_a x$（$a>0$, $a \neq 1$）

（4）三角函数　　　　　　$y=\sin x, \cos x, \tan x, \cot x, \sec x, \csc x$

（5）反三角函数　　　　　$y=\arcsin x, \arccos x, \arctan x, \operatorname{arccot} x$

由常数和基本初等函数经过有限次四则运算和有限次复合步骤而构成且可由一个式子表示的函数称为初等函数.

### 5. 分段函数

在函数的定义域的不同范围内要用不同的式子来表示对应关系的函数称为分段函数.

## 二、数列极限的定义

### 1. 数列

按照某一法则，由第 1 个数 $x_1$，第 2 个数 $x_2$……这样依次序排列，使得对每个自然数，都有确定的数 $x_n$ 与之对应，这列有序的数 $x_1, x_2, \cdots, x_n, \cdots$（$x_n=f(n)$）称为数列.

**2. 数列极限**

**定义 2**  $\forall \varepsilon > 0$，$\exists N > 0$，当 $n > N$ 时，恒有 $|x_n - A| < \varepsilon$，则称常数 $A$ 是数列 $x_n$ 当 $n \to \infty$ 时的极限，记为

$$\lim_{n \to \infty} x_n = A \quad \text{或} \quad x_n \to A \,(n \to \infty)$$

**3. 数列极限的性质**

（i）唯一性：若数列 $\{x_n\}$ 收敛，则数列 $\{x_n\}$ 的极限是唯一的.

（ii）有界性：若 $\lim\limits_{n \to \infty} x_n = A$，则 $\forall n \in \mathbf{N}$，$\exists M > 0$，使得 $|x_n| \leqslant M$.

（iii）子列的收敛性：若数列 $\{x_n\}$ 收敛，则 $\{x_n\}$ 的任一子列也收敛，且极限相同.

## 三、函数极限的定义

**1. 当 $x \to \infty$ 时 $f(x)$ 的极限**

设 $f(x)$ 在 $|x| > a$ $(a > 0)$ 有定义，$\forall \varepsilon > 0$，$\exists X > 0$，当 $|x| > X$ 时，恒有 $|f(x) - A| < \varepsilon$，则称常数 $A$ 是函数 $f(x)$ 当 $x \to \infty$ 时的极限，记为

$$\lim_{x \to \infty} f(x) = A \quad \text{或} \quad f(x) \to A \,(x \to \infty)$$

**2. 当 $x \to x_0$ 时 $f(x)$ 的极限**

设 $f(x)$ 在 $\overset{\circ}{U}(x_0, \delta)$ 内有定义，$\forall \varepsilon > 0$，$\exists \delta > 0$，当 $0 < |x - x_0| < \delta$ 时，恒有 $|f(x) - A| < \varepsilon$，则称常数 $A$ 是函数 $f(x)$ 当 $x \to x_0$ 时的极限，记为

$$\lim_{x \to x_0} f(x) = A \quad \text{或} \quad f(x) \to A \,(x \to x_0)$$

设 $f(x)$ 在 $(x_0 - \delta, x_0)$（或 $(x_0, x_0 + \delta)$）内有定义，$\forall \varepsilon > 0$，$\exists \delta > 0$，当 $0 < x_0 - x < \delta$（或 $0 < x - x_0 < \delta$）时，恒有 $|f(x) - A| < \varepsilon$，则称常数 $A$ 是函数 $f(x)$ 当 $x \to x_0^-$（或 $x \to x_0^+$）时的左（或右）极限，记为

$$\lim_{x \to x_0^-} f(x) = A \quad (\text{或} \lim_{x \to x_0^+} f(x) = A)$$

或

$$f(x_0^-) = A \quad (\text{或} f(x_0^+) = A)$$

左（或右）极限与极限的关系：

$$\lim_{x \to x_0} f(x) = A \Leftrightarrow f(x_0 - 0) = A = f(x_0 + 0)$$

**3. 函数极限的性质**

**性质 1**（唯一性） 若 $\lim\limits_{x \to x_0} f(x) = A$，$\lim\limits_{x \to x_0} f(x) = B$，则 $A = B$.

**性质 2**（局部有界性） 若 $\lim\limits_{x \to x_0} f(x) = A$，则存在点 $x_0$ 的去心邻域 $\overset{\circ}{U}(x_0, \delta)$ 和 $M > 0$，使得 $\forall x \in \overset{\circ}{U}(x_0, \delta)$，有 $|f(x)| \leqslant M$.

**性质 3 （保号性）** 若 $\lim\limits_{x \to x_0} f(x) = A$，且 $A > 0$（或 $A < 0$），则存在 $\delta > 0$，使得 $\forall x \in \overset{\circ}{U}(x_0, \delta)$，有 $f(x) > 0$（或 $f(x) < 0$）.

**推论 1** 若在点 $x_0$ 的某去心邻域 $\overset{\circ}{U}(x_0, \delta)$ 内，有 $f(x) \geqslant 0$（或 $f(x) \leqslant 0$），且 $\lim\limits_{x \to x_0} f(x) = A$，则 $A \geqslant 0$（或 $A \leqslant 0$）.

性质 3 和推论 1 指出了极限的正负与函数的正负之间的关系，在后面的学习中常常用到这两个性质.

必须指出，在有些情况下，若 $f(x) > 0$ 且 $\lim\limits_{x \to x_0} f(x) = A$，可推得 $A = 0$.

## 四、无穷小与无穷大

### 1. 无穷小

若 $\lim\limits_{x \to x_0} \alpha(x) = 0$，则称 $\alpha(x)$ 当 $x \to x_0$ 时为无穷小.

无穷小与函数极限的关系：

$$\lim\limits_{x \to x_0} f(x) = A \Leftrightarrow f(x) = A + \alpha(x)$$

其中 $\lim\limits_{x \to x_0} \alpha(x) = 0$.

无穷小的性质：

(i) 有限个无穷小的代数和仍是无穷小.

(ii) 无穷小与有界函数的乘积仍是无穷小.

推论：

(i) 常数与无穷小的乘积仍是无穷小.

(ii) 无穷小与无穷小的乘积仍是无穷小.

### 2. 无穷大

在自变量某变化过程中，若 $|f(x)|$ 无限增大，则称 $f(x)$ 在自变量该变化过程中为无穷大，记为 $\lim f(x) = \infty$.

### 3. 无穷大与无穷小的关系

在自变量的同一变化过程中，若 $f(x)$ 为无穷大，则 $\dfrac{1}{f(x)}$ 为无穷小；反之，若 $f(x)$ 为无穷小，且 $f(x) \neq 0$，则 $\dfrac{1}{f(x)}$ 为无穷大.

## 五、极限的运算法则

若 $\lim\limits_{x \to x_0} f(x) = A$，$\lim\limits_{x \to x_0} g(x) = B$，则

（i）$\lim\limits_{x \to x_0}[f(x) \pm g(x)] = \lim\limits_{x \to x_0} f(x) \pm \lim\limits_{x \to x_0} g(x)$；

（ii）$\lim\limits_{x \to x_0}[f(x) \cdot g(x)] = \lim\limits_{x \to x_0} f(x) \cdot \lim\limits_{x \to x_0} g(x)$；

（iii）$\lim\limits_{x \to x_0} \dfrac{f(x)}{g(x)} = \dfrac{\lim\limits_{x \to x_0} f(x)}{\lim\limits_{x \to x_0} g(x)}$，其中 $\lim\limits_{x \to x_0} g(x) \neq 0$．

**推论 2** 有限个函数代数和的极限等于各函数极限的代数和．

**推论 3** 有限个函数积的极限等于各函数极限的积．

**推论 4** $\lim\limits_{x \to x_0}[f(x)]^n = \left[\lim\limits_{x \to x_0} f(x)\right]^n$（$n$ 为正整数）．

极限的运算法则中变量的变化过程换为 $n \to \infty$，$x \to x_0^-$，$x \to x_0^+$，$x \to +\infty$，$x \to -\infty$，$x \to \infty$ 也成立．

## 六、极限存在的准则与两个重要极限

### 1. 准则 I

若

（i）当 $x \in \overset{\circ}{U}(x_0, \delta)$ 时，有 $g(x) \leqslant f(x) \leqslant h(x)$；

（ii）$\lim\limits_{x \to x_0} g(x) = A = \lim\limits_{x \to x_0} h(x)$．

则
$$\lim\limits_{x \to x_0} f(x) = A$$

准则 I 也称为夹逼定理．准则 I 对其他的变量过程也成立．

### 2. 准则 II

单调有界数列必有极限．

准则 II 包含：

（i）若 $x_n$ 单调增加且有上界，则 $x_n$ 必有极限．

（ii）若 $x_n$ 单调减少且有下界，则 $x_n$ 必有极限．

### 3. 两个重要极限

（1）$\lim\limits_{x \to 0} \dfrac{\sin x}{x} = 1$；

（2）$\lim\limits_{x \to \infty} \left(1 + \dfrac{1}{x}\right)^x = \mathrm{e}$．

## 七、无穷小的比较

设 $\lim\limits_{x \to x_0} \alpha(x) = 0$，$\lim\limits_{x \to x_0} \beta(x) = 0$.

（1）若 $\lim\limits_{x \to x_0} \dfrac{\beta(x)}{\alpha(x)} = 0$，则称当 $x \to x_0$ 时 $\beta(x)$ 是 $\alpha(x)$ 的高阶无穷小，记为

$$\beta(x) = o(\alpha(x)) \quad (x \to x_0)$$

（2）若 $\lim\limits_{x \to x_0} \dfrac{\beta(x)}{\alpha(x)} = \infty$，则称当 $x \to x_0$ 时 $\beta(x)$ 是 $\alpha(x)$ 的低阶无穷小；

（3）若 $\lim\limits_{x \to x_0} \dfrac{\beta(x)}{\alpha(x)} = C\,(C \neq 0)$，则称当 $x \to x_0$ 时 $\beta(x)$ 与 $\alpha(x)$ 是同阶无穷小；

（4）若 $\lim\limits_{x \to x_0} \dfrac{\beta(x)}{\alpha^k(x)} = C\,(C \neq 0)$，则称当 $x \to x_0$ 时 $\beta(x)$ 是关于 $\alpha(x)$ 的 $k$ 阶无穷小；

（5）若 $\lim\limits_{x \to x_0} \dfrac{\beta(x)}{\alpha(x)} = 1$，则称当 $x \to x_0$ 时 $\beta(x)$ 与 $\alpha(x)$ 是等价无穷小，记为

$$\beta(x) \sim \alpha(x) \quad (x \to x_0)$$

等价无穷小是同阶无穷小的特殊情形，同阶不一定是等价. 无穷小等价是重要概念，当 $x \to 0$ 时，常用的等价无穷小如下：

$$\sin x \sim x, \quad \tan x \sim x, \quad \arcsin x \sim x, \quad \arctan x \sim x$$

$$1 - \cos x \sim \frac{1}{2}x^2, \quad \mathrm{e}^x - 1 \sim x, \quad \ln(1+x) \sim x, \quad \sqrt[n]{1+x} - 1 \sim \frac{1}{n}x$$

**定理 1**　（**等价无穷小代换定理**）　设 $\alpha(x) \sim \alpha^*(x)$, $\beta(x) \sim \beta^*(x)$ $(x \to x_0)$ 且 $\lim\limits_{x \to x_0} \dfrac{\alpha^*(x)}{\beta^*(x)}$ 存在或为无穷大，则

$$\lim_{x \to x_0} \frac{\alpha(x)}{\beta(x)} = \lim_{x \to x_0} \frac{\alpha^*(x)}{\beta^*(x)}$$

利用这个定理求极限，有时可将复杂的极限化成很简单的极限.

**注**　（1）无穷小等价关系不是相等关系.

（2）无穷小乘积可分别等价代换，无穷小代数和一般不可分别等价代换.

## 八、函数的连续性及间断点　初等函数的连续性

### 1. 函数的连续性

设 $y = f(x)$ 在 $U(x_0, r)$ 内有定义，$x$ 在 $U(x_0, r)$ 内从 $x_0$ 变到 $x_0 + \Delta x$，对应的函数值从 $f(x_0)$ 变到 $f(x_0 + \Delta x)$，则称 $f(x_0 + \Delta x) - f(x_0)$ 为 $f(x)$ 在点 $x_0$ 相应于 $x$ 的增量，记为 $\Delta y$，即

$$\Delta y = f(x_0 + \Delta x) - f(x_0)$$

函数连续的定义：

（1）设 $y=f(x)$ 在 $U(x_0, r)$ 内有定义，$x_0 + \Delta x \in U(x_0, r)$，$\Delta y = f(x_0 + \Delta x) - f(x_0)$，若 $\lim\limits_{\Delta x \to 0} \Delta y = 0$，则称 $y=f(x)$ 在点 $x_0$ 处连续.

（2）设 $y=f(x)$ 在 $U(x_0, r)$ 内有定义，若 $\lim\limits_{x \to x_0} f(x) = f(x_0)$，则称 $y=f(x)$ 在点 $x_0$ 处连续.

（3）设 $y=f(x)$ 在 $U(x_0, r)$ 内有定义，$\forall \varepsilon > 0$，$\exists \delta > 0$，当 $|x - x_0| < \delta$ 时，恒有 $|f(x) - f(x_0)| < \varepsilon$，则称 $y=f(x)$ 在点 $x_0$ 处连续.

由左、右极限可定义左、右连续：若 $\lim\limits_{x \to x_0^-} f(x) = f(x_0)$，则称 $y=f(x)$ 在点 $x_0$ 处左连续；若 $\lim\limits_{x \to x_0^+} f(x) = f(x_0)$，则称 $y=f(x)$ 在点 $x_0$ 处右连续.

函数 $y=f(x)$ 在点 $x_0$ 处连续，必须同时满足三个条件：

（i）在 $x_0$ 有定义；

（ii）$f(x_0^-)$，$f(x_0^+)$ 都存在；

（iii）$f(x_0^-) = f(x_0^+) = f(x_0)$.

若有一个条件不满足，$y=f(x)$ 在点 $x_0$ 处就不连续.

函数在区间的连续性：设 $f(x)$ 在 $(a, b)$ 内有定义，且对 $(a, b)$ 内每一点 $f(x)$ 都连续，则称 $f(x)$ 在 $(a, b)$ 内连续，$(a, b)$ 称为 $f(x)$ 的连续区间.

设 $f(x)$ 在 $[a, b]$ 上有定义，若 $f(x)$ 在 $(a, b)$ 内连续，且

$$\lim\limits_{x \to a^+} f(x) = f(a), \quad \lim\limits_{x \to b^-} f(x) = f(b)$$

则称 $f(x)$ 在 $[a, b]$ 上连续.

**2. 函数的间断点**

设函数 $y=f(x)$ 在点 $x_0$ 的某去心邻域内有定义，若 $f(x)$ 在点 $x_0$ 处不连续，则称点 $x_0$ 为 $f(x)$ 的间断点.

根据函数连续的定义可知，$f(x)$ 在点 $x_0$ 满足下列条件之一：

（i）$f(x)$ 在点 $x_0$ 没有定义；

（ii）$f(x)$ 在点 $x_0$ 有定义，但 $\lim\limits_{x \to x_0} f(x)$ 不存在；

（iii）$f(x)$ 在点 $x_0$ 有定义，$\lim\limits_{x \to x_0} f(x)$ 存在，但 $\lim\limits_{x \to x_0} f(x) \neq f(x_0)$.

则点 $x_0$ 为 $f(x)$ 的间断点.

间断点分类：设点 $x_0$ 是 $f(x)$ 的间断点.

（1）若 $f(x_0-0), f(x_0+0)$ 都存在，则点 $x_0$ 是 $f(x)$ 的第一类间断点.

这时，$f(x)$ 在点 $x_0$ 不连续的原因有三种：

（i）$f(x_0-0) \neq f(x_0+0)$；

（ii）$f(x_0-0) = f(x_0+0) \neq f(x_0)$；

（iii）$f(x_0-0) = f(x_0+0)$，但 $f(x)$ 在点 $x_0$ 没有定义.

若因（i）$f(x)$ 不连续，称点 $x_0$ 为跳跃间断点，若因（ii）、（iii）$f(x)$ 不连续，称点 $x_0$ 为可去间断点.

（2）若 $f(x_0-0), f(x_0+0)$ 至少有一个不存在，则点 $x_0$ 是 $f(x)$ 的第二类间断点.

$f(x_0-0), f(x_0+0)$ 中至少有一个为无穷大，这种间断点称为无穷间断点；$f(x_0-0),$ $f(x_0+0)$ 中至少有一个不存在但都不为无穷大，这种间断点称为振荡间断点.

**3. 初等函数的连续性**

1）函数四则运算的连续性

**定理 2** 设 $f(x), g(x)$ 连续，则 $f(x) \pm g(x), f(x) \cdot g(x), \dfrac{f(x)}{g(x)}(g(x) \neq 0)$ 连续.

2）反函数与复合函数的连续性

**定理 3** 设 $y=f(x)$ 在区间 $I$ 上单调、连续，则其反函数 $y=f^{-1}(x)$ 在其对应区间上也单调、连续.

**定理 4** 设 $u=\varphi(x)$ 在点 $x_0$ 处连续，而 $y=f(u)$ 在 $u_0=\varphi(x_0)$ 处连续，则复合函数 $y=f[\varphi(x)]$ 在点 $x_0$ 处连续. 这里可得

$$\lim_{x \to x_0} f[\varphi(x)] = f[\varphi(x_0)] = f\left[\lim_{x \to x_0} \varphi(x)\right]$$

**4. 初等函数的连续性**

**定理 5** 基本初等函数在定义域上都连续.

**定理 6** 初等函数在定义区间上都连续.

## 九、闭区间上连续函数的性质

**1. 最大值和最小值定理**

**定理 7** 若 $f(x)$ 在闭区间 $[a, b]$ 上连续，则 $f(x)$ 在 $[a, b]$ 上一定有最大值和最小值.

**注** 若 $f(x)$ 不在闭区间上连续，就不一定有定理的结论.

**定理 8** （有界性定理） 设 $f(x)$ 在闭区间 $[a, b]$ 上连续，则 $f(x)$ 在 $[a, b]$ 上一定有界.

**2. 介值定理**

**定理 9** （零点存在定理） 设 $f(x)$ 在闭区间 $[a, b]$ 上连续，且 $f(a) \cdot f(b) < 0$，则至少存在一点 $\xi \in (a, b)$，使得 $f(\xi)=0$.

**定理 10** （介值定理） 设 $f(x)$ 在闭区间 $[a, b]$ 上连续，$m, M$ 分别是 $f(x)$ 在 $[a, b]$ 上的最小值和最大值，则对任意满足 $m \leqslant c \leqslant M$ 的 $c$，至少存在一点 $\xi \in [a, b]$，使得 $f(\xi)=c$.

# 总 习 题 1

**1. 选择题:**

（1）下列 4 个数列中，收敛的有（ ）.

① $u_n = (-1)^n \dfrac{n-1}{n}$ ② $u_n = (-1)^n \dfrac{1}{n}$ ③ $u_n = \sin \dfrac{n\pi}{2}$ ④ $u_n = 2$

A. 1 个　　　　　　B. 2 个　　　　　　C. 3 个　　　　　　D. 4 个

（2）下列各式正确的是（　　　）.

A. $\lim\limits_{x\to 1}\dfrac{\sin x}{x}=1$　　B. $\lim\limits_{x\to\infty}\dfrac{\sin x}{x}=1$　　C. $\lim\limits_{x\to 0}x\sin\dfrac{1}{x}=1$　　D. $\lim\limits_{x\to\infty}x\sin\dfrac{1}{x}=1$

（3）函数 $f(x)$ 在点 $x_0$ 处连续是 $\lim\limits_{x\to x_0}f(x)$ 存在的（　　　）.

A. 充分条件　　　　B. 必要条件　　　　C. 充要条件　　　　D. 无关条件

（4）当 $x\to 0$ 时，$\mathrm{e}^{x^2}-\cos x$ 是 $x^2$ 的（　　　）.

A. 同阶但不等价无穷小　　　　　　　　B. 等价无穷小

C. 高阶无穷小　　　　　　　　　　　　D. 低阶无穷小

（5）当 $x\to 0$ 时，$\ln(1+2\sin x)$ 与（　　　）是等价无穷小.

A. $1+2\sin x$　　　B. $x$　　　　　　C. $2x^2$　　　　　　D. $2x$

（6）若 $\lim\limits_{x\to -1}\dfrac{ax^2-x-3}{x+1}=b$，则常数 $a,b$ 的值分别为（　　　）.

A. $a=2$，$b=-5$　　B. $a=0$，$b=-1$　　C. $a=1$，$b=-3$　　D. $a=-1$，$b=3$

（7）设 $f(x)=\begin{cases}\mathrm{e}^x, & x<0\\ a+x+2, & x\geq 0\end{cases}$ 在 $\mathbf{R}$ 上连续，则 $a=$（　　　）.

A. 0　　　　　　　B. 2　　　　　　　C. $-1$　　　　　　D. 1

（8）点 $x=0$ 是函数 $f(x)=\dfrac{1}{1+\mathrm{e}^{\frac{1}{x}}}$ 的（　　　）.

A. 连续点　　　　　B. 可去间断点　　　C. 跳跃间断点　　　D. 第二类间断点

（9）函数 $y=\dfrac{\sqrt{x-3}}{(x+2)(x-1)}$ 的连续区间是（　　　）.

A. $(-\infty,-2)\bigcup(-1,+\infty)$　　　　　　　B. $(-\infty,-1)\bigcup(-1,+\infty)$

C. $(-\infty,-2)\bigcup(-2,-1)\bigcup(-1,+\infty)$　　D. $[3,+\infty)$

（10）下列函数在其定义域上连续的是（　　　）.

A. $f(x)=\dfrac{1}{x}$　　　　　　　　　　B. $f(x)=\begin{cases}\sin x, & x\leq 0\\ \cos x, & x>0\end{cases}$

C. $f(x)=\begin{cases}x+1, & x<0\\ 0, & x=0\\ x-1, & x>0\end{cases}$　　　　D. $f(x)=\begin{cases}\dfrac{1}{|x|}, & x\neq 0\\ 0, & x=0\end{cases}$

**2.** 填空题：

（1）设 $f(x)=\begin{cases}2\mathrm{e}^{x^2}, & x<0,\\ 2, & x=0,\\ 3x+a, & x>0,\end{cases}$ 若 $\lim\limits_{x\to 0}f(x)$ 存在，则 $a=$ _____.

（2）$\lim\limits_{n\to\infty}3^n\sin\dfrac{x}{3^n}=$ _____.

（3）$\lim\limits_{x\to 1}\sin\dfrac{1}{x-1}\sin(x-1)=$ _____.

（4）$\lim\limits_{n\to\infty}\dfrac{\sqrt[3]{n^2}\cos n!}{n-1}=$ _____.

（5）当 $x \to 0$ 时，$ax^2$ 与 $\sin\dfrac{x^2}{5}$ 等价，则 $a =$ _____.

（6）当 $x \to \infty$ 时，$f(x)$ 与 $\dfrac{1}{x}$ 是等价无穷小，则 $\lim\limits_{x \to \infty} 2xf(x) =$ _____.

（7）设 $\lim\limits_{x \to \infty}\left(1+\dfrac{k}{x}\right)^{5x} = \mathrm{e}$，则 $k =$ _____.

（8）要使函数 $f(x) = \dfrac{\ln(1-3x^2)}{x^2}$ 在点 $x = 0$ 处连续，应补充定义 $f(0) =$ _____.

（9）设函数 $f(x) = \begin{cases} \dfrac{a(1-\cos x)}{x^2}, & x < 0 \\ 1, & x = 0 \\ \ln(b+x^2), & x > 0 \end{cases}$ 在点 $x = 0$ 处连续，则 $a =$ _____，$b =$ _____.

（10）函数 $y = \begin{cases} 0, & x < 1 \\ 2x+1, & 1 \leqslant x < 2 \\ 1+x^2, & x \geqslant 2 \end{cases}$ 的间断点是 _____.

**3.** 求下列极限：

（1）$\lim\limits_{x \to +\infty} 2x(\sqrt{x^2+1} - x)$；

（2）$\lim\limits_{x \to \infty}\left(\dfrac{2x+3}{2x+1}\right)^{x+3}$；

（3）$\lim\limits_{x \to 1} \dfrac{\sqrt[3]{x}-1}{\sqrt{x}-1}$；

（4）$\lim\limits_{x \to 0} \dfrac{\sqrt{x^2+1}-1}{\sin 2x^2}$；

（5）$\lim\limits_{x \to 4} \dfrac{\sqrt{2x+1}-3}{\sqrt{x-2}-\sqrt{2}}$；

（6）$\lim\limits_{x \to 0} \dfrac{\ln(1+3x)}{\tan 6x}$；

（7）$\lim\limits_{x \to \infty} \dfrac{x+3}{x^2-x}(\sin x + 2)$；

（8）$\lim\limits_{x \to 0} \dfrac{\tan x - \sin x}{2x^3}$；

（9）$\lim\limits_{x \to \infty} \dfrac{(3x+4)^{30}(6x-5)^{20}}{(9x+1)^{50}}$；

（10）$\lim\limits_{h \to 0} \dfrac{(x+h)^3 - x^3}{h}$；

（11）$\lim\limits_{x \to +\infty}(\sin\sqrt{x+1} - \sin\sqrt{x})$；

（12）$\lim\limits_{x \to 0}\left(\dfrac{1+x}{1-x}\right)^{\cot x}$.

**4.** 确定常数 $a, b$，使 $\lim\limits_{x \to \infty}(\sqrt[3]{1-x^3} - ax - b) = 0$.

**5.** 当 $x \to 0$ 时，$x$ 是 $\sqrt[3]{x^2+\sqrt{x}}$ 的几阶无穷小？

**6.** 求下列函数的间断点，并说明是属于哪一类. 若是可去间断点，则补充定义使之连续.

（1）$f(x) = \dfrac{\sqrt{1+x} - \sqrt{1-x^2}}{2x}$；

（2）$f(x) = \dfrac{x^2-1}{x^2-3x+2}$；

（3）$f(x) = \dfrac{(1+x)\sin x}{|x|(x^2-1)}$；

（4）$f(x) = \mathrm{e}^{-\frac{1}{x^2}}$.

**7.** 求下列极限：

（1）$\lim\limits_{x \to +\infty}\left(1 + 2^x + 3^x\right)^{\frac{1}{x}}$；

（2）$\lim\limits_{x \to 0}\left(\dfrac{2+\mathrm{e}^{\frac{1}{x}}}{1+\mathrm{e}^{\frac{4}{x}}} + \dfrac{\sin x}{|x|}\right)$；

（3）$\lim\limits_{n \to \infty} \ln\left[\dfrac{n-2na+1}{n(1-2a)}\right]^n$；

（4）$\lim\limits_{x \to 0^+} \dfrac{1-\sqrt{\cos x}}{x(1-\cos\sqrt{x})}$.

（5）$\lim\limits_{x\to 0}\dfrac{e^{\tan x}-e^{\sin x}}{(x+x^2)(a^{x^2}-1)}$；

（6）$\lim\limits_{x\to 1}\dfrac{\arctan(a^{\sqrt[3]{x^2-1}}-1)}{\sqrt[5]{1+\sqrt[3]{x^2-1}}-1}$ $(a>0)$.

**8.** 设 $f(x)=\lim\limits_{t\to\infty}\left(1+\dfrac{\pi}{t}\right)^{xt}$，求 $f(\ln 2)$.

**9.** 设 $f(x)=\begin{cases}a+x^2, & x<-1,\\ 1, & x=-1,\\ \ln(b+x+x^2), & x>-1,\end{cases}$ 已知 $f(x)$ 在点 $x=-1$ 处连续，求 $a,b$ 的值.

**10.** 求函数 $f(x)=\lim\limits_{n\to\infty}\dfrac{x^{2n-1}+ax^2+bx}{x^{2n}+1}$，并确定常数 $a,b$ 的值，使 $\lim\limits_{x\to 1}f(x)$ 与 $\lim\limits_{x\to -1}f(x)$ 存在.

**11.** 设 $f(x)=\lim\limits_{n\to\infty}\dfrac{\ln(e^n+x^n)}{n}$ $(x>0)$.

（1）求 $f(x)$ 表达式；

（2）讨论 $f(x)$ 的连续性.

**12.** 设 $\lim\limits_{x\to 0}\dfrac{\ln\left[1+\dfrac{f(x)}{\sin x}\right]}{a^x-1}=A\,(\neq 0)$，求 $\lim\limits_{x\to 0}\dfrac{f(x)}{x^2}$.

**13.** 设 $\lim\limits_{x\to 0}\left[1+x+\dfrac{f(x)}{x}\right]^{\frac{1}{x}}=e^3$，求 $\lim\limits_{x\to 0}\left[1+\dfrac{f(x)}{x}\right]^{\frac{1}{x}}$.

**14.** 求 $\lim\limits_{x\to 1}\left[\dfrac{2+e^{\frac{1}{x-1}}}{1+e^{\frac{4}{x-1}}}+\dfrac{\sin(x-1)}{|x-1|}\right]$.

**15.** 求 $\lim\limits_{x\to\infty}\dfrac{\sqrt[3]{2x^3+3}}{\sqrt{3x^2-2}}$.

**16.** 求 $\lim\limits_{x\to 0}\left(\dfrac{a^x+b^x+c^x}{3}\right)^{\frac{1}{x}}$.

**17.** 求下列极限：

（1）$\lim\limits_{n\to\infty}\left(\dfrac{1}{\sqrt{n^2+1}}+\dfrac{1}{\sqrt{n^2+2}}+\cdots+\dfrac{1}{\sqrt{n^2+n}}\right)$；

（2）$\lim\limits_{n\to\infty}\dfrac{1}{2}\cdot\dfrac{3}{4}\cdot\dfrac{5}{6}\cdots\cdots\dfrac{2n-1}{2n}$；

（3）$\lim\limits_{n\to\infty}\left(1+\dfrac{2}{n}+\dfrac{2}{n^2}\right)^n$.

**18.** 证明：设函数 $f(x)$ 在 $[0,1]$ 上非负连续，且 $f(0)=f(1)=0$，则对实数 $a\,(0<a<1)$，必存在 $\xi\in[0,1)$，使得 $f(\xi+a)=f(\xi)$.

**19.** 设函数 $f(x)$ 在 $[a,b]$ 上连续，且 $a<c<d<b$，证明：

（1）存在一个 $\xi\in(a,b)$，使得 $f(c)+f(d)=2f(\xi)$；

（2）存在一个 $\xi\in(a,b)$，使得 $mf(c)+nf(d)=(m+n)f(\xi)$，其中 $m,n$ 为正数.

# 第 2 章

# 导数与微分

数学中研究导数、微分及其应用的部分称为**微分学**，研究不定积分、定积分及其应用的部分称为**积分学**. 微分学与积分学统称为**微积分学**. 微积分学是高等数学最基本、最重要的组成部分，是现代数学许多分支的基础，是人类认识客观世界、探索宇宙奥秘乃至人类自身的典型数学模型之一.

恩格斯（Engels）曾指出："在一切理论成就中，未必再有什么像 17 世纪下半叶微积分的发明那样被看作人类精神的最高胜利了." 微积分的发展历史曲折跌宕，撼人心灵，是培养人们正确世界观、科学方法论，对人们进行文化熏陶的极好素材.

积分的雏形可追溯到古希腊和我国魏晋时期，但微分概念直至 16 世纪才应运而生. 在科技、经济和实际生活中，经常遇到两类问题：一是求函数相对于自变量的变化率；二是当自变量发生微小变化时，求函数改变量的近似值. 前者是**导数**的问题，后者是**微分**的问题.

本章以极限为基础，引进导数与微分的定义，并建立导数与微分的计算方法. 本章及下一章将介绍一元函数微分学及其应用的内容.

# 2.1 导数的概念

## 2.1.1 引例

从 15 世纪初文艺复兴时期起，欧洲的工业、农业、航海事业、商贾贸易得到大规模的发展，形成了一个新的经济时代. 而 16 世纪的欧洲，正处在资本主义萌芽时期，生产力得到了很大的发展. 生产实践的发展对自然科学提出了新的课题，迫切要求力学、天文学等基础学科的发展，而这些学科都是深刻依赖于数学的，因而也推动了数学的发展. 在解决实际问题的时候，除需要了解变量之间的函数关系外，还需要研究一个变量相对于另一个变量变化的快慢程度，如物体运动的速度、电路中电流的强度、人口的出生率、经济发展的速度等. 在各类学科对数学提出的种种要求中，下列三类问题导致了微分学的产生：

（1）求变速直线运动物体的瞬时速度；

（2）求平面曲线上一定点处的切线；

（3）求最大值和最小值.

这三类实际问题的现实原型在数学上都可归结为函数相对于自变量变化而变化的快慢程度，即**函数的变化率**问题. 牛顿（Newton）从第一个问题出发，莱布尼茨（Leibniz）从第二个问题出发，分别给出了导数的概念.

### 1. 变速直线运动的瞬时速度

设一物体作变速直线运动，在 $[0, t]$ 这段时间内所经过的路程为 $s$，则 $s$ 是时间 $t$ 的函数 $s = s(t)$，求该物体在 $t_0 \in (0, t)$ 时刻的瞬时速度 $v(t_0)$.

当时间由 $t_0$ 改变到 $t_0 + \Delta t$ 时，物体在 $\Delta t$ 这段时间内所经过的距离为

$$\Delta s = s(t_0 + \Delta t) - s(t_0)$$

则在 $\Delta t$ 这段时间内物体运动的平均速度为

$$\overline{v} = \frac{\Delta s}{\Delta t} = \frac{s(t_0 + \Delta t) - s(t_0)}{\Delta t}$$

当 $\Delta t$ 很小时，物体在时间 $[t_0, t_0 + \Delta t]$ 上近似地做匀速运动，此时 $v(t_0) \approx \overline{v}$，且 $\Delta t$ 越小，其近似程度越高. 当 $\Delta t \to 0$ 时，将 $\overline{v}$ 的极限称为物体在 $t_0$ 时刻的瞬时速度，即

$$v(t_0) = \lim_{\Delta t \to 0} \overline{v} = \lim_{\Delta t \to 0} \frac{\Delta s}{\Delta t} = \lim_{\Delta t \to 0} \frac{s(t_0 + \Delta t) - s(t_0)}{\Delta t}$$

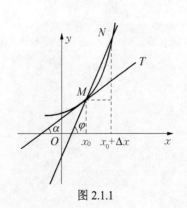

图 2.1.1

### 2. 平面曲线的切线

设曲线 $C$ 是函数 $y = f(x)$ 的图形，求曲线 $C$ 在点 $M(x_0, y_0)$ 处的切线的斜率.

如图 2.1.1 所示，设点 $N(x_0+\Delta x, y_0+\Delta y)(\Delta x \neq 0)$ 为曲线 $C$ 上的另一点，连接点 $M$ 和点 $N$ 的直线 $MN$ 为曲线 $C$ 的割线，设割线 $MN$ 的倾角为 $\varphi$，其斜率为

$$\tan\varphi = \frac{\Delta y}{\Delta x} = \frac{f(x_0+\Delta x)-f(x_0)}{\Delta x}$$

当 $N \xrightarrow{\text{沿曲线} C} M$ 时，$\Delta x \to 0$，割线 $MN \to$ 切线 $MT$，故割线的斜率 $\tan\varphi \to$ 切线 $MT$ 的斜率 $\tan\alpha$，因此曲线 $C$ 在点 $M_0(x_0, y_0)$ 处的切线斜率为

$$\tan\alpha = \lim_{\Delta x \to 0}\tan\varphi = \lim_{\Delta x \to 0}\frac{\Delta y}{\Delta x} = \lim_{\Delta x \to 0}\frac{f(x_0+\Delta x)-f(x_0)}{\Delta x}$$

上面两个例子的实际意义完全不同，但从抽象的数量关系来看，实质是一样的，都归结为计算函数的改变量与自变量改变量的比，当自变量改变量趋于 0 时的极限. 这类特殊的极限称为函数的导数.

## 2.1.2　导数的定义

### 1. 函数在一点处的导数

**定义 2.1.1**　设函数 $y=f(x)$ 在点 $x_0$ 的某邻域内有定义，当自变量在点 $x_0$ 处取得改变量 $\Delta x(\neq 0)$ 时，函数 $f(x)$ 取得相应的改变量

$$\Delta y=f(x_0+\Delta x)-f(x_0)$$

若当 $\Delta x \to 0$ 时，$\dfrac{\Delta y}{\Delta x}$ 的极限存在，即

$$\lim_{\Delta x \to 0}\frac{\Delta y}{\Delta x} = \lim_{\Delta x \to 0}\frac{f(x_0+\Delta x)-f(x_0)}{\Delta x}$$

存在，则称函数 $f(x)$ 在点 $x_0$ 处可导，称此极限值为函数 $f(x)$ 在点 $x_0$ 处的导数，并记为

$$f'(x_0), \quad y'\big|_{x=x_0}, \quad \frac{\mathrm{d}y}{\mathrm{d}x}\bigg|_{x=x_0} \quad \text{或} \quad \frac{\mathrm{d}f(x)}{\mathrm{d}x}\bigg|_{x=x_0}$$

即

$$f'(x_0) = \lim_{\Delta x \to 0}\frac{\Delta y}{\Delta x} = \lim_{\Delta x \to 0}\frac{f(x_0+\Delta x)-f(x_0)}{\Delta x} \tag{2.1.1}$$

比值 $\dfrac{\Delta y}{\Delta x}$ 表示函数 $y=f(x)$ 在 $x_0$ 到 $x_0+\Delta x$ 之间的平均变化率，导数 $f'(x_0)$ 表示函数 $y=f(x)$ 在点 $x_0$ 处的变化率，它反映了函数 $y=f(x)$ 在点 $x_0$ 处变化的快慢.

若当 $\Delta x \to 0$ 时 $\dfrac{\Delta y}{\Delta x}$ 的极限不存在，则称函数在点 $x_0$ 处不可导或导数不存在.

在定义中，若 $\Delta x=h$，则式（2.1.1）可写为

$$f'(x_0) = \lim_{h \to 0}\frac{f(x_0+h)-f(x_0)}{h} \tag{2.1.2}$$

若 $x=x_0+\Delta x$，则式（2.1.1）可写为

$$f'(x_0) = \lim_{x \to x_0}\frac{f(x)-f(x_0)}{x-x_0} \tag{2.1.3}$$

## 2. 导函数的概念

若函数 $y=f(x)$ 在开区间 $(a,b)$ 内每一点处都可导，则称函数 $y=f(x)$ 在开区间 $(a,b)$ 内可导. 这时，开区间 $(a,b)$ 内每一个确定的 $x_0$ 都对应着一个确定的导数 $f'(x_0)$，这样就在开区间 $(a,b)$ 内构成了一个新的函数，将这个新的函数称为 $f(x)$ 的导函数，简称导数，记为

$$f'(x), \quad y', \quad \frac{\mathrm{d}y}{\mathrm{d}x} \quad 或 \quad \frac{\mathrm{d}f(x)}{\mathrm{d}x}$$

根据导数的定义，就可得出用定义计算导数的步骤.

（1）求函数的增量：

$$\Delta y = f(x+\Delta x) - f(x)$$

（2）求两增量的比值：

$$\frac{\Delta y}{\Delta x} = \frac{f(x+\Delta x)-f(x)}{\Delta x}$$

（3）求极限：

$$y' = \lim_{\Delta x \to 0} \frac{\Delta y}{\Delta x} = \lim_{\Delta x \to 0} \frac{f(x+\Delta x)-f(x)}{\Delta x}$$

**例 2.1.1**　求函数 $f(x)=C$（$C$ 为常数）的导数.

**解**　因

$$\Delta y = C - C = 0$$

则

$$\frac{\Delta y}{\Delta x} = 0$$

故

$$(C)' = \lim_{\Delta x \to 0} \frac{\Delta y}{\Delta x} = 0$$

**例 2.1.2**　求函数 $y=x^n$（$n$ 为正整数）的导数.

**解**　因

$$\Delta y = (x+\Delta x)^n - x^n = x^n + C_n^1 x^{n-1}\Delta x + C_n^2 x^{n-2}(\Delta x)^2 + \cdots + (\Delta x)^n - x^n$$
$$= C_n^1 x^{n-1}\Delta x + C_n^2 x^{n-2}(\Delta x)^2 + \cdots + (\Delta x)^n$$

则

$$\frac{\Delta y}{\Delta x} = nx^{n-1} + \frac{n(n-1)}{2}x^{n-2}\Delta x + \cdots + (\Delta x)^{n-1}$$

故

$$(x^n)' = \lim_{\Delta x \to 0} \frac{\Delta y}{\Delta x} = nx^{n-1}$$

更一般地，有

$$(x^\mu)' = \mu x^{\mu-1}$$

其中 $\mu$ 为实数.

**例 2.1.3**　求函数 $y=\sin x$ 的导数.

**解**　因

$$\Delta y = \sin(x+\Delta x) - \sin x = 2\cos\left(x+\frac{\Delta x}{2}\right)\sin\frac{\Delta x}{2}$$

则

$$\frac{\Delta y}{\Delta x} = \frac{2\cos\left(x+\frac{\Delta x}{2}\right)\sin\frac{\Delta x}{2}}{\Delta x}$$

故
$$(\sin x)' = \lim_{\Delta x \to 0} \frac{\Delta y}{\Delta x} = \lim_{\Delta x \to 0} \frac{\sin \frac{\Delta x}{2}}{\frac{\Delta x}{2}} \cdot \cos\left(x + \frac{\Delta x}{2}\right) = \cos x$$

同理有
$$(\cos x)' = -\sin x$$

**例 2.1.4** 求函数 $y = a^x \ (a > 0, a \neq 1)$ 的导数.

**解** 因
$$\Delta y = a^{x+\Delta x} - a^x = a^x(a^{\Delta x} - 1)$$

则
$$\frac{\Delta y}{\Delta x} = \frac{a^x(a^{\Delta x} - 1)}{\Delta x}$$

故
$$(a^x)' = \lim_{\Delta x \to 0} \frac{a^x(a^{\Delta x} - 1)}{\Delta x} = a^x \lim_{\Delta x \to 0} \frac{e^{\Delta x \ln a} - 1}{\Delta x} = a^x \lim_{\Delta x \to 0} \frac{\Delta x \ln a}{\Delta x} = a^x \ln a$$

特别地，当 $a = e$ 时，有
$$(e^x)' = e^x$$

**例 2.1.5** 设某种产品的收益 $R$(元)为产量 $x$(t)的函数：
$$R(x) = 800x - \frac{x^2}{4} \quad (x \geq 0)$$

（1）求生产 200～300 t 时总收益的平均变化率；

（2）求生产 100 t 时收益对产量的变化率.

**解** （1）
$$\Delta x = 300 - 200 = 100 \text{ t}$$
$$\Delta R = R(300) - R(200) = 67\,500 \ (\text{元})$$
$$\frac{\Delta R}{\Delta x} = \frac{R(300) - R(200)}{\Delta x} = \frac{67\,500}{100} = 675 \ (\text{元/t})$$

（2）设产量由 $x_0$ 变到 $x_0 + \Delta x$，则
$$\frac{\Delta R}{\Delta x} = \frac{R(x_0 + \Delta x) - R(x_0)}{\Delta x} = 800 - \frac{1}{2}x_0 - \frac{1}{4}\Delta x$$

故
$$R'(x_0) = \lim_{\Delta x \to 0} \frac{\Delta R}{\Delta x} = 800 - \frac{1}{2}x_0$$

当 $x_0 = 100$ 时，收益对产量的变化率为
$$R'(100) = 800 - \frac{1}{2} \times 100 = 750 \ (\text{元/t})$$

## 2.1.3 导数的几何意义

函数 $y = f(x)$ 在点 $x_0$ 处的导数 $f'(x_0)$ 在几何上表示曲线 $y = f(x)$ 过点 $M(x_0, f(x_0))$ 的切线的斜率，即
$$f'(x) = k = \tan \alpha$$

其中 $\alpha$ 为切线的倾角.

由直线的点斜式方程知曲线 $y=f(x)$ 过点 $M(x_0,y_0)$ 的切线方程为

$$y-y_0=f'(x_0)(x-x_0) \tag{2.1.4}$$

过切点 $M(x_0,y_0)$ 且与切线垂直的直线称为曲线 $y=f(x)$ 过点 $M$ 的法线. 若 $f'(x_0)\neq0$，则法线的斜率为 $-\dfrac{1}{f'(x_0)}$，从而法线方程为

$$y-y_0=-\frac{1}{f'(x_0)}(x-x_0) \tag{2.1.5}$$

**例 2.1.6** 求曲线 $y=\sin x$ 过点 $(\pi,0)$ 的切线和法线方程.

**解** 因

$$(\sin x)'\big|_{x=\pi}=\cos x\big|_{x=\pi}=-1$$

所求的切线方程为

$$y-0=-(x-\pi)$$

即

$$y=-x+\pi$$

法线方程为

$$y-0=x-\pi$$

即

$$y=x-\pi$$

## 2.1.4 左、右导数

**定义 2.1.2** 设函数 $y=f(x)$ 在点 $x_0$ 的某个邻域内有定义，若 $\lim\limits_{\Delta x\to0^-}\dfrac{f(x_0+\Delta x)-f(x_0)}{\Delta x}$ 存在，则称其为 $f(x)$ 在点 $x_0$ 处的左导数，记为 $f'_-(x_0)$；若 $\lim\limits_{\Delta x\to0^+}\dfrac{f(x_0+\Delta x)-f(x_0)}{\Delta x}$ 存在，则称其为 $f(x)$ 在点 $x_0$ 处的右导数，记为 $f'_+(x_0)$. 左、右导数统称为单侧导数.

根据极限与左、右极限之间的关系可以得到：

**定理 2.1.1** 函数 $y=f(x)$ 在点 $x_0$ 处可导等价于左导数 $f'_-(x_0)$ 与右导数 $f'_+(x_0)$ 存在且相等.

**注** 本定理常被用于判定分段函数在分段点处是否可导.

函数 $f(x)$ 在闭区间 $[a,b]$ 上可导，指 $f(x)$ 在开区间 $(a,b)$ 内处处可导且 $f'_+(a)$，$f'_-(b)$ 存在.

## 2.1.5 可导与连续的关系

**定理 2.1.2** 若函数 $y=f(x)$ 在点 $x_0$ 处可导，则 $y=f(x)$ 在点 $x_0$ 处连续.

**证** 因为 $y=f(x)$ 在点 $x_0$ 处可导，所以

$$f'(x_0)=\lim_{\Delta x\to0}\frac{\Delta y}{\Delta x}$$

从而有

$$\lim_{\Delta x \to 0} \Delta y = \lim_{\Delta x \to 0} \frac{\Delta y}{\Delta x} \cdot \Delta x = \lim_{\Delta x \to 0} \frac{\Delta y}{\Delta x} \cdot \lim_{\Delta x \to 0} \Delta x = f'(x_0) \cdot 0 = 0$$

故 $y = f(x)$ 在点 $x_0$ 处连续.

**注** 这个定理的逆定理不成立, 即 $y = f(x)$ 在点 $x_0$ 处连续, 在点 $x_0$ 处不一定是可导的.

**例 2.1.7** 讨论函数 $y = |x|$ 在点 $x = 0$ 处的连续性和可导性.

**解** 因为

$$\lim_{x \to 0^-} |x| = \lim_{x \to 0^-} (-x) = 0$$

$$\lim_{x \to 0^+} |x| = \lim_{x \to 0^+} x = 0$$

所以

$$\lim_{x \to 0} |x| = f(0) = 0$$

从而有 $y = |x|$ 在点 $x = 0$ 处是连续的.

因为

$$f'_-(0) = \lim_{\Delta x \to 0^-} \frac{\Delta y}{\Delta x} = \lim_{\Delta x \to 0^-} \frac{|\Delta x|}{\Delta x} = \lim_{\Delta x \to 0^-} \frac{-\Delta x}{\Delta x} = -1$$

$$f'_+(0) = \lim_{\Delta x \to 0^+} \frac{\Delta y}{\Delta x} = \lim_{\Delta x \to 0^+} \frac{|\Delta x|}{\Delta x} = \lim_{\Delta x \to 0^+} \frac{\Delta x}{\Delta x} = 1$$

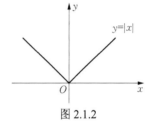

图 2.1.2

所以

$$f'_+(0) \neq f'_-(0)$$

故 $f'(0)$ 不存在, 即 $y = |x|$ 在点 $x = 0$ 处不可导. $y = |x|$ 的图形如图 2.1.2 所示.

**例 2.1.8** 求常数 $a, b$, 使得

$$f(x) = \begin{cases} \mathrm{e}^x, & x \geqslant 0 \\ ax + b, & x < 0 \end{cases}$$

在点 $x = 0$ 处可导.

**解** 若 $f(x)$ 在点 $x = 0$ 处可导, 则在点 $x = 0$ 处连续, 故有

$$\lim_{x \to 0^-} f(x) = \lim_{x \to 0^+} f(x) = f(0)$$

即

$$b = \mathrm{e}^0 = 1$$

又若 $f(x)$ 在点 $x = 0$ 处可导, 则 $f'_-(0) = f'_+(0)$, 故有

$$f'_-(0) = \lim_{x \to 0^-} \frac{(ax + b) - \mathrm{e}^0}{x - 0} = a$$

$$f'_+(0) = \lim_{x \to 0^+} \frac{\mathrm{e}^x - \mathrm{e}^0}{x - 0} = 1$$

若 $a = 1$, 则 $f'_+(0) = f'_-(0)$. 此时 $f(x)$ 在点 $x = 0$ 处可导, 所求常数 $a = 1$, $b = 1$.

# 习 题 2.1

## （A）

**1.** 填空题：

（1）若 $f(0)=0$，$f'(0)=A$，则 $\lim\limits_{x\to 0}\dfrac{f(x)}{x}=$ _____ .

（2）若 $f'(x_0)$ 存在，则下列的 $A$ 取何值？

$$\lim_{\Delta x\to 0}\frac{f(x_0-\Delta x)-f(x_0)}{\Delta x}=A，\qquad A=\underline{\quad\quad}$$

$$\lim_{h\to 0}\frac{f(x_0+h)-f(x_0-h)}{h}=A，\qquad A=\underline{\quad\quad}$$

（3）函数 $y=f(x)$ 在点 $x=x_0$ 处可导是 $f(x)$ 在点 $x=x_0$ 处连续的_____条件.

（4）函数 $y=f(x)$ 在点 $x_0$ 处左、右导数存在是该函数在点 $x_0$ 处导数存在的_____条件.

**2.** 利用导数的定义求下列函数的导数：

（1）$f(x)=\sqrt{x}$，求 $f'(x)$;

（2）$f(x)=\dfrac{1}{x^2}$ 在点 $x=x_0$ 处的导数 $f'(x_0)$.

**3.** 设 $f(x)=(x-x_0)g(x)$，其中 $g(x)$ 在点 $x_0$ 处连续，求 $f'(x_0)$（用定义）.

**4.** 求曲线 $y=\dfrac{1}{x}$ 在点 $x=\dfrac{1}{2}$ 处的切线和法线方程.

**5.** 讨论函数 $f(x)=\begin{cases}x^2\sin\dfrac{1}{x}, & x\neq 0 \\ 0, & x=0\end{cases}$ 在点 $x=0$ 处的连续性和可导性.

**6.** 已知 $f(x)=\begin{cases}a+bx, & x>0 \\ \cos x, & x\leqslant 0\end{cases}$ 在点 $x=0$ 处可导，求 $a,b$.

**7.** 设某工厂生产某种产品 $x$ 个单位的总成本是 $C(x)=2+3\sqrt{x}$（元），求生产 $100$ 个单位时的总成本的变化率.

## （B）

**1.** 已知 $f(x)$ 在点 $x=1$ 处连续，且 $\lim\limits_{x\to 1}\dfrac{f(x)}{x-1}=2$，求 $f'(1)$.

**2.** 若 $f'(x_0)=A$，求 $\lim\limits_{n\to\infty}n\left[f\left(x_0+\dfrac{1}{n}\right)-f\left(x_0-\dfrac{1}{n}\right)\right]$.

**3.** 试确定 $a,b$，使

$$f(x)=\begin{cases}b(1+\sin x)+a+2, & x>0 \\ e^{ax}-1, & x\leqslant 0\end{cases}$$

在点 $x=0$ 处可导.

**4.** 设 $f(x)=x(x-1)(x-2)\cdots(x-2012)$，求 $f'(0)$.

**5.** 问函数 $f(x)=\begin{cases}\sin x, & x<0, \\ x, & x\geqslant 0\end{cases}$ 在点 $x=0$ 处是否可导？若可导，求其导数.

**6.** 讨论函数

$$f(x)=\begin{cases}-x, & x\leqslant 0 \\ 2x, & 0<x<1 \\ x^2+1, & x\geqslant 1\end{cases}$$

在点 $x=0$ 和点 $x=1$ 处的连续性和可导性.

# 2.2　导数的基本公式及运算法则

导数是解决有关函数变化率问题的有效工具，但根据定义求导往往非常烦琐，有时甚至是不可行的．能否找到求导的一般法则或常用函数的求导公式，使求导的运算变得更为简单易行呢？从微积分诞生之日起，数学家们就在探求这一途径，牛顿和莱布尼茨都做了大量的工作，特别是博学多才的数学符号大师莱布尼茨对此做出了不朽的贡献．今天微积分学中的法则、公式，特别是所采用的符号，基本上是由莱布尼茨完成的．

本节将介绍计算导数的运算法则，并完善基本初等函数的求导公式．在此基础上，可以解决初等函数和分段函数的导数计算问题．

## 2.2.1　导数的四则运算法则

**定理 2.2.1**　若函数 $u(x)$, $v(x)$ 在点 $x$ 处可导，则它们的和、差、积、商（分母不为 0）在点 $x$ 处也可导，且

（i）$[u(x) \pm v(x)]' = u'(x) \pm v'(x)$；

（ii）$[u(x)v(x)]' = u'(x)v(x) + u(x)v'(x)$；

（iii）$\left[\dfrac{u(x)}{v(x)}\right]' = \dfrac{u'(x)v(x) - u(x)v'(x)}{v^2(x)} \ (v(x) \neq 0)$．

**证**　（1）令 $y = u(x) \pm v(x)$，当 $x$ 取得增量 $\Delta x$ 时，函数 $u(x)$, $v(x)$ 分别取得增量 $\Delta u$, $\Delta v$，于是函数 $y$ 取得增量

$$\Delta y = \Delta u \pm \Delta v$$

因而

$$\frac{\Delta y}{\Delta x} = \frac{\Delta u}{\Delta x} \pm \frac{\Delta v}{\Delta x}$$

所以

$$y' = \lim_{\Delta x \to 0} \frac{\Delta y}{\Delta x} = \lim_{\Delta x \to 0} \frac{\Delta u}{\Delta x} \pm \lim_{\Delta x \to 0} \frac{\Delta v}{\Delta x} = u'(x) \pm v'(x)$$

即

$$[u(x) \pm v(x)]' = u'(x) \pm v'(x)$$

（2）令 $y = u(x)v(x)$，当 $x$ 取得增量 $\Delta x$ 时，函数 $u(x)$, $v(x)$ 分别取得增量 $\Delta u$, $\Delta v$，于是 $y$ 取得增量

$$\Delta y = [u(x) + \Delta u][v(x) + \Delta v] - u(x)v(x) = u(x)\Delta v + v(x)\Delta u + \Delta u \Delta v$$

因而

$$\frac{\Delta y}{\Delta x} = u(x) \cdot \frac{\Delta v}{\Delta x} + v(x) \frac{\Delta u}{\Delta x} + \frac{\Delta u}{\Delta x} \cdot \Delta v$$

当 $\Delta x \to 0$ 时，$u(x)$, $v(x)$ 的值不变，又由函数 $v(x)$ 的可导性知 $v(x)$ 连续，即 $\lim\limits_{\Delta x \to 0} \Delta v = 0$，于是

$$y' = \lim_{\Delta x \to 0} \frac{\Delta y}{\Delta x} = v(x)\lim_{\Delta x \to 0}\frac{\Delta u}{\Delta x} + u(x)\lim_{\Delta x \to 0}\frac{\Delta v}{\Delta x} + \lim_{\Delta x \to 0}\frac{\Delta u}{\Delta x} \cdot \lim_{\Delta x \to 0}\Delta v = u'(x)v(x) + u(x)v'(x)$$

即

$$[u(x)v(x)]' = u'(x)v(x) + u(x)v'(x)$$

（3）令 $y = \dfrac{u(x)}{v(x)}$，当 $x$ 取得增量 $\Delta x$ 时，函数 $u(x), v(x)$ 分别取得增量 $\Delta u, \Delta v$，则函数 $y$ 取得增量

$$\Delta y = \frac{u(x)+\Delta u}{v(x)+\Delta v} - \frac{u(x)}{v(x)} = \frac{v(x)\Delta u - u(x)\Delta v}{v(x)[v(x)+\Delta v]}$$

从而

$$\frac{\Delta y}{\Delta x} = \frac{v(x)\dfrac{\Delta u}{\Delta x} - u(x)\dfrac{\Delta v}{\Delta x}}{v(x)[v(x)+\Delta v]}$$

所以

$$y' = \lim_{\Delta x \to 0}\frac{\Delta y}{\Delta x} = \lim_{\Delta x \to 0}\frac{v(x)\dfrac{\Delta u}{\Delta x} - u(x)\dfrac{\Delta v}{\Delta x}}{v(x)[v(x)+\Delta v]} = \frac{u'(x)v(x) - u(x)v'(x)}{v(x)^2}$$

即

$$\left[\frac{u(x)}{v(x)}\right]' = \frac{u'(x)v(x) - u(x)v'(x)}{v^2(x)}$$

**注** 法则(i)、(ii)均可推广到有限多个函数运算的情形. 例如，设 $u = u(x)$，$v = v(x)$，$w = w(x)$ 均可导，则

$$(u+v+w)' = u' + v' + w'$$
$$(uvw)' = [(uv)w]' = (uv)'w + uvw'$$

即

$$(uvw)' = u'vw + uv'w + uvw'$$

若在法则（ii）中令 $v(x) = C$（$C$ 为常数），则有

$$[Cu(x)]' = Cu'(x)$$

若在法则（iii）中令 $u(x) = C$（$C$ 为常数），则有

$$\left[\frac{C}{v(x)}\right]' = -C\frac{v'(x)}{v^2(x)}$$

特别地，有

$$\left[\frac{1}{v(x)}\right]' = -\frac{v'(x)}{v^2(x)}$$

**例 2.2.1** 设 $y = 5x^2 + \dfrac{2}{x} - 3^x + 5\cos x$，求 $y'$.

**解** $y' = 5(x^2)' + 2(x^{-1})' - (3^x)' + 5(\cos x)' = 10x - 2x^{-2} - 3^x \ln 3 - 5\sin x$

**例 2.2.2** 设 $y = (1+2x)(3x^2 - 2x + 1)$，求 $y'$.

**解** $y' = (1+2x)'(3x^2 - 2x + 1) + (1+2x)(3x^2 - 2x + 1)'$
$= 2(3x^2 - 2x + 1) + (1+2x)(6x - 2) = 18x^2 - 2x$

**例 2.2.3** 求 $y = \dfrac{1+\sin x}{1-\sin x}$ 的导数.

**解** $$y' = \frac{(1+\sin x)'(1-\sin x) - (1+\sin x)(1-\sin x)'}{(1-\sin x)^2}$$

$$= \frac{\cos x(1-\sin x)-(1+\sin x)(-\cos x)}{(1-\sin x)^2} = \frac{2\cos x}{(1-\sin x)^2}$$

**例 2.2.4**　求 $y = \tan x$ 的导数.

**解**
$$y' = \left(\frac{\sin x}{\cos x}\right)' = \frac{(\sin x)'\cos x - \sin x(\cos x)'}{\cos^2 x}$$
$$= \frac{\cos x \cdot \cos x - \sin x(-\sin x)}{\cos^2 x} = \frac{1}{\cos^2 x} = \sec^2 x$$

即
$$(\tan x)' = \sec^2 x$$

同理可得
$$(\cot x)' = -\csc^2 x$$

**例 2.2.5**　求 $y = \sec x$ 的导数.

**解**
$$y' = \left(\frac{1}{\cos x}\right)' = -\frac{(\cos x)'}{\cos^2 x} = \frac{-\sin x}{\cos^2 x} = \frac{\sin x}{\cos^2 x} = \frac{\sin x}{\cos x}\cdot\frac{1}{\cos x} = \sec x\tan x$$

即
$$(\sec x)' = \sec x\tan x$$

同理可得
$$(\csc x)' = -\csc x\cot x$$

## 2.2.2　反函数的求导法则

**定理 2.2.2**　设函数 $x = \varphi(y)$ 在区间 $I_y$ 内单调、可导且 $\varphi'(y)\neq 0$，则其反函数 $y = f(x)$ 在其对应区间 $I_x$ 内也可导，且
$$f'(x) = \frac{1}{\varphi'(y)} \quad 或 \quad \frac{\mathrm{d}y}{\mathrm{d}x} = \frac{1}{\dfrac{\mathrm{d}x}{\mathrm{d}y}}$$

即反函数的导数是直接函数导数的倒数.

**例 2.2.6**　求函数 $y = \arcsin x$ 的导数.

**解**　因为 $y = \arcsin x$ 的反函数 $x = \sin y$ 在 $I_y = \left(-\dfrac{\pi}{2},\dfrac{\pi}{2}\right)$ 内单调、可导，且 $(\sin y)' = \cos y > 0$，所以在对应区间 $I_x = (-1, 1)$ 内有
$$(\arcsin x)' = \frac{1}{(\sin y)'} = \frac{1}{\cos y} = \frac{1}{\sqrt{1-\sin^2 y}} = \frac{1}{\sqrt{1-x^2}}$$

即
$$(\arcsin x)' = \frac{1}{\sqrt{1-x^2}}$$

同理可得
$$(\arccos x)' = -\frac{1}{\sqrt{1-x^2}}$$

**例 2.2.7**　求 $y = \arctan x$ 的导数.

**解** 因为 $y=\arctan x$ 的反函数 $x=\tan y$ 在 $I_y=\left(-\dfrac{\pi}{2},\dfrac{\pi}{2}\right)$ 内单调、可导，且 $(\tan y)'=\sec^2 y>0$，所以在对应区间 $I_x=(-\infty,+\infty)$ 内有

$$(\arctan x)'=\frac{1}{(\tan y)'}=\frac{1}{\sec^2 y}=\frac{1}{1+\tan^2 y}=\frac{1}{1+x^2}$$

即

$$(\arctan x)'=\frac{1}{1+x^2}$$

同理可得

$$(\text{arccot}\, x)'=-\frac{1}{1+x^2}$$

**例 2.2.8** 求 $y=\log_a x\,(a>0$ 且 $a\neq1)$ 的导数.

**解** 因为 $y=\log_a x$ 的反函数 $x=a^y$ 在 $I_y=(-\infty,+\infty)$ 内单调可导，且 $(a^y)'=a^y\ln a\neq0$，所以在对应区间 $I_x=(0,+\infty)$ 内有

$$(\log_a x)'=\frac{1}{(a^y)'}=\frac{1}{a^y\ln a}=\frac{1}{x\ln a}$$

特别地，当 $a=\mathrm{e}$ 时，有

$$(\ln x)'=\frac{1}{x}$$

### 2.2.3 基本初等函数的求导公式

（1） $(C)'=0$ ；

（2） $(x^\mu)'=\mu x^{\mu-1}$ ；

（3） $(\sin x)'=\cos x$ ;

（4） $(\cos x)'=-\sin x$ ；

（5） $(\tan x)'=\sec^2 x$ ；

（6） $(\cot x)'=-\csc^2 x$ ；

（7） $(\sec x)'=\sec x\tan x$ ；

（8） $(\csc x)'=-\csc x\cot x$ ；

（9） $(a^x)'=a^x\ln a$ ；

（10） $(\mathrm{e}^x)'=\mathrm{e}^x$ ；

（11） $(\log_a x)'=\dfrac{1}{x\ln a}$ ；

（12） $(\ln x)'=\dfrac{1}{x}$ ；

（13） $(\arcsin x)'=\dfrac{1}{\sqrt{1-x^2}}$ ；

（14） $(\arccos x)'=-\dfrac{1}{\sqrt{1-x^2}}$ ；

（15） $(\arctan x)'=\dfrac{1}{1+x^2}$ ；

（16） $(\text{arccot}\, x)'=-\dfrac{1}{1+x^2}$ .

### 2.2.4 复合函数的求导法则

**定理 2.2.3** 设函数 $y=f[\varphi(x)]$ 由 $y=f(u)$ 与 $u=\varphi(x)$ 复合而成，若函数 $u=\varphi(x)$ 在点 $x$ 处可导，函数 $y=f(u)$ 在对应点 $u$ 处可导，则复合函数 $y=f[\varphi(x)]$ 在点 $x$ 处可导，且

$$\frac{\mathrm{d}y}{\mathrm{d}x}=\frac{\mathrm{d}y}{\mathrm{d}u}\cdot\frac{\mathrm{d}u}{\mathrm{d}x}\quad 或\quad y'=f'(u)\cdot\varphi'(x)=f'[\varphi(x)]\cdot\varphi'(x)$$

证　因 $y=f(u)$ 在点 $u$ 处可导，故

$$\lim_{\Delta u\to0}\frac{\Delta y}{\Delta u}=f'(u)$$

根据极限存在与无穷小的关系有

$$\frac{\Delta y}{\Delta u}=f'(u)+\alpha$$

其中 $\lim_{\Delta x\to0}\alpha=0$. 于是

$$\Delta y=f'(u)\Delta u+\alpha\cdot\Delta u$$

当 $\Delta u=0$ 时，上式右边为 0，左边 $\Delta y=f(u+\Delta u)-f(u)=0$，故上式也成立. 因此

$$\frac{\mathrm{d}y}{\mathrm{d}x}=\lim_{\Delta x\to0}\frac{\Delta y}{\Delta x}=\lim_{\Delta x\to0}\left[f'(u)\frac{\Delta u}{\Delta x}+\alpha\cdot\frac{\Delta u}{\Delta x}\right]=f'(u)\cdot\varphi'(x)=f'[\varphi(x)]\cdot\varphi'(x)\qquad(2.2.1)$$

式（2.2.1）表明，复合函数的导数等于函数对中间变量的导数乘以中间变量对自变量的导数，这一法则也称为链式法则.

复合函数求导法则可推广到多个中间变量的情形. 例如，设 $y=f(u)$, $u=\varphi(v)$, $v=\psi(x)$，则复合函数 $y=f\{\varphi[\psi(x)]\}$ 的导数为

$$\frac{\mathrm{d}y}{\mathrm{d}x}=\frac{\mathrm{d}y}{\mathrm{d}u}\cdot\frac{\mathrm{d}u}{\mathrm{d}v}\cdot\frac{\mathrm{d}v}{\mathrm{d}x}$$

例 2.2.9　设 $y=\cos 2x$，求 $y'$.

解　$y=\cos 2x$ 可看成由 $y=\cos u$，$u=2x$ 复合而成，由复合函数的求导法则得

$$y'=\frac{\mathrm{d}y}{\mathrm{d}u}\cdot\frac{\mathrm{d}u}{\mathrm{d}x}=-\sin u\cdot2=-2\sin u=-2\sin 2x$$

例 2.2.10　设 $y=\sqrt{a^2-x^2}$，求 $y'$.

解　$y=\sqrt{a^2-x^2}$ 可看成由 $y=\sqrt{u}$，$u=a^2-x^2$ 复合而成，由复合函数的求导法则得

$$y'=\frac{\mathrm{d}y}{\mathrm{d}u}\cdot\frac{\mathrm{d}u}{\mathrm{d}x}=\frac{1}{2}u^{-\frac{1}{2}}\cdot(-2x)=-\frac{x}{\sqrt{a^2-x^2}}$$

例 2.2.11　设 $y=\mathrm{e}^{\sin\sqrt{x}}$，求 $y'$.

解　$y=\mathrm{e}^{\sin\sqrt{x}}$ 可看成由 $y=\mathrm{e}^u$，$u=\sin v$，$v=\sqrt{x}$ 复合而成，由复合函数的求导法则得

$$y'=\frac{\mathrm{d}y}{\mathrm{d}u}\frac{\mathrm{d}u}{\mathrm{d}v}\frac{\mathrm{d}v}{\mathrm{d}x}=\mathrm{e}^u\cdot\cos v\cdot\frac{1}{2}x^{-\frac{1}{2}}=\mathrm{e}^{\sin\sqrt{x}}\cos\sqrt{x}\cdot\frac{1}{2\sqrt{x}}=\frac{\mathrm{e}^{\sin\sqrt{x}}\cos\sqrt{x}}{2\sqrt{x}}$$

在熟悉了链式法则后，可以不写出中间变量，但在求导的过程中要搞清楚每一步是对哪一个变量求导.

例 2.2.12　设 $y=\ln\tan\dfrac{x}{2}$，求 $y'$.

**解**  $y' = \left(\ln\tan\dfrac{x}{2}\right)' = \dfrac{1}{\tan\dfrac{x}{2}}\cdot\left(\tan\dfrac{x}{2}\right)' = \dfrac{1}{\tan\dfrac{x}{2}}\cdot\sec^2\dfrac{x}{2}\cdot\left(\dfrac{x}{2}\right)' = \dfrac{1}{2\sin\dfrac{x}{2}\cos\dfrac{x}{2}} = \dfrac{1}{\sin x} = \csc x$

**例 2.2.13**  设 $y = e^{\cos^2 2x}$，求 $y'$.

**解**  $y' = e^{\cos^2 2x}\cdot(\cos^2 2x)' = e^{\cos^2 2x}\cdot 2\cos 2x(-\sin 2x)\cdot 2 = -2e^{\cos^2 2x}\sin 4x$

**例 2.2.14**  设 $y = \arctan\sqrt{1+x^2}$，求 $y'$.

**解**  $y' = \dfrac{1}{1+(\sqrt{1+x^2})^2}\cdot(\sqrt{1+x^2})' = \dfrac{1}{2+x^2}\cdot\dfrac{1}{2\sqrt{1+x^2}}\cdot 2x = \dfrac{x}{(2+x^2)\sqrt{1+x^2}}$

# 习　题　2.2

## （A）

**1.** 求下列函数的导数：

（1）$y = x\ln x + \cos x$；

（2）$y = 2\sqrt{x\sqrt{x}}$；

（3）$y = \dfrac{1+\sin x}{1-\cos x}$；

（4）$y = \dfrac{2-x}{1+x^2}$；

（5）$y = (\tan x - \arcsin x)\arccos x$；

（6）$y = \sqrt{x}\operatorname{arccot} x + \arctan x$；

（7）$y = \dfrac{x^6 + 2\sqrt{x} - 1}{x^3}$；

（8）$s = \sqrt{t}\sin t + \ln 2$；

（9）$y = \dfrac{x+1}{x-1}$；

（10）$y = \dfrac{e^x}{x^2+1}$.

**2.** 求下列函数的导数：

（1）$y = (3x+5)^3$；

（2）$y = e^{-2x}$；

（3）$y = \ln(1+x^2)$；

（4）$y = \sin(3x+5)$；

（5）$y = \ln(x+\sqrt{a^2+x^2})$；

（6）$y = \sqrt[3]{1+\ln^2 x}$；

（7）$y = \arctan e^{2x}$；

（8）$y = \sin^5 2x$；

（9）$y = \tan[\ln(1+x^2)]$；

（10）$y = \dfrac{x}{2}\sqrt{a^2-x^2} + \dfrac{a^2}{2}\arcsin\dfrac{x}{a}$.

**3.** 求下列函数在指定点处的导数值：

（1）$f(x) = \arctan\dfrac{x-1}{x+1}$，求 $f'(1)$；

（2）$f(x) = \dfrac{1-x^3}{\sqrt{x}}$，求 $f'(1)$；

（3）$f(x) = \ln\left(\dfrac{1}{x} + \ln\dfrac{1}{x}\right)$，求 $f'(1)$.

**4.** 曲线 $y = x^3 - x + 2$ 上哪一点的切线与直线 $2x - y - 1 = 0$ 平行？

## （B）

**1.** 设 $f(u)$ 可导，求下列函数的导数：

（1）$y = \ln f(x)$；

（2）$y = f(\sin^2 x) + \sin^2 f(x)$；

（3）$y = x^2 f(\sin x)$.

**2.** 当 $a,b$ 取何值时，才能使曲线 $y = \ln\dfrac{x}{e}$ 与曲线 $y = ax^2 + bx$ 在点 $x = 1$ 处有共同切线.

**3.** 已知 $f(u)$ 可导，求下列函数的导数：

（1）$y = f(\csc x)$；
　　　　　　　　　　　　（2）$y = f(\tan x) + \tan[f(x)]$.

# 2.3　隐函数和由参数方程所确定的函数的导数

前面所讨论的函数 $y = f(x)$ 的特点是：等号左边是因变量，含有自变量的式子都在等号右边，如 $y = e^{\sin x} + x^2$，$y = x\ln x - 3\tan x$ 等. 这种形式的函数称为**显函数**. 其实函数 $y = f(x)$ 还可以以方程 $F(x,y) = 0$ 的形式表示，例如，函数 $y = f(x)$ 由方程 $x^2 + y^2 - 1 = 0\,(y \geqslant 0)$ 确定，这种形式表示的函数就称为**隐函数**. 此外，函数 $y = f(x)$ 还可由参数方程确定.

本节首先利用复合函数求导法则解决隐函数的求导问题，然后介绍一种利用隐函数求导法的对数求导法，最后讨论由参数方程所确定的函数的求导问题.

## 2.3.1　隐函数的导数

**隐函数求导法**　假设 $y = y(x)$ 是由方程 $F(x,y) = 0$ 所确定的函数，则恒等式

$$F[x, y(x)] \equiv 0$$

的两边同时对自变量 $x$ 求导，利用复合函数求导法则，视 $y$ 为中间变量，就可解出所求导数 $\dfrac{\mathrm{d}y}{\mathrm{d}x}$.

**注**　隐函数求导法实质上是复合函数求导法则的应用.

**例 2.3.1**　求由方程 $e^x - e^y - xy = 0$ 所确定的隐函数的导数 $\dfrac{\mathrm{d}y}{\mathrm{d}x}$ 和 $\dfrac{\mathrm{d}y}{\mathrm{d}x}\Big|_{x=0}$.

**解**　方程两边分别对 $x$ 求导得

$$e^x - e^y \cdot \frac{\mathrm{d}y}{\mathrm{d}x} - y - x\frac{\mathrm{d}y}{\mathrm{d}x} = 0$$

解出 $\dfrac{\mathrm{d}y}{\mathrm{d}x}$ 得

$$\frac{\mathrm{d}y}{\mathrm{d}x} = \frac{e^x - y}{e^y + x}$$

因为当 $x = 0$ 时，从原方程得 $y = 0$，所以

$$\frac{\mathrm{d}y}{\mathrm{d}x}\bigg|_{x=0} = \frac{e^x - y}{e^y + x}\bigg|_{x=0} = 1$$

**注**　求隐函数的导数时，只需先将确定隐函数的方程两边对自变量 $x$ 求导，凡遇到含有因变量 $y$ 的项时，把 $y$ 视为中间变量，即 $y$ 是 $x$ 的函数，然后按复合函数求导法则求之，最后从所得等式中解出 $\dfrac{\mathrm{d}y}{\mathrm{d}x}$.

**例 2.3.2** 求下列方程所确定的函数的导数：

$$y \sin x - \cos(x - y) = 0$$

**解** 方程两边同时对自变量 $x$ 求导得

$$y \cos x + \sin x \cdot \frac{\mathrm{d}y}{\mathrm{d}x} + \sin(x-y) \cdot \left(1 - \frac{\mathrm{d}y}{\mathrm{d}x}\right) = 0$$

整理得

$$[\sin(x-y) - \sin x] \frac{\mathrm{d}y}{\mathrm{d}x} = \sin(x-y) + y \cos x$$

解得

$$\frac{\mathrm{d}y}{\mathrm{d}x} = \frac{\sin(x-y) + y \cos x}{\sin(x-y) - \sin x}$$

**例 2.3.3** 求由方程 $xy + \ln y = 1$ 所确定的函数 $y = f(x)$ 在点 $M(1,1)$ 处的切线方程.

**解** 题设方程两边同时对自变量 $x$ 求导得

$$y + xy' + \frac{1}{y} \cdot y' = 0$$

解得

$$y' = \frac{-y^2}{xy + 1}$$

在点 $M(1,1)$ 处，有

$$y' \bigg|_{\substack{x=1 \\ y=1}} = \frac{-1}{1 \times 1 + 1} = -\frac{1}{2}$$

于是，在点 $M(1,1)$ 处的切线方程为

$$y - 1 = -\frac{1}{2}(x - 1)$$

即

$$x + 2y - 3 = 0$$

## 2.3.2 对数求导法

下面这两个函数

$$y = x^x, \qquad y = \mathrm{e}^{x^2} \sqrt{\frac{(x-1)(x-2)}{x-3}}$$

直接利用前面介绍的求导法则，不能或者很难求出它们的导数. 利用对数求导法可以比较方便地求出**幂指函数**（形如 $y = u(x)^{v(x)}, u(x) > 0$ 的函数）以及由多个因子积（商）的形式构成的函数.

**对数求导法** 首先在函数两边取对数，利用对数的性质化简，然后等式两边同时对自变量 $x$ 求导，最后解出所求导数.

**注** 运用对数求导法的过程中，一般会遇到 $\ln y$ 对 $x$ 求导，此时务必视 $y$ 为中间变量，应用复合函数求导法则.

**例 2.3.4** 设 $y = x^x (x>0)$，求 $y'$.

**解** 函数两边取对数得

$$\ln y = x \ln x$$

上式两边同时对 $x$ 求导得

$$\frac{1}{y} \cdot y' = \ln x + x \cdot \frac{1}{x} = \ln x + 1$$

于是

$$y' = x^x (\ln x + 1)$$

**例 2.3.5** 设 $(\cos y)^x = (\sin x)^y$，求 $y'$.

**解** 题设等式两边取对数得

$$x \ln \cos y = y \ln \sin x$$

上式两边同时对 $x$ 求导得

$$\ln \cos y + x \cdot \frac{-\sin y}{\cos y} \cdot y' = y' \ln \sin x + y \cdot \frac{\cos x}{\sin x}$$

所以

$$y' = \frac{\ln \cos y - y \cot x}{x \tan y + \ln \sin x}$$

此外，当 $y = f(x)$ 是由几个因子通过乘、除、乘方或开方所构成的比较复杂的函数时，也可采用对数求导法.

**例 2.3.6** 设 $y = \frac{(x+1)\sqrt[3]{x-1}}{(x+4)^2 e^x} (x>1)$，求 $y'$.

**解** 题设等式两边取对数得

$$\ln y = \ln(x+1) + \frac{1}{3}\ln(x-1) - 2\ln(x+4) - x$$

上式两边对 $x$ 求导得

$$\frac{1}{y} \cdot y' = \frac{1}{x+1} + \frac{1}{3(x-1)} - \frac{2}{x+4} - 1$$

所以

$$y' = \frac{(x+1)\sqrt[3]{x-1}}{(x+4)^2 e^x}\left[\frac{1}{x+1} + \frac{1}{3(x-1)} - \frac{2}{x+4} - 1\right]$$

## 2.3.3 参数方程表示的函数的导数

若由参数方程

$$\begin{cases} x = \varphi(t) \\ y = \psi(t) \end{cases} \tag{2.3.1}$$

确定 $y$ 与 $x$ 之间的函数关系，则称此函数关系所表示的函数为参数方程表示的函数.

在一般情形下，通过消去参数 $t$ 而得到显函数 $y = y(x)$ 是很困难的，那么怎样才能直接由参数方程（2.3.1）算出其所确定的函数的导数呢？

一般地，设 $x = \varphi(t)$ 具有单调连续的反函数 $t = \varphi^{-1}(x)$，则变量 $y$ 与 $x$ 构成复合函数关系：

$$y = \psi[\varphi^{-1}(x)]$$

假定函数 $x = \varphi(t)$，$y = \psi(t)$ 都可导，且 $\varphi'(t) \neq 0$，由复合函数和反函数的求导法则有

$$\frac{dy}{dx} = \frac{dy}{dt} \cdot \frac{dt}{dx} = \frac{\dfrac{dy}{dt}}{\dfrac{dx}{dt}} = \frac{\psi'(t)}{\varphi'(t)}$$

这就是由参数方程 $\begin{cases} x = \varphi(t) \\ y = \psi(t) \end{cases}$ 所确定的函数 $y = y(x)$ 的求导公式.

**例 2.3.7**　求由参数方程 $\begin{cases} x = \arctan t \\ y = \ln(1+t^2) \end{cases}$ 所表示的函数 $y = y(x)$ 的导数.

**解**
$$\frac{dy}{dx} = \frac{\dfrac{dy}{dt}}{\dfrac{dx}{dt}} = \frac{\dfrac{2t}{1+t^2}}{\dfrac{1}{1+t^2}} = 2t$$

**例 2.3.8**　求曲线 $\begin{cases} x = \sqrt{1+t} \\ y = \sqrt{1-t} \end{cases}$ 在 $t = 0$ 处的切线方程.

**解**　当 $t = 0$ 时，曲线上对应的点为 $(1, 1)$. 因为

$$\frac{dy}{dx} = \frac{\dfrac{dy}{dt}}{\dfrac{dx}{dt}} = \frac{\dfrac{-1}{2\sqrt{1-t}}}{\dfrac{1}{2\sqrt{1+t}}} = -\frac{\sqrt{1+t}}{\sqrt{1-t}}$$

所以，所求切线的斜率为

$$\left.\frac{dy}{dx}\right|_{t=0} = \left.-\frac{\sqrt{1+t}}{\sqrt{1-t}}\right|_{t=0} = -1$$

因此，所求切线的方程为

$$y - 1 = -(x - 1)$$

即
$$x + y - 2 = 0$$

# 习　题　2.3

## （A）

**1.** 求由下列方程所确定的隐函数的导数：

（1）$xy = e^{x+y}$；

（2）$x^3 + y^3 - 3xy = 0$；

（3）$y = 1 + xe^y$；

（4）$xy + \ln y = 1$；

（5）$\arctan \dfrac{y}{x} = \ln \sqrt{x^2 + y^2}$.

**2.** 用对数求导法则求下列函数的导数：

（1）$y = x^{\sin x}(x > 0)$；

（2）$y = (1+x^2)^{\tan x}$；

（3）$y = \dfrac{\sqrt{x+2}(x-3)^4}{(x+1)^5}$；

（4）$y = \dfrac{\sqrt[5]{x-3}\sqrt[3]{3x-1}}{\sqrt{x+2}}$.

**3.** 求下列参数方程所确定的函数的导数：

（1）$\begin{cases} x = at^2, \\ y = bt^3; \end{cases}$
（2）$\begin{cases} x = e^t \sin t, \\ y = e^t \cos t; \end{cases}$

（3）$\begin{cases} x = \cos^2 t, \\ y = \sin^2 t. \end{cases}$

**4.** 设 $y = y(x)$ 由方程 $e^{xy} + y^3 - 5x = 0$ 所确定，求 $\left.\dfrac{dy}{dx}\right|_{x=0}$.

**5.** 求曲线 $\begin{cases} x = 1 + t^2 \\ y = t^3 \end{cases}$ 在 $t = 2$ 处的切线方程.

（B）

**1.** 设函数 $y = y(x)$ 由方程 $y + xe^y = 1$ 所确定，求 $y'(0)$，并求曲线上横坐标为 $x = 0$ 处的点的切线方程和法线方程.

**2.** 求曲线 $\begin{cases} x = \ln(1 + t^2) \\ y = \arctan t \end{cases}$ 在 $t = 1$ 对应点处的切线方程和法线方程.

**3.** 求曲线 $x^3 + 3xy + y^3 = 5$ 在点 $(1,1)$ 处的切线方程和法线方程.

**4.** 求下列参数方程所确定的函数的导数 $\dfrac{dy}{dx}$：

（1）$\begin{cases} x = t - t^2, \\ y = 1 - t^2; \end{cases}$
（2）$\begin{cases} x = a\cos^3 \theta, \\ y = a\sin^3 \theta. \end{cases}$

# 2.4 高 阶 导 数

根据本章 2.1 节的引例 1 知，物体作变速直线运动，其瞬时速度 $v(t)$ 就是路程函数 $s = s(t)$ 对时间 $t$ 的导数，即

$$v(t) = s'(t)$$

根据物理学知识，速度函数 $v(t)$ 也是时间 $t$ 的函数，其对时间 $t$ 的变化率就是加速度 $a(t)$，即 $a(t)$ 是 $v(t)$ 对于时间 $t$ 的导数：

$$a(t) = v'(t) = [s'(t)]'$$

于是，加速度 $a(t)$ 就是路程函数 $s(t)$ 对时间 $t$ 的导数，称为 $s(t)$ 对 $t$ 的**二阶导数**，记为 $s''(t)$. 因此，变速直线运动的加速度就是路程函数 $s(t)$ 对 $t$ 的二阶导数，即

$$a(t) = s''(t)$$

**定义 2.4.1** 若函数 $f(x)$ 的导数 $f'(x)$ 在点 $x$ 处可导，即

$$[f'(x)]' = \lim_{\Delta x \to 0} \frac{f'(x + \Delta x) - f'(x)}{\Delta x}$$

存在，则称 $[f'(x)]'$ 为函数 $f(x)$ 在点 $x$ 处的**二阶导数**，记为

$$f''(x), \quad y'', \quad \frac{d^2 y}{dx^2} \quad \text{或} \quad \frac{d^2 f(x)}{dx^2}$$

类似地，二阶导数的导数称为**三阶导数**，记为

$$f'''(x), \quad y''', \quad \frac{\mathrm{d}^3 y}{\mathrm{d}x^3} \quad 或 \quad \frac{\mathrm{d}^3 f(x)}{\mathrm{d}x^3}$$

一般地，$f(x)$ 的 $n-1$ 阶导数的导数称为 $f(x)$ 的 **$n$ 阶导数**，记为

$$f^{(n)}(x), \quad y^{(n)}, \quad \frac{\mathrm{d}^n y}{\mathrm{d}x^n} \quad 或 \quad \frac{\mathrm{d}^n f(x)}{\mathrm{d}x^n}$$

函数 $f(x)$ 的各阶导数在点 $x_0$ 处的导数值记为

$$f'(x_0), \ f''(x_0), \cdots, \ f^{(n)}(x_0)$$

或

$$y'|_{x=x_0}, \ y''|_{x=x_0}, \cdots, \ y^{(n)}|_{x=x_0}$$

**注** 二阶和二阶以上的导数统称为**高阶导数**. 相应地，$f(x)$ 称为**零阶导数**，$f'(x)$ 称为**一阶导数**.

对函数 $y=f(x)$ 求高阶导数，只需多次连续求导，即得所求的高阶导数.

**例 2.4.1** 求幂函数 $y=x^\alpha$ 的 $n$ 阶求导公式.

**解**
$$y' = \alpha x^{\alpha-1}$$
$$y'' = \alpha(\alpha-1)x^{\alpha-2}$$
$$y''' = \alpha(\alpha-1)(\alpha-2)x^{\alpha-3}$$
$$\cdots\cdots$$

一般地，可得

$$y^{(n)} = \alpha(\alpha-1)(\alpha-2)\cdots(\alpha-n+1)x^{\alpha-n}$$

即

$$(x^\alpha)^{(n)} = \alpha(\alpha-1)(\alpha-2)\cdots(\alpha-n+1)x^{\alpha-n}$$

若 $\alpha=-1$，则

$$\left(\frac{1}{x}\right)^{(n)} = \frac{(-1)^n \cdot n!}{x^{n+1}}$$

若 $\alpha$ 为自然数 $n$，则

$$(x^n)^{(n)} = n(n-1)(n-2)\cdots 3\cdot 2\cdot 1 = n!$$

**例 2.4.2** 求 $y=\mathrm{e}^x$ 的 $n$ 阶导数.

**解** 因为 $(\mathrm{e}^x)'=\mathrm{e}^x$，函数求导后不变，所以

$$(\mathrm{e}^x)^{(n)} = \mathrm{e}^x$$

**例 2.4.3** 求 $y=\sin x$ 的 $n$ 阶导数.

**解**
$$y' = (\sin x)' = \cos x = \sin\left(x+\frac{\pi}{2}\right)$$

$$y'' = \left[\sin\left(x+\frac{\pi}{2}\right)\right]' = \cos\left(x+\frac{\pi}{2}\right) = \sin\left(x+2\cdot\frac{\pi}{2}\right)$$

$$y''' = \left[\sin\left(x+2\cdot\frac{\pi}{2}\right)\right]' = \cos\left(x+2\cdot\frac{\pi}{2}\right) = \sin\left(x+3\cdot\frac{\pi}{2}\right)$$

$$\cdots\cdots$$

一般地，有

$$y^{(n)} = (\sin x)^{(n)} = \sin\left(x + n \cdot \frac{\pi}{2}\right)$$

同理可得

$$(\cos x)^{(n)} = \cos\left(x + n \cdot \frac{\pi}{2}\right)$$

若函数 $u(x), v(x)$ 在点 $x$ 处具有 $n$ 阶导数，则显然有

$$[u(x) \pm v(x)]^{(n)} = [u(x)]^{(n)} \pm [v(x)]^{(n)}$$

利用复合函数的求导法则，还可证得下列结论：

$$[Cu(x)]^{(n)} = C[u(x)]^{(n)}$$

$$[u(ax+b)]^{(n)} = a^n u^{(n)}(ax+b) \quad (a \neq 0)$$

例如，由幂函数的 $n$ 阶求导公式得

$$\left(\frac{1}{ax+b}\right)^{(n)} = \frac{(-1)^n \cdot a^n \cdot n!}{(ax+b)^{n+1}}$$

求函数的高阶导数，除直接逐次求出指定的高阶导数外（直接法），还常常利用已知的高阶导数公式，通过导数的四则运算、变量代换等方法，间接求出指定的高阶导数（间接法）.

对于乘积运算的高阶导数，情况稍复杂些，讨论如下：

令 $y = u(x)v(x)$，则

$$y' = u'(x)v(x) + u(x)v'(x)$$

$$y'' = u''(x)v(x) + u'(x)v'(x) + u'(x)v'(x) + u(x)v''(x) = u''(x)v(x) + 2u'(x)v'(x) + u(x)v''(x)$$

$$y''' = u'''(x)v(x) + 3u''(x)v'(x) + 3u'(x)v''(x) + u(x)v'''(x)$$

用数学归纳法可以证明：

$$y^{(n)} = (uv)^{(n)}$$

$$= u^{(n)}v + nu^{(n-1)}v' + \frac{n(n-1)}{2!}u^{(n-2)}v'' + \cdots + \frac{n(n-1)\cdots(n-k+1)}{k!}u^{(n-k)}v^{(k)} + \cdots + uv^{(n)} \quad (2.4.1)$$

式（2.4.1）称为莱布尼茨公式. 这个公式与二项展开式

$$(u+v)^n = u^n v^0 + C_n^1 u^{n-1}v + C_n^2 u^{n-2}v^2 + \cdots + C_n^k u^{n-k}v^k + \cdots + u^0 v^n$$

很类似，系数完全相同，区别在于 $k$ 次幂改成 $k$ 阶导数，莱布尼茨公式的简单表达式为

$$(uv)^{(n)} = \sum_{k=0}^{n} C_n^k u^{(n-k)} v^{(k)} \quad (2.4.2)$$

莱布尼茨公式常用来求 $x^n e^x, x^n \sin x, x^n \ln x$ 等形式的函数的高阶导数. 由于幂函数 $x^n$ 的 $n+1$ 以上阶的导数均为 0，用式（2.4.2）可得到简化.

**例 2.4.4**　设 $y = x^2 \sin 2x$，求 $y^{(20)}\big|_{x=\pi}$.

**解**　因为 $\quad y^{(20)} = (\sin 2x)^{(20)} x^2 + C_{20}^1 (\sin 2x)^{(19)}(x^2)' + C_{20}^2 (\sin 2x)^{(18)} \cdot (x^2)''$

$$= 2^{20}\sin 2x \cdot x^2 + 20 \cdot 2^{19}(-\cos 2x) \cdot 2x + \frac{20 \cdot 19}{2 \cdot 1} \cdot 2^{18}(-\sin 2x) \cdot 2$$

$$= 2^{20}x^2\sin 2x - 20x \cdot 2^{20}\cos 2x - 190 \cdot 2^{19}\sin 2x$$

所以
$$y^{(20)}\Big|_{x=\pi} = -20\pi \cdot 2^{20}$$

**例 2.4.5** 设 $y = \dfrac{1}{x^2-1}$，求 $y^{(100)}$.

**解** 因为
$$y = \frac{1}{x^2-1} = \frac{1}{2}\left(\frac{1}{x-1} - \frac{1}{x+1}\right)$$

$$\left(\frac{1}{x-1}\right)^{(100)} = \frac{(-1)^{100} \cdot 100!}{(x-1)^{101}} = \frac{100!}{(x-1)^{101}}$$

$$\left(\frac{1}{x+1}\right)^{(100)} = \frac{(-1)^{100} \cdot 100!}{(x+1)^{101}} = \frac{100!}{(x+1)^{101}}$$

所以
$$y^{(100)} = \frac{1}{2}\left[\frac{100!}{(x-1)^{101}} - \frac{100!}{(x+1)^{101}}\right]$$

**例 2.4.6** 求由方程 $e^y = xy$ 所确定的隐函数的二阶导数 $\dfrac{d^2y}{dx^2}$.

**解** 方程两边对 $x$ 求导得

$$e^y \frac{dy}{dx} = y + x\frac{dy}{dx}$$

于是有
$$\frac{dy}{dx} = \frac{y}{e^y - x}$$

上式两边对 $x$ 求导得

$$\frac{d^2y}{dx^2} = \frac{\frac{dy}{dx}(e^y-x) - y \cdot \frac{d}{dx}(e^y-x)}{(e^y-x)^2} = \frac{\frac{dy}{dx}(e^y-x) - y\left(e^y \cdot \frac{dy}{dx} - 1\right)}{(e^y-x)^2}$$

$$= \frac{\frac{y}{e^y-x}(e^y-x) - y\left(e^y \cdot \frac{y}{e^y-x} - 1\right)}{(e^y-x)^2} = \frac{2(e^y-x)y - y^2e^y}{(e^y-x)^3}$$

**例 2.4.7** 求参数方程 $\begin{cases} x = \cos t \\ y = \sin t \end{cases}$ 所确定的函数 $y = f(x)$ 的二阶导数.

**解** 因为
$$\frac{dy}{dx} = \frac{\frac{dy}{dt}}{\frac{dx}{dt}} = \frac{\cos t}{-\sin t} = -\cot t$$

所以
$$\frac{d^2y}{dx^2} = \frac{d}{dx}\left(\frac{dy}{dx}\right) = \frac{d}{dt}\left(\frac{dy}{dx}\right) \cdot \frac{dt}{dx} = \frac{\frac{d}{dt}(-\cot t)}{\frac{dx}{dt}} = \frac{\csc^2 t}{-\sin t} = -\frac{1}{\sin^3 t}$$

## 习 题 2.4

### （A）

**1.** 求下列函数的二阶导数：

（1）$y = x \ln x$；
（2）$y = \ln(1 + x^2)$；

（3）$y = x e^{x^2}$；
（4）$y = e^x \cos x$.

**2.** 设 $f(x) = (3x + 1)^{10}$，求 $f'''(0)$，$f^{(10)}(0)$.

**3.** 求下列方程所确定的隐函数 $y$ 的二阶导数 $\dfrac{d^2 y}{d x^2}$：

（1）$y = \tan(x + y)$；
（2）$y = 1 + x e^y$；

（3）$x - y + \dfrac{1}{2} \sin y = 0$.

**4.** 求由方程 $y = 1 + x e^y$ 所确定的隐函数 $y$ 在点 $x = 0$ 处的二阶导数 $\dfrac{d^2 y}{d x^2}\Big|_{x=0}$.

**5.** 求下列参数方程所确定的函数 $y = f(x)$ 的二阶导数：

（1）$\begin{cases} x = \cos t, \\ y = t \sin t; \end{cases}$
（2）$\begin{cases} x = 1 - t^2, \\ y = t - t^3; \end{cases}$

（3）$\begin{cases} x = \ln(1 + t^2), \\ y = t - \arctan t; \end{cases}$
（4）$\begin{cases} x = e^t \sin t, \\ y = e^t \cos t. \end{cases}$

**6.** 求下列函数的 $n$ 阶导数：

（1）$y = a^x$；
（2）$y = x \ln x$；

（3）$y = \dfrac{x}{x^2 - 3x + 2}$.

**7.** 已知 $y = x^2 e^{-x}$，求 $y^{(10)}$.

### （B）

**1.** 若 $f''(x)$ 存在，求下列函数的二阶导数：

（1）$y = f(x^3)$；
（2）$y = \ln[f(x)]$；

（3）$y = e^{f(x)}$.

**2.** 设 $g'(x)$ 连续，且 $f(x) = (x - a)^2 g(x)$，求 $f''(a)$.

**3.** 设 $y$ 的 $n - 2$ 阶导数 $y^{(n-2)} = \dfrac{x}{\ln x}$，求 $y$ 的 $n$ 阶导数 $y^{(n)}$.

**4.** 设 $y = y(x)$ 由方程 $x e^{f(y)} = e^y$ 所确定，其中 $f$ 二阶可导，且 $f' \neq 1$，求 $\dfrac{d^2 y}{d x^2}$.

**5.** 对下列方程所确定的函数 $y = y(x)$ 求 $\dfrac{d^2 y}{d x^2}$：

（1）$e^y + xy = e^2$；
（2）$\ln \sqrt{x^2 + y^2} = \arctan \dfrac{y}{x}$.

# 2.5 函数的微分

在理论研究和实际应用中，常常会遇到这样的问题：当自变量 $x$ 有微小变化时，求函数 $y = f(x)$ 的微小改变量

$$\Delta y = f(x+\Delta x) - f(x)$$

这个问题初看起来似乎只要做减法运算就可以了，然而，对于较复杂的函数 $f(x)$，差值 $f(x+\Delta x) - f(x)$ 却是一个更复杂的表达式，不易求出其值. 一个想法是：设法将 $\Delta y$ 表示为 $\Delta x$ 的线性函数，即**线性化**，从而将复杂问题化为简单问题. 微分就是实现这种线性化的一种数学模型. 微分是微分学的组成部分，它在研究当自变量发生微小变化而引起函数变化的近似计算问题中起着重要作用.

## 2.5.1 引例

分析一个具体问题：如图 2.5.1 所示，一块边长为 $x_0$ 的正方形薄片受热后，其边长增加

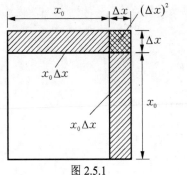

图 2.5.1

了 $\Delta x$，从而其面积的改变量为

$$\Delta A = (x_0+\Delta x)^2 - x_0^2 = 2x_0 \cdot \Delta x + (\Delta x)^2$$

因 $\Delta x$ 很小，$(\Delta x)^2$ 必定比 $\Delta x$ 小很多，故可认为

$$\Delta A \approx 2x_0 \cdot \Delta x$$

这个近似公式表明，正方形薄片面积的改变量可以近似地由 $\Delta x$ 的线性部分来代替，由此产生的误差只不过是一个当 $\Delta x \to 0$ 时的关于 $\Delta x$ 的高阶无穷小（即以 $\Delta x$ 为边长的小正方形面积）. 将 $2x_0 \cdot \Delta x$ 定义为面积 $A$ 的微分，这就引出了微分的概念.

## 2.5.2 微分的概念

**定义 2.5.1** 设函数 $y = f(x)$ 在某区间上有定义，$x_0+\Delta x$ 在该区间内，若函数的增量 $\Delta y = f(x_0+\Delta x) - f(x_0)$ 可表示为

$$\Delta y = A\Delta x + o(\Delta x) \tag{2.5.1}$$

其中 $A$ 为与 $\Delta x$ 无关的常数，则称函数 $y = f(x)$ 在点 $x_0$ 处可微，并且称 $A\Delta x$ 为函数 $y = f(x)$ 在点 $x_0$ 处相应于自变量的改变量 $\Delta x$ 的微分，记为 $\mathrm{d}y$，即

$$\mathrm{d}y = A\Delta x \tag{2.5.2}$$

**注** 若函数 $y = f(x)$ 在点 $x_0$ 处可微，则

（1）函数 $y = f(x)$ 在点 $x_0$ 处的微分 $\mathrm{d}y$ 是自变量的改变量 $\Delta x$ 的线性函数.

（2）由式（2.5.1）得

$$\Delta y = \mathrm{d}y + o(\Delta x) \tag{2.5.3}$$

称 $\mathrm{d}y$ 是 $\Delta y$ 的线性主部. 式（2.5.3）表明，用 $\mathrm{d}y$ 近似代替 $\Delta y$ 时，误差为 $o(\Delta x)$，因此，当 $|\Delta x|$ 很小时，有 $\Delta y \approx \mathrm{d}y$.

## 2.5.3　函数可微的充要条件

**定理 2.5.1**　函数 $y=f(x)$ 在点 $x$ 处可微的充要条件是 $y=f(x)$ 在点 $x$ 处可导，且 $dy=f'(x)\Delta x$.

**证　必要性**　若函数 $y=f(x)$ 在点 $x$ 处可微，则由定义 2.5.1 有

$$\Delta y = A\Delta x + o(\Delta x)$$

上式两边同时除以 $\Delta x(\Delta x\neq 0)$ 得

$$\frac{\Delta y}{\Delta x} = A + \frac{o(\Delta x)}{\Delta x}$$

当 $\Delta x\to 0$ 时，有

$$\lim_{\Delta x\to 0}\frac{\Delta y}{\Delta x} = \lim_{\Delta x\to 0}\left[A + \frac{o(\Delta x)}{\Delta x}\right] = A$$

即

$$f'(x) = A$$

**充分性**　若 $y=f(x)$ 在点 $x$ 处可导，则

$$\lim_{\Delta x\to 0}\frac{\Delta y}{\Delta x} = f'(x)$$

由极限的变量与无穷小的关系有

$$\frac{\Delta y}{\Delta x} = f'(x) + \alpha \quad \left(\lim_{\Delta x\to 0}\alpha = 0\right)$$

因此有

$$\Delta y = f'(x)\Delta x + \alpha\Delta x$$

其中 $\alpha\Delta x = o(\Delta x)$，$f'(x)$ 与 $\Delta x$ 无关，满足微分的定义，故 $y=f(x)$ 在点 $x$ 处可微，且 $f'(x)\Delta x$ 为 $y=f(x)$ 的微分，即

$$dy = f'(x)\Delta x$$

特别地，当 $y=x$ 时，有

$$dx = x'\Delta x = \Delta x$$

即自变量 $x$ 的微分 $dx$ 等于 $x$ 的改变量，因此函数的微分又可写为

$$dy = f'(x)dx$$

故

$$f'(x) = \frac{dy}{dx}$$

即函数的导数等于函数的微分 $dy$ 与自变量的微分的商，所以导数也称为微商.

**例 2.5.1**　设函数 $y=x^2$，求：

（1）函数的微分；

（2）函数在点 $x=2$ 处的微分；

（3）函数在点 $x=2$ 处，当 $\Delta x=0.01$ 时的微分和增量.

**解**　（1）
$$dy = (x^2)'dx = 2xdx$$

（2）
$$dy\big|_{x=2} = 2x\big|_{x=2}dx = 4dx$$

（3）
$$dy\big|_{\substack{x=2\\ \Delta x=0.01}} = 2xdx\big|_{\substack{x=2\\ \Delta x=0.01}} = 0.04$$

$$\Delta y = (2+0.01)^2 - 2^2 = 0.0401$$

从例 2.5.1 可以看出，$dy = f'(x)dx$ 与 $x$ 和 $\Delta x$ 有关，且函数的增量 $\Delta y$ 可由该点的微分 $dy$ 来近似代替，即

$$\Delta y\Big|_{\substack{x=2 \\ \Delta x=0.01}} \approx dy\Big|_{\substack{x=2 \\ \Delta x=0.01}}$$

## 2.5.4 微分的几何意义

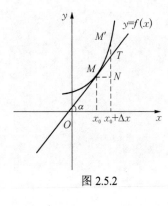

图 2.5.2

在函数 $y = f(x)$ 的图形上，如图 2.5.2 所示，当自变量由 $x_0$ 增加到 $x_0 + \Delta x$ 时，函数的增量 $\Delta y = M'N$，而曲线 $f(x)$ 在点 $M$ 处的切线 $MT$ 的斜率为 $f'(x_0) = \tan\alpha$，所以

$$NT = MN \tan\alpha = f'(x_0) \cdot \Delta x = dy$$

因此，微分 $dy$ 是曲线的切线上点的纵坐标的增量. 当 $\Delta x \to 0$ 时，$\Delta y$ 与 $dy$ 之差 $M'T$ 趋近于 0，且为比 $\Delta x$ 高阶的无穷小，故在点 $x_0$ 的充分小邻域内可用切线段来近似代替曲线段，这就是通常所说的"以直代曲".

## 2.5.5 微分的运算法则

从函数的微分与导数的关系

$$dy = f'(x)dx$$

可知，一个函数的微分等于其导数乘以自变量的微分. 因此，由基本初等函数的导数公式及导数的运算法则，可得出如下基本初等函数的微分公式及微分运算法则：

### 1. 基本初等函数的微分公式

（1）$d(C) = 0$ （$C$ 为常数）；　　　　　　（2）$d(x^{\mu}) = \mu x^{\mu-1}dx$；

（3）$d(\sin x) = \cos x dx$；　　　　　　　　（4）$d(\cos x) = -\sin x dx$；

（5）$d(\tan x) = \sec^2 x dx$；　　　　　　　（6）$d(\cot x) = -\csc^2 x dx$；

（7）$d(\sec x) = \sec x \tan x dx$；　　　　　（8）$d(\csc x) = -\csc x \cot x dx$；

（9）$d(a^x) = a^x \ln a dx$；　　　　　　　　（10）$d(e^x) = e^x dx$；

（11）$d(\log_a x) = \dfrac{1}{x \ln a}dx$；　　　　　（12）$d(\ln x) = \dfrac{1}{x}dx$；

（13）$d(\arcsin x) = \dfrac{1}{\sqrt{1-x^2}}dx$；　　（14）$d(\arccos x) = -\dfrac{1}{\sqrt{1-x^2}}dx$；

（15）$d(\arctan x) = \dfrac{1}{1+x^2}dx$；　　　（16）$d(\text{arccot}\, x) = -\dfrac{1}{1+x^2}dx$.

### 2. 微分的四则运算法则

（1）$\mathrm{d}(Cu) = C\mathrm{d}u$；

（2）$\mathrm{d}(u \pm v) = \mathrm{d}u \pm \mathrm{d}v$；

（3）$\mathrm{d}(uv) = v\mathrm{d}u + u\mathrm{d}v$；

（4）$\mathrm{d}\left(\dfrac{u}{v}\right) = \dfrac{v\mathrm{d}u - u\mathrm{d}v}{v^2}\ (v \neq 0)$.

### 3. 微分形式的不变性

若函数 $y = f(u)$ 对 $u$ 是可导的，则

（1）当 $u$ 为自变量时，此时的微分为

$$\mathrm{d}y = f'(u)\mathrm{d}u$$

（2）当 $u$ 为中间变量，即 $u = \varphi(x)$ 为关于 $x$ 的可导函数时，函数 $y = f(u) = f[\varphi(x)]$ 为 $x$ 的复合函数，其微分为

$$\mathrm{d}y = f'(u)\varphi'(x)\mathrm{d}x$$

因为 $\varphi'(x)\mathrm{d}x = \mathrm{d}u$，所以复合函数 $y = f[\varphi(x)]$ 的微分公式也可以写为

$$\mathrm{d}y = f'(u)\mathrm{d}u$$

由此可见，对函数 $y = f(u)$ 来说，无论 $u$ 为自变量还是中间变量，它的微分形式保持不变，都为

$$\mathrm{d}y = f'(u)\mathrm{d}u$$

这一性质称为**一阶微分形式不变性**.

**例 2.5.2**　设 $y = \dfrac{\sin x}{x} + \mathrm{e}^x$，求 $\mathrm{d}y$.

**解**　由微分的四则运算法则得

$$\mathrm{d}y = \mathrm{d}\left(\frac{\sin x}{x}\right) + \mathrm{d}(\mathrm{e}^x) = \frac{x\mathrm{d}\sin x - \sin x\mathrm{d}x}{x^2} + \mathrm{e}^x\mathrm{d}x = \left(\frac{x\cos x - \sin x}{x^2} + \mathrm{e}^x\right)\mathrm{d}x$$

**例 2.5.3**　设 $y = \mathrm{e}^{ax+bx^2}$，求 $\mathrm{d}y$.

**解**　令 $u = ax + bx^2$，则 $y = \mathrm{e}^u$，由微分形式不变性得

$$\mathrm{d}y = (\mathrm{e}^u)'\mathrm{d}u = \mathrm{e}^u\mathrm{d}u = \mathrm{e}^{ax+bx^2}\mathrm{d}(ax + bx^2) = (a + 2bx)\mathrm{e}^{ax+bx^2}\mathrm{d}x$$

例 2.5.2
其他解法

例 2.5.3
其他解法

## 2.5.6　微分在近似计算中的应用

由微分的概念知，当计算函数的改变量 $\Delta y = f(x + x_0) - f(x_0)$ 比较困难时，可用函数的微分 $\mathrm{d}y$ 来近似，而且 $\mathrm{d}y$ 与 $\Delta y$ 的误差是 $o(\Delta x)$，因此，当 $|\Delta x|$ 很小时，有如下近似公式：

$$\Delta y \approx \mathrm{d}y = f'(x_0)\Delta x$$

或

$$f(x_0 + \Delta x) - f(x_0) \approx f'(x_0)\Delta x$$

$$f(x_0 + \Delta x) \approx f(x_0) + f'(x_0)\Delta x$$

**例 2.5.4** 求 $\sqrt[3]{1.003}$ 的近似值.

**解** 设 $f(x) = \sqrt[3]{x}$，取 $x_0 = 1$，$\Delta x = 0.003$，则

$$f'(x) = \frac{1}{3} x^{-\frac{2}{3}} = \frac{1}{3x^{\frac{2}{3}}}$$

利用近似公式得

$$\sqrt[3]{1.003} = f(1 + 0.003) \approx f(1) + f'(1)\Delta x = \sqrt[3]{1} + \frac{1}{3 \times 1^{\frac{2}{3}}} \times 0.003 = 1.001$$

**例 2.5.5** 要制造内棱为 10 cm、厚度为 0.05 cm 的立方体盒子，估计需要多少体积的材料？

**解** 边长为 $a$ 的立方体的体积 $V = a^3$，故所需材料的体积应为

$$V(10 + 0.05 + 0.05) - V(10) = V(10.1) - V(10) = 10.1^3 - 10^3$$

即

$$\Delta V = V(10.1) - V(10) \approx V'(10) \times 0.1 = 3 \times 10^2 \times 0.1 = 30(\text{cm}^3)$$

因此，大约需要 30 cm³ 的材料.

# 习 题 2.5

## （A）

**1.** 已知 $y = 2x^2 - x$，当 $x = 1$，$\Delta x = 0.01$ 时，求 $\Delta y$ 和 $\mathrm{d}y$.

**2.** 求下列函数的微分：

（1）$y = \sqrt{1 + x^2}$；

（2）$y = \arctan\sqrt{x}$；

（3）$y = x\ln x - x$；

（4）$y = x^2\cos 2x$；

（5）$y = (a^2 - x^2)^3$；

（6）$y = \tan^2(1 + 2x^2)$.

**3.** 将适当的函数填入下列括号内，使等式成立：

（1）$\mathrm{d}(\quad) = 5x\mathrm{d}x$；

（2）$\mathrm{d}(\quad) = \sin wx\mathrm{d}x \ (w \neq 0)$；

（3）$\mathrm{d}(\quad) = \mathrm{e}^{-2x}\mathrm{d}x$；

（4）$\mathrm{d}(\quad) = \sec^2 2x\mathrm{d}x$.

**4.** 求方程 $2y - x = (x - y)\ln(x - y)$ 所确定的函数 $y = y(x)$ 的微分 $\mathrm{d}y$.

**5.** 计算下列各式的近似值：

（1）$\sqrt[5]{0.95}$；

（2）$\sqrt[3]{1.02}$；

（3）$\mathrm{e}^{0.05}$.

**6.** 一个外直径为 10 cm 的球，球壳厚度为 $\frac{1}{8}$ cm，试求球壳体积的近似值.

## （B）

**1.** 设方程 $x = y^y$ 确定了函数 $y = f(x)$，求 $\mathrm{d}y$.

**2.** 设 $\varphi(x)$ 在点 $x = 0$ 处连续，求函数 $f(x) = x\varphi(x)$ 在点 $x = 0$ 处的微分.

**3.** 设 $y = f(x)$，已知 $\lim\limits_{x \to 0} \dfrac{f(x_0) - f(x_0 + 2x)}{6x} = 3$，求 $\mathrm{d}y\big|_{x = x_0}$.

**4.** 求下列各函数的微分 $\mathrm{d}y$：

（1）$y = e^{3x}\cos x$ ;

（2）$y = \dfrac{\sin 2x}{x^2}$ ;

（3）$y = \ln(1 + e^{-x^2})$ ;

（4）$y = \arctan\sqrt{1 + x^2}$ ;

（5）$e^{xy} = 3x + y^2$ ;

（6）$xy^2 + x^2 y = 1$ .

# 2.6  边际与弹性

本节讨论导数在经济中的两个应用——边际分析和弹性分析. 一个变量对于另一个变量的绝对变化是边际分析，一个变量对于另一个变量的相对变化是弹性分析.

## 2.6.1  边际分析

### 1. 边际函数

**定义 2.6.1**  设函数 $y = f(x)$ 可导，则称导数 $f'(x)$ 为 $f(x)$ 的边际函数，$f'(x_0)$ 为边际函数值.

设在点 $x = x_0$ 处，$x$ 从 $x_0$ 改变 1 个单位（$\Delta x = 1$）时，函数 $y$ 的增量 $\Delta y = f(x_0 + 1) - f(x_0)$，当 $x$ 改变的"单位"很小时，或 $x$ 的"1 个单位"与 $x_0$ 值相比很小时，有近似式

$$f(x_0 + 1) - f(x_0) \approx f'(x_0)$$

上式表明，当自变量在点 $x_0$ 处产生 1 个单位的改变时，函数 $f(x)$ 的改变量可近似地用 $f'(x_0)$ 来表示. 在经济学中，解释边际函数值的具体意义时，通常略去"近似"二字.

例如，设函数 $y = x^2$，则 $y' = 2x$，$y'|_{x=10} = 20$，它表示当 $x = 10$ 时，$x$ 改变 1 个单位，$y$（近似）改变 20 个单位.

### 2. 常用经济函数的边际函数

#### 1）边际成本

成本函数 $C = C(Q)$（$Q$ 为产量）的导数 $C'(Q)$ 称为边际成本函数.

**边际成本** $C'(Q)$ 的经济意义是：当产量达到 $Q$ 时，再多生产 1 个单位产品所增加的成本.

**例 2.6.1**  某产品生产 $Q$ 个单位的总成本函数（单位：元）为

$$C(Q) = 200 + 4Q + 0.05Q^2$$

（1）求产量 $Q = 200$ 时的总成本和平均单位成本；

（2）求边际成本函数及产量 $Q = 200$ 时的边际成本，并说明其经济意义.

**解**  （1）产量 $Q = 200$ 时的总成本为

$$C(200) = 200 + 4 \times 200 + 0.05 \times 200^2 = 3\,000\,(元)$$

每件产品的平均成本为

$$\bar{C}(200) = \frac{C(200)}{200} = \frac{3\,000}{200} = 15\,(元/件)$$

（2）边际成本函数为

$$C'(Q) = 4 + 0.1Q$$

产量 $Q = 200$ 时的边际成本为

$$C'(200) = 4 + 0.1 \times 200 = 24 \, (元)$$

经济意义：产量为 200 时，再多生产 1 件产品所增加的成本为 24 元.

**2）边际收益**

收益函数 $R = R(Q)$（$Q$ 为销售量）的导数 $R'(Q)$ 称为边际收益函数.

**边际收入值 $R'(Q)$** 的经济意义是：当销售 $Q$ 单位产品时，再多销售 1 个单位产品所增加的收入.

设 $P$ 为价格，且 $P$ 为销售量 $Q$ 的函数，即 $P = P(Q)$，因此收益函数为

$$R(Q) = QP(Q)$$

则边际收益为

$$R'(Q) = P(Q) + QP'(Q)$$

**例 2.6.2** 某商品的价格与销售量的关系为 $P = 10 - \dfrac{Q}{5}$（$Q$ 为销售量），求销售量为 30 时的总收益、平均收益、边际收益，并解释边际收益的经济意义.

**解** 总收益：

$$R(Q) = PQ = 10Q - \frac{Q^2}{5}$$

平均收益：

$$\bar{R}(Q) = \frac{R(Q)}{Q} = 10 - \frac{Q}{5}$$

边际收益：

$$R'(Q) = 10 - \frac{2}{5}Q$$

当 $Q = 30$ 时，有

$$R(30) = 120, \quad \bar{R}(30) = 4$$

$R'(30) = -2$ 的经济意义：当销售量为 30 时，再多销售 1 个单位的商品，总收益减少 2 元.

**3）边际利润**

利润函数 $L(Q)$（$Q$ 为产量）的导数 $L'(Q)$ 称为边际利润.

**边际利润值 $L'(Q)$** 的经济意义是：当销售 $Q$ 单位产品时，再多销售 1 个单位产品所改变的利润.

一般情况下，有

$$L'(Q) = R'(Q) - C'(Q)$$

**例 2.6.3** 设某产品的需求函数为 $P = 80 - 0.1Q$（$P$ 为价格，$Q$ 为需求量），成本函数为

$$C = 5\,000 + 20Q$$

试求边际利润函数 $L'(Q)$，并分别求 $Q = 150$ 和 400 时的边际利润，并作出经济解释.

**解** 收入函数： $R(Q) = PQ = (80 - 0.1Q)Q = 80Q - 0.1Q^2$

利润函数： $L(Q) = R(Q) - C(Q) = 80Q - 0.1Q^2 - (5\,000 + 20Q) = -0.1Q^2 + 60Q - 5\,000$

边际利润： $L'(Q) = -0.2Q + 60$

当 $Q = 150$ 时，边际利润为

$$L'(150) = 30$$

经济意义：当销售量为 150 时，再多销售 1 个单位产品，利润将增加 30 元.

当 $Q = 400$ 时，边际利润为

$$L'(400) = -20$$

经济意义：当销售量为 400 时，再多销售 1 个单位产品，利润将减少 20 元.

## 2.6.2　弹性分析

在边际分析中，讨论的函数改变量和函数变化率分别属于绝对改变量和绝对变化率. 在现实生活中，仅知道绝对改变量和绝对变化率是不够的. 例如，甲商品每单位价格 10 元，涨价 1 元，乙商品每单位价格 100 元，也涨价 1 元. 这两种商品的绝对改变量都是 1 元，涨价虽然一样，但与原价相比，两者涨价的百分比却有很大的差异，前者涨价了 10%，而后者仅涨价了 1%，因此，有必要研究函数的相对改变量和相对变化率.

**定义 2.6.2**　设函数 $y = f(x)$ 在点 $x = x_0$ 处可导，函数的相对改变量

$$\frac{\Delta y}{y_0} = \frac{f(x_0 + \Delta x) - f(x_0)}{f(x_0)}$$

与自变量的相对改变量 $\dfrac{\Delta x}{x_0}$ 之比

$$\frac{\dfrac{\Delta y}{y_0}}{\dfrac{\Delta x}{x_0}}$$

称为函数 $f(x)$ 从 $x_0$ 到 $x_0 + \Delta x$ **两点间的弹性**（或平均相对变化率）.

而极限

$$\lim_{\Delta x \to 0} \frac{\dfrac{\Delta y}{y_0}}{\dfrac{\Delta x}{x_0}} = \frac{x_0}{y_0} \cdot \lim_{\Delta x \to 0} \frac{\Delta y}{\Delta x}$$

称为函数 $f(x)$ 在点 $x_0$ 处的**弹性**，记为

$$\left. \frac{Ey}{Ex} \right|_{x=x_0} \qquad 或 \qquad \frac{E}{Ex} f(x_0)$$

即

$$\left. \frac{Ey}{Ex} \right|_{x=x_0} = \lim_{\Delta x \to 0} \frac{\dfrac{\Delta y}{y_0}}{\dfrac{\Delta x}{x_0}} = \frac{x_0}{y_0} \lim_{\Delta x \to 0} \frac{\Delta y}{\Delta x} = \frac{x_0}{y_0} f'(x_0)$$

**注**（1）$\dfrac{Ey}{Ex}$ 或 $\dfrac{E}{Ex} f(x)$ 表示函数 $f(x)$ 的**弹性函数**，反映随着 $x$ 的变化，$f(x)$ 对 $x$ 变化反应的强弱程度或**灵敏度**.

（2）$\left.\dfrac{Ey}{Ex}\right|_{x=x_0}$ 表示当 $x$ 在点 $x_0$ 处产生 $1\%$ 的改变时，函数 $f(x)$（近似）改变 $\dfrac{E}{Ex}f(x_0)\%$.

例如：$\left.\dfrac{Ey}{Ex}\right|_{x=x_0}=5$ 的意义是，当 $x$ 在点 $x_0$ 处增加 $1\%$ 时，相应地，函数值增加 $f(x_0)$ 的 $5\%$；$\left.\dfrac{Ey}{Ex}\right|_{x=x_0}=-3$ 的意义是，当 $x$ 在点 $x_0$ 处增加 $1\%$ 时，相应地，函数值减少 $f(x_0)$ 的 $3\%$.

### 1. 需求弹性

设需求函数 $Q=f(P)$（$P$ 为价格），可定义该产品在价格为 $P$ 时的需求弹性：

$$\eta=\eta(P)=\lim_{\Delta P\to 0}\frac{\dfrac{\Delta Q}{Q}}{\dfrac{\Delta P}{P}}=\lim_{\Delta P\to 0}\frac{\Delta Q}{\Delta P}\cdot\frac{P}{Q}=P\cdot\frac{f'(P)}{f(P)}$$

当 $\Delta P$ 很小时，有

$$\eta=P\cdot\frac{f'(P)}{f(P)}\approx\frac{\dfrac{\Delta Q}{Q}}{\dfrac{\Delta P}{P}}$$

需求弹性表示：当价格为 $P$ 时，价格上涨（下降）$1\%$，需求量将减少（增加）$|\eta|\%$.

**例 2.6.4** 设某商品的需求函数为 $Q=\mathrm{e}^{-\frac{P}{5}}$，求：

（1）需求弹性函数；

（2）当 $P=3$ 时的需求弹性，并解释其意义.

**解** （1） $$\eta(P)=P\cdot\frac{f'(P)}{f(P)}=P\cdot\frac{-\dfrac{1}{5}\mathrm{e}^{-\frac{P}{5}}}{\mathrm{e}^{-\frac{P}{5}}}=-\frac{P}{5}$$

（2）当 $P=3$ 时的需求弹性为

$$\eta(3)=-\frac{3}{5}=-0.6$$

经济意义：当价格为 $3$ 时，若价格上涨（下降）$1\%$，需求量将减少（增加）$0.6\%$.

### 2. 收益弹性

收益函数为

$$R(P)=P\cdot Q(P) \quad 或 \quad R(Q)=Q\cdot P(Q)$$

因此收益弹性可分为收益价格弹性和收益销售弹性，分别表示为

$$\frac{ER}{EP}=\frac{P}{R(P)}\cdot R'(P) \quad 和 \quad \frac{ER}{EQ}=\frac{Q}{R(Q)}\cdot R'(Q)$$

利用弹性的定义及求导法则，不难得到：收益价格弹性与需求弹性的关系为

$$\frac{ER}{EP} = 1 + \eta$$

收益销售弹性与需求弹性的关系为

$$\frac{ER}{EQ} = 1 + \frac{1}{\eta}$$

**例 2.6.5**　某商品的需求函数为

$$Q = 75 - P^2 \quad (P\ 为价格)$$

（1）求当 $P = 4$ 时的需求弹性，并说明其经济意义；

（2）当 $P = 4$ 时，若价格上涨 1%，总收益是增加还是减少？变化百分之几？

**解**
$$\eta(P) = \frac{P}{Q(P)} \cdot Q'(P) = \frac{-2P^2}{75 - P^2}$$

（1）
$$\eta(4) = \frac{-2 \times 4^2}{75 - 4^2} \approx -0.54$$

经济意义：当价格为 4 时，价格上涨 1%，需求量减少 0.54%.

（2）
$$\frac{ER}{EP} = 1 + \eta = 1 - 0.54 = 0.46 > 0$$

因此，价格上涨 1%，收益将增加 0.46%.

# 习　题　2.6

## （A）

**1.** 求下列函数的边际函数和弹性函数：

（1）$y = x^2 e^{-x}$；　　　　　　　　　　（2）$y = \dfrac{e^x}{x}$.

**2.** 设某产品的总成本函数为

$$C(x) = 400 + 3x + \frac{1}{2}x^2$$

（1）求边际成本函数；

（2）求当 $x = 10$ 时的总成本、平均成本和边际成本，并说明其经济意义.

**3.** 已知某企业的总收益函数为 $R = 5x - 0.03x^2$，总成本函数为 $C = 300 + x$，其中 $x$ 为产量. 求：

（1）边际收益函数和边际利润函数；

（2）当 $x = 100$ 时的总收益、平均收益和边际收益，并说明其经济意义.

**4.** 某厂每天生产的利润函数为

$$L(Q) = 250Q - 5Q^2$$

试确定每天生产 20 个单位时的边际利润，并作出经济解释.

**5.** 设某商品的需求函数为

$$Q = e^{-\frac{P}{3}}$$

其中 $P$ 为价格. 求:

（1）需求弹性;

（2）当 $P=6$ 时的需求弹性.

**6.** 设某商品的需求函数为

$$Q=45-P^2 \quad （P 为价格）$$

（1）求当 $P=3$ 时的边际需求，并解释其经济意义;

（2）求当 $P=3$ 时的需求弹性，并解释其经济意义;

（3）求当 $P=3$ 时的收益弹性，并解释其经济意义.

（B）

**1.** 设某产品的需求函数为 $Q=\dfrac{1}{\mathrm{e}}(d-P)$ （$P$ 为价格），求:

（1）需求对价格的弹性;

（2）需求对价格弹性的绝对值为 1 时的产量.

**2.** 某商品的需求量 $Q$ 为价格 $P$ 的函数 $Q=75-P^2$. 求:

（1）当 $P=6$ 时的边际需求，并说明其经济意义;

（2）当 $P=6$ 时的需求弹性，并说明其经济意义;

（3）当 $P=6$ 时，若价格下降 2%，总收益变化百分之几? 是增加还是减少?

**3.** 设某商品的需求函数为 $Q=1000-100P$，求当需求量 $Q=300$ 时的总收入、平均收入和边际收入，并解释其经济意义.

**4.** 设某商品的需求量 $Q$ 与价格 $P$ 的关系为

$$Q=\frac{1600}{4^P}$$

（1）求需求弹性 $\eta(P)$，并解释其经济含义;

（2）当商品的价格 $P=10$ (元)时，若价格降低 1%，则该商品需求量变化情况如何?

MATLAB 语言程序设计基础及利用 MATLAB 计算导数

小 结

本章主要讨论了导数、微分的运算，以及导数在经济中的应用，现将主要内容小结如下.

## 一、函数求导运算

### 1. 基本求导法则

（1）基本初等函数求导公式.

（2）四则运算求导法则:

$$(u \pm v)' = u' \pm v'$$
$$(uv)' = u'v + uv'$$

$$\left(\frac{u}{v}\right)' = \frac{u'v - uv'}{v^2} \quad (v \neq 0)$$

（3）复合函数求导法则：若 $u = \varphi(x)$ 在点 $x$ 处可导，而 $y = f(u)$ 在点 $u = \varphi(x)$ 处可导，则复合函数 $y = f[\varphi(x)]$ 在点 $x$ 处可导，且

$$\{f[\varphi(x)]\}' = f'(u) \cdot \varphi'(x)$$

（4）反函数求导法则：设函数 $x = \varphi(y)$ 在某区间 $I_y$ 上单调、可导，且 $\varphi'(y) \neq 0$，则其反函数 $y = f(x)$ 在对应区间 $I_x$ 上也可导，且

$$f'(x) = \frac{1}{\varphi'(y)} \quad \text{或} \quad \frac{dy}{dx} = \frac{1}{\frac{dx}{dy}}$$

**2. 隐函数的导数**

方程 $F(x, y) = 0$ 在一定条件下可唯一确定函数 $y = y(x)$，导数 $y'$ 的计算方法：方程两边对 $x$ 求导，得 $\varphi(x, y, y') = 0$，解出 $y'$ 即可.

**3. 参数方程所确定的函数的导数**

$$\begin{cases} x = \varphi(t) \\ y = \psi(t) \end{cases} \Rightarrow y = y(x)$$

$$\frac{dy}{dx} = \frac{\psi'(t)}{\varphi'(t)}$$

**4. 高阶导数**

## 二、函数的微分 $dy = y'dx$

**1. 基本初等函数微分公式**

**2. 四则运算的微分法则**

$$d(u \pm v) = du \pm dv$$
$$d(uv) = vdu + udv$$
$$d\left(\frac{u}{v}\right) = \frac{vdu - udv}{v^2} \quad (v \neq 0)$$

**3. 微分形式不变性**

## 三、导数在经济中的应用

**1. 边际分析** $y' = f'(x)$

**2. 弹性分析** $\dfrac{Ey}{Ex} = \dfrac{x}{y}y'$

# 总 习 题 2

**1.** 设 $f(x)=x(x-1)(x-2)\cdots(x-2\,011)$，求 $f'(0)$.

**2.** 已知 $f(x)$ 在点 $x=a$ 处可导，且 $f(a)\neq0$，求极限 $\lim\limits_{n\to\infty}\left[\dfrac{f\left(a+\dfrac{1}{n}\right)}{f(a)}\right]^{n}$.

**3.** 设 $f'(x)$ 存在，求 $\lim\limits_{h\to0}\dfrac{f(x+2h)-f(x-3h)}{h}$.

**4.** 设 $f(x)$ 对任何 $x$ 满足 $f(x+1)=2f(x)$，且 $f(0)=1$，$f'(0)=C$（$C$ 为常数），求 $f'(1)$.

**5.** 设函数 $f(x)=\begin{cases}x^2, & x\leqslant1,\\ ax+b, & x>1,\end{cases}$ 为了使函数 $f(x)$ 在点 $x=1$ 处连续、可导，$a,b$ 应取什么值?

**6.** 讨论函数 $y=x|x|$ 在点 $x=0$ 处的可导性.

**7.** 求与直线 $x+9y-1=0$ 垂直的曲线 $y=x^3-3x^2+5$ 的切线方程.

**8.** 讨论函数 $y=\begin{cases}x\sin\dfrac{1}{x}, & x\neq0\\ 0, & x=0\end{cases}$ 在点 $x=0$ 处的可导性.

**9.** 求下列函数的导数：

（1）$y=(3x+5)^3(5x+4)^5$；

（2）$y=x\arcsin\dfrac{x}{2}+\sqrt{4-x^2}$；

（3）$y=\sqrt{x+\sqrt{x}}$；

（4）$y=\dfrac{1}{1+\sqrt{u}}+\dfrac{1}{1-\sqrt{u}}$；

（5）$y=\mathrm{e}^{\tan\frac{1}{x}}$；

（6）$y=x^a+a^x+a^a$.

**10.** 设 $f(x)$ 可导，求函数 $y=x^2f(\sin x)$ 的导数 $\dfrac{\mathrm{d}y}{\mathrm{d}x}$.

**11.** 设 $f(x)$ 为可导函数，求 $\dfrac{\mathrm{d}y}{\mathrm{d}x}$.

（1）$y=f(\mathrm{e}^x+x^{\mathrm{e}})$；

（2）$y=f(\mathrm{e}^x)\mathrm{e}^{f(x)}$.

**12.** 已知 $y=1+x\mathrm{e}^{xy}$，求 $y'|_{x=0}$.

**13.** 设 $f(u)$ 二阶可导，求下列函数的二阶导数 $\dfrac{\mathrm{d}^2y}{\mathrm{d}x^2}$：

（1）$y=f\left(\dfrac{1}{x}\right)$；

（2）$y=\ln[f(x)]$；

（3）$y=\mathrm{e}^{-f(x)}$.

**14.** 求下列函数的 $n$ 阶导数：

（1）$y=x\mathrm{e}^x$；

（2）$y=\dfrac{1}{1+x}$；

（3）$y=\dfrac{1}{2-x-x^2}$.

**15.** 求下列函数的二阶导数：

（1）$y=(1+x^2)\arctan x$；

（2）$y=\ln(x+\sqrt{a^2+x^2})$.

**16.** 求曲线 $x^{\frac{2}{3}} + y^{\frac{2}{3}} = a^{\frac{2}{3}}$ 在点 $\left( \dfrac{\sqrt{2}}{4}a, \dfrac{\sqrt{2}}{4}a \right)$ 处的切线方程.

**17.** 设 $\begin{cases} x = te^{-t}, \\ y = e^t, \end{cases}$ 求 $\dfrac{\mathrm{d}y}{\mathrm{d}x}$, $\dfrac{\mathrm{d}^2 y}{\mathrm{d}x^2}$.

**18.** 设函数 $y = y(x)$ 由方程 $e^y + xy = e$ 确定，求 $y''(0)$.

**19.** 设 $y = f(\ln x)e^{f(x)}$，其中 $f$ 可微，求 $\mathrm{d}y$.

**20.** 利用微分计算下列各函数值的近似值：

（1） $\sqrt[3]{1\,000.3}$ ； 　　　　　　　　　　　（2） $e^{0.01}$.

**21.** 设 $y = y(x)$ 由方程 $y^2 f(x) + xf(y) = x^2$ 确定，其中 $f(x)$ 是 $x$ 的可微函数，求 $\dfrac{\mathrm{d}y}{\mathrm{d}x}$.

**22.** 求由方程 $\begin{cases} x = \ln(1+t^2) \\ y = t - \arctan t \end{cases}$ 表示的函数的二阶导数.

**23.** 某产品生产 $x$ 个单位的总成本 $C$ 是 $x$ 的函数：

$$C = C(x) = 1100 + \frac{1}{1\,200}x^2$$

（1）求生产 900 个单位时的总成本和平均成本；

（2）求生产 900~1 000 个单位时总成本的平均变化率；

（3）求生产 900 个单位和 1 000 个单位时的边际成本，并说明其经济意义.

**24.** 某商品的价格 $P$ 与需求量 $Q$ 的关系为

$$P = 10 - \frac{Q}{5}$$

求需求量为 20 时的总收益、平均收益 $\overline{R}$ 和边际收益 $R'$，并说明其经济意义.

**25.** 某商品的需求量 $Q$ 为价格 $P$ 的函数 $Q = 150 - 2P^2$. 求：

（1）当 $P = 6$ 时的边际需求，并说明其经济意义；

（2）当 $P = 6$ 时的需求弹性，并说明其经济意义；

（3）当 $P = 6$ 时，若价格下降 2%，总收益变化百分之几？是增加还是减少？

# 第 3 章

# 微分中值定理与导数的应用

导致微分学产生的第三类问题是"求最大值和最小值". 此类问题在当时的生产实践中具有深刻的应用背景. 例如, 求炮弹从炮管里射出后运行的水平距离（即射程）, 其依赖于炮筒对地面的倾斜角（即发射角）; 又如, 在天文学中, 求行星离开太阳的最远和最近距离等. 一直以来, 导数作为函数的变化率, 在研究函数变化的性态中有着十分重要的意义, 因而在自然科学、工程技术以及社会科学等领域中得到了广泛的应用.

上一章讲解了微分学的两个基本概念——导数与微分及其计算方法. 本章将以微分中值定理为基础, 进一步利用导数研究函数的性态, 并解决一些实际问题, 如判断函数的单调性和凹凸性, 求函数的极限、极值、最大（小）值, 函数作图, 以及导数在经济学中的应用.

# 3.1 微分中值定理

函数的导数表示因变量随自变量变化快慢的程度，反映了函数在某一点附近的局部性质；而函数的性态指的是函数在某个区间上具有的特性，是与整体有关的性质. 如何将研究局部的导数应用到研究函数整体的性态中去，微分中值定理起到了桥梁性的作用，沟通了整体与局部的关系，为用导数知识解决应用问题奠定了理论基础.

## 3.1.1 罗尔中值定理

**定理 3.1.1**　（**罗尔（Rolle）中值定理**）若函数 $f(x)$ 满足下列条件：

（i）在闭区间 $[a, b]$ 上连续；

（ii）在开区间 $(a, b)$ 内可导；

（iii）在区间端点的函数值相等，即 $f(a) = f(b)$.

则至少存在一点 $\xi \in (a, b)$，使得

$$f'(\xi) = 0$$

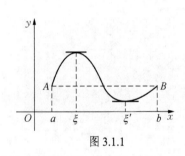

图 3.1.1

罗尔中值定理的几何意义：连接高度相同的两点的一段连续光滑的曲线弧，如果除端点外每一点都有不垂直于 $x$ 轴的切线，那么至少有一点处的切线是水平的（图 3.1.1）.

从图 3.1.1 可以看到，在曲线的最高或最低点处，切线是水平的，这启发了此定理的证明思路.

**证**　由于 $f(x)$ 在闭区间 $[a, b]$ 上连续，根据闭区间上连续函数的最大值和最小值定理，$f(x)$ 在 $[a, b]$ 上必有最大值 $M$ 和最小值 $m$.

若 $M = m$，则 $f(x)$ 在区间 $[a, b]$ 上恒为常数，这时对任意一点 $\xi \in (a, b)$ 都有 $f'(\xi) = 0$.

若 $M > m$，因为 $f(a) = f(b)$，所以 $M$ 和 $m$ 中至少有一个不在区间端点处取得. 不妨设 $M \neq f(a)$，则在开区间 $(a, b)$ 内至少存在一点 $\xi$，使得 $f(\xi) = M$. 下面证明 $f'(\xi) = 0$.

因为 $f'(\xi) = \lim\limits_{\Delta x \to 0} \dfrac{f(\xi + \Delta x) - f(\xi)}{\Delta x}$ 存在 $(\xi + \Delta x \in [a,b])$，所以必有

$$f'_+(\xi) = f'_-(\xi) = f'(\xi)$$

又因为 $f(\xi) = M$ 为最大值，所以

$$f(\xi + \Delta x) - f(\xi) \leqslant 0$$

当 $\Delta x > 0$ 时，有

$$\frac{f(\xi + \Delta x) - f(\xi)}{\Delta x} \leqslant 0$$

由函数极限的保号性知

$$f'_+(\xi) = \lim_{\Delta x \to 0^+} \frac{f(\xi + \Delta x) - f(\xi)}{\Delta x} \leqslant 0$$

同理，当 $\Delta x < 0$ 时，有

$$\frac{f(\xi + \Delta x) - f(\xi)}{\Delta x} \geqslant 0$$

所以

$$f'_-(\xi) = \lim_{\Delta x \to 0^-} \frac{f(\xi + \Delta x) - f(\xi)}{\Delta x} \geqslant 0$$

从而

$$f'_+(\xi) = f'_-(\xi) = f'(\xi) = 0$$

**注** 罗尔中值定理的条件是充分的，三个条件缺一不可，只要有一个条件不满足，结论就可能不成立；同时，这三个条件又是非必要的，即三个条件均不满足，结论也可能成立. 请读者自行画出相应的图形解释罗尔定理三个条件的充分非必要性.

**例 3.1.1** 设函数 $f(x) = (x-1)(x-2)(x-3)$，不求导数，判断 $f'(x) = 0$ 有几个实根及各个根所在的范围.

**解** 因为 $f(1) = f(2) = f(3) = 0$，所以 $f(x)$ 在闭区间 $[1, 2], [2, 3]$ 上满足罗尔中值定理的三个条件. 故在 $(1, 2)$ 内至少存在一点 $\xi_1$，使得 $f'(\xi_1) = 0$，即 $\xi_1$ 是 $f'(x) = 0$ 的一个实根；又在 $(2, 3)$ 内至少存在一点 $\xi_2$，使得 $f'(\xi_2) = 0$，即 $\xi_2$ 也是 $f'(x) = 0$ 的一个实根.

又因为 $f'(x) = 0$ 为一元二次方程，最多只能有两个实根，所以综上所述，$f'(x) = 0$ 有且仅有两个实根分别在区间 $(1, 2)$ 和 $(2, 3)$ 内.

**例 3.1.2** 已知 $\varphi(x)$ 在 $[0, 1]$ 上连续，在 $(0, 1)$ 内可导，且 $\varphi(0) = 1$，$\varphi(1) = 0$，证明：在 $(0, 1)$ 内至少存在一点 $\xi$，使得 $\varphi'(\xi) = -\frac{\varphi(\xi)}{\xi}$.

**证** 将要证的结论式改写成等式：

$$\xi\varphi'(\xi) + \varphi(\xi) = 0$$

即证方程 $x\varphi'(x) + \varphi(x) = 0$ 至少存在一个根 $\xi \in (0, 1)$.

作辅助函数 $F(x) = x\varphi(x)$，则

$$F'(x) = x\varphi'(x) + \varphi(x)$$

而 $F(x)$ 在 $[0, 1]$ 上连续，在 $(0, 1)$ 内可导，且 $F(0) = F(1) = 0$. 由罗尔中值定理，在 $(0, 1)$ 内至少存在一点 $\xi$，使得 $F'(\xi) = 0$，即

$$\xi\varphi'(\xi) + \varphi(\xi) = 0$$

从而

$$\varphi'(\xi) = -\frac{\varphi(\xi)}{\xi} \quad (0 < \xi < 1)$$

## 3.1.2 拉格朗日中值定理

在罗尔中值定理中，$f(a) = f(b)$ 这个条件是非常特殊的，一般函数不满足这个条件，因而在大多数情况下罗尔中值定理并不适用. 由此自然想到要去掉这一条件的限制，看看会得到怎样的结论. 这便是拉格朗日（Lagrange）中值定理.

**定理 3.1.2** （**拉格朗日中值定理**） 设函数 $f(x)$ 满足下列条件：

（i）在闭区间 $[a, b]$ 上连续；

（ii）在开区间 $(a, b)$ 内可导.

则至少存在一点 $\xi \in (a, b)$，使得

$$f'(\xi) = \frac{f(b) - f(a)}{b - a} \tag{3.1.1}$$

或

$$f(b) - f(a) = f'(\xi)(b - a) \tag{3.1.2}$$

显然罗尔中值定理是拉格朗日中值定理在 $f(a) = f(b)$ 时的特殊情况，或者说拉格朗日中值定理是罗尔中值定理的推广.

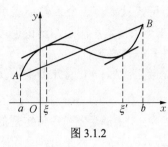

图 3.1.2

拉格朗日中值定理的几何意义：一段连续光滑的曲线弧上，至少有一点处的切线平行于连接两端点的弦（图 3.1.2）.

**证** 如图 3.1.2 所示，线段 $AB$ 和曲线弧 $\overset{\frown}{AB}$ 有两个共同的端点，它们对应的两函数之差满足罗尔中值定理的条件，故可借助罗尔中值定理来证明此定理.

线段 $AB$ 所在直线的方程为

$$y = f(a) + \frac{f(b) - f(a)}{b - a}(x - a)$$

作辅助函数：

$$F(x) = f(x) - \left[ f(a) + \frac{f(b) - f(a)}{b - a}(x - a) \right]$$

显然，$F(x)$ 在 $[a, b]$ 上连续，在 $(a, b)$ 内可导，且

$$F(a) = F(b) = 0$$

于是，由罗尔中值定理可得，至少存在一点 $\xi \in (a, b)$，使得

$$F'(\xi) = 0$$

即

$$f'(\xi) - \frac{f(b) - f(a)}{b - a} = 0$$

亦即

$$f'(\xi) = \frac{f(b) - f(a)}{b - a}$$

或

$$f(b) - f(a) = f'(\xi)(b - a), \quad \xi \in (a, b)$$

**注** 式（3.1.1）和式（3.1.2）均称为拉格朗日中值公式. 式（3.1.1）右边 $\dfrac{f(b) - f(a)}{b - a}$ 表示函数在闭区间 $[a, b]$ 上整体变化的平均变化率，而左边 $f'(\xi)$ 表示开区间 $(a, b)$ 内某点 $\xi$ 处函数的局部变化率. 从而拉格朗日中值公式是联结"整体"与"局部"的纽带.

设 $x_0, x_0 + \Delta x \in (a, b)$，在以 $x_0, x_0 + \Delta x$ 为端点的区间上应用式（3.1.2），则有

$$f(x_0 + \Delta x) - f(x_0) = f'(x_0 + \theta \Delta x) \cdot \Delta x \quad (0 < \theta < 1)$$

即

$$\Delta y = f'(x_0 + \theta \Delta x) \cdot \Delta x \quad (0 < \theta < 1)$$

此式精确地表达了函数在一个区间上（不论这个区间长度多长或多短，只强调有限即可）的增量与函数在该区间上某点处的导数之间的关系，这个公式也称为有限增量公式. 读者不妨与上一章在微分中学过的近似相等式 $\Delta y \approx f'(x_0)\Delta x$（这里要求 $|\Delta x|$ 很小，而且还是一个近似等式）相比，便可略窥此公式的绝妙之处了.

拉格朗日中值定理在微分学中占有重要地位，当自变量 $x$ 取得有限增量 $\Delta x$ 且需要求

函数增量的准确表达式时, 拉格朗日中值定理尤为有效.

**推论 3.1.1**　若函数 $f(x)$ 在某区间 $I$ 上恒有 $f'(x)=0$, 则 $f(x)$ 在此区间 $I$ 上恒为一常数.

这个推论从几何上看是显然的, 因为在区间 $I$ 上, $f'(x)$ 恒为 0 表示曲线 $f(x)$ 在此区间上的任意一点的切线都是水平的, 所以曲线本身也只能是水平直线.

**证**　在区间 $I$ 上任取两点 $x_1, x_2 (x_1 < x_2)$, 在区间 $[x_1, x_2]$ 上应用拉格朗日中值定理得

$$f(x_1) - f(x_2) = f'(\xi)(x_1 - x_2) \quad (x_1 < \xi < x_2)$$

由于 $f'(\xi)=0$, 有

$$f(x_1) = f(x_2)$$

再由 $x_1, x_2$ 的任意性知, $f(x)$ 在区间 $I$ 上任意点处的函数值都相等, 即 $f(x)$ 在区间 $I$ 上是一个常数.

**推论 3.1.2**　若函数 $f(x)$ 与 $g(x)$ 在区间 $I$ 上恒有 $f'(x)=g'(x)$, 则在区间 $I$ 上有

$$f(x) = g(x) + C \quad （C 为常数）$$

**证**　设 $F(x) = f(x) - g(x)\,(x \in I)$, 则

$$F'(x) = f'(x) - g'(x) = 0$$

由推论 3.1.1 知, $F(x)$ 为常数, 设为 $C$, 则

$$f(x) - g(x) = C$$

所以

$$f(x) = g(x) + C$$

**例 3.1.3**　证明 $\arctan x + \operatorname{arccot} x = \dfrac{\pi}{2}$.

**证**　设 $F(x) = \arctan x + \operatorname{arccot} x$, 因为

$$F'(x) = \frac{1}{1+x^2} - \frac{1}{1+x^2} = 0$$

所以

$$F(x) \equiv C$$

又因为

$$F(1) = \frac{\pi}{4} + \frac{\pi}{4} = \frac{\pi}{2}$$

故 $C = \dfrac{\pi}{2}$, 从而

$$\arctan x + \operatorname{arccot} x = \frac{\pi}{2}$$

**例 3.1.4**　证明: 当 $x > 0$ 时, $\dfrac{x}{1+x} < \ln(1+x) < x$.

**证**　设 $f(x) = \ln(1+x)$, 显然, $f(x)$ 在 $[0, x]$ 上连续, 在 $(0, x)$ 内可导, 由拉格朗日中值定理得

$$f(x) - f(0) = f'(\xi)(x - 0) \quad (0 < \xi < x)$$

而 $f(0) = 0$, $f'(x) = \dfrac{1}{1+x}$, 故

$$\ln(1+x) = \frac{x}{1+\xi} \quad (0 < \xi < x)$$

又因为 $0 < \xi < x$, 所以

$$\frac{x}{1+x} < \frac{x}{1+\xi} < x$$

即

$$\frac{x}{1+x} < \ln(1+x) < x$$

### 3.1.3 柯西中值定理

将拉格朗日中值定理进一步推广，可得到**广义中值定理**——柯西（**Cauchy**）**中值定理**.

拉格朗日中值定理表明：如果连续曲线弧 $\overparen{AB}$ 上除端点外处处具有不垂直于 $x$ 轴的切线，那么在弧 $\overparen{AB}$ 上至少存在一点 $M$，使得曲线在该点处的切线平行于弦 $AB$. 若曲线弧 $\overparen{AB}$ 由参数方程

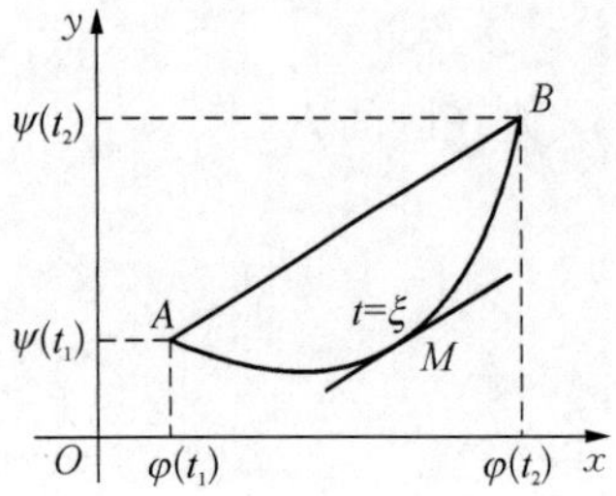

图 3.1.3

$$\begin{cases} x = \varphi(t) \\ y = \psi(t) \end{cases} \quad (t_1 \leqslant t \leqslant t_2)$$

表示（图 3.1.3），它的端点 $A$ 和 $B$ 的坐标分别为

$$(\varphi(t_1),\, \psi(t_1)) \quad \text{和} \quad (\varphi(t_2),\, \psi(t_2))$$

则弦 $AB$ 的斜率为

$$\frac{\psi(t_2) - \psi(t_1)}{\varphi(t_2) - \varphi(t_1)}$$

由拉格朗日中值定理的几何意义知，曲线上至少存在一点 $M(\varphi(\xi), \psi(\xi))$，使得

$$\frac{\psi(t_2) - \psi(t_1)}{\varphi(t_2) - \varphi(t_1)} = \text{点 } M \text{ 处切线的斜率}$$

而

$$\text{点 } M \text{ 处切线的斜率} = \left.\frac{\mathrm{d}y}{\mathrm{d}x}\right|_{t=\xi} = \left.\frac{\psi'(t)\mathrm{d}t}{\varphi'(t)\mathrm{d}t}\right|_{t=\xi} = \frac{\psi'(\xi)}{\varphi'(\xi)}$$

于是，有

$$\frac{\psi(t_2) - \psi(t_1)}{\varphi(t_2) - \varphi(t_1)} = \frac{\psi'(\xi)}{\varphi'(\xi)} \quad (t_1 < \xi < t_2)$$

为了方便与前面的定理相对照，上式也可写为

$$\frac{f(b) - f(a)}{g(b) - g(a)} = \frac{f'(\xi)}{g'(\xi)} \quad (a < \xi < b)$$

**定理 3.1.3** （**柯西中值定理**）设函数 $f(x)$ 和 $g(x)$ 满足下列条件：

（ⅰ）在闭区间 $[a, b]$ 上连续；

（ⅱ）在开区间 $(a, b)$ 内可导；

（ⅲ）在 $(a, b)$ 内每一点 $g'(x) \neq 0$.

则至少存在一点 $\xi \in (a, b)$，使得

$$\frac{f(b) - f(a)}{g(b) - g(a)} = \frac{f'(\xi)}{g'(\xi)}$$

**证** 构造辅助函数：

$$F(x) = f(x) - f(a) - \frac{f(b) - f(a)}{g(b) - g(a)}[g(x) - g(a)]$$

易知 $F(x)$ 满足罗尔中值定理的条件，故在 $(a, b)$ 内至少存在一点 $\xi$，使得 $F'(\xi)=0$，即

$$f'(\xi)-\frac{f(b)-f(a)}{g(b)-g(a)} \cdot g'(\xi)=0$$

从而

$$\frac{f(b)-f(a)}{g(b)-g(a)}=\frac{f'(\xi)}{g'(\xi)}$$

显然，当 $g(x)=x$ 时，柯西中值定理就变为拉格朗日中值定理了，所以柯西中值定理是拉格朗日中值定理的推广，拉格朗日中值定理是柯西中值定理中 $g(x)=x$ 时的特殊情况．

**例 3.1.5**　设 $0<a<b$，$f(x)$ 在 $[a, b]$ 上连续，在 $(a, b)$ 内可导，试证在 $(a, b)$ 内至少存在一点 $\xi$，使得下式成立：

$$f(b)-f(a)=\xi f'(\xi) \ln \frac{b}{a}$$

**证**　将结论变形得

$$\frac{f(b)-f(a)}{\ln b-\ln a}=\xi f'(\xi)$$

设 $g(x)=\ln x$，则 $f(x), g(x)$ 在 $[a, b]$ 上连续，在 $(a, b)$ 内可导，且 $g'(x)=\frac{1}{x} \neq 0$．由柯西中值定理得，在 $(a, b)$ 内至少存在一点 $\xi$，使得

$$\frac{f(b)-f(a)}{\ln b-\ln a}=\frac{f'(\xi)}{\frac{1}{\xi}}=\xi f'(\xi) \quad (a<\xi<b)$$

即

$$f(b)-f(a)=\xi f'(\xi) \ln \frac{b}{a} \quad (a<\xi<b)$$

# 习　题　3.1

## （A）

**1.** 函数 $f(x)=x \sqrt{3-x}$ 在给定区间 $[0, 3]$ 上是否满足罗尔中值定理的所有条件？若满足，求出定理中的数值 $\xi$．

**2.** 函数 $f(x)=x^3-5x^2+x-2$ 在给定区间 $[-1, 0]$ 上是否满足拉格朗日中值定理的所有条件？若满足，求出定理中的数值 $\xi$．

**3.** 函数 $f(x)=x^3$ 和 $g(x)=x^2+1$ 在区间 $[1, 2]$ 上是否满足柯西中值定理的所有条件？若满足，求出定理中的数值 $\xi$．

**4.** 设 $f(x)$ 在 $[a, b]$ 上连续，在 $(a, b)$ 内可导，则至少存在一点 $\xi \in (a, b)$，使得 $e^{f(b)}-e^{f(a)}=$ _____ 成立．

**5.** 若函数 $f(x)$ 在 $(a, b)$ 内具有二阶导数，且 $f(x_1)=f(x_2)=f(x_3)$，$a<x_1<x_2<x_3<b$，证明：在 $(x_1, x_3)$ 内至少存在一点 $\xi$，使得 $f''(\xi)=0$．

**6.** 证明下列不等式：

（1）$|\arctan a-\arctan b| \leqslant |a-b|$；

（2）当 $x>0$ 时，$\ln \left(1+\frac{1}{x}\right)>\frac{1}{1+x}$；

（3）当 $n>1$，$a>b>0$ 时，$nb^{n-1}(a-b)<a^n-b^n<na^{n-1}(a-b)$．

**7.** 证明等式：$2\arctan x + \arcsin\dfrac{2x}{1+x^2} = \pi\ (x \geqslant 1)$.

**8.** 证明等式：$\arctan x + \arccos\dfrac{x}{\sqrt{1+x^2}} = \dfrac{\pi}{2}$.

（B）

**1.** 若4次方程 $a_0 x^4 + a_1 x^3 + a_2 x^2 + a_3 x + a_4 = 0$ 有4个不同的实根，证明：$4a_0 x^3 + 3a_1 x^2 + 2a_2 x + a_3 = 0$ 的所有根均为实根.

**2.** 设函数 $f(x)$ 在 $[1,2]$ 上连续，在 $(1,2)$ 内可导，且 $f(1) = \dfrac{1}{2}$，$f(2) = 2$. 证明：在 $(1,2)$ 内至少存在一点 $\xi$，使得 $f'(\xi) = \dfrac{2f(\xi)}{\xi}$ 成立.

**3.** 设 $f(x)$ 在 $[a,b]$ 上连续，在 $(a,b)$ 内可导，证明：在 $(a,b)$ 内至少存在一点 $\xi$，使得
$$\frac{bf(b)-af(a)}{b-a} = f(\xi) + \xi f'(\xi)$$

**4.** 设 $f(x)$ 在 $[a,b]$ 上连续，在 $(a,b)$ 内二阶可导，且 $f(a) = f(b) \geqslant 0$，$f(c) < 0\ (a < c < b)$. 试证明存在 $\xi \in (a,b)$，使得 $f''(\xi) > 0$.

**5.** 设 $f(x)$ 在 $[a,b]$ 上连续，在 $(a,b)$ 内可导，且 $b > a > 0$，证明：在 $(a,b)$ 内至少存在一点 $\xi$，使得
$$2\xi[f(b)-f(a)] = (b^2-a^2)f'(\xi)$$

**6.** 若函数 $f(x)$ 在 $(-\infty,+\infty)$ 内满足 $f'(x) = f(x)$，且 $f(0) = 1$，证明：$f(x) = e^x$.

**7.** 设函数 $f(x)$ 在 $[0,1]$ 上连续，在 $(0,1)$ 内可导. 试证明至少存在一点 $\xi \in (0,1)$，使得
$$f'(\xi) = 3\xi^2[f(1)-f(0)]$$

# 3.2 洛必达法则

在无穷小的比较中，两个无穷小的商的极限可能存在，也可能不存在，这类极限称为 $\dfrac{0}{0}$ 型未定式. 类似地，两个无穷大的商的极限也是有的存在，有的不存在，这类极限称为 $\dfrac{\infty}{\infty}$ 型未定式. 大家知道这类极限不能用"商的极限等于极限的商"这一极限运算法则来计算，本节将根据柯西中值定理来推出求这类极限的一种简便而又不失一般性的方法，即洛必达（L'Hospital）法则.

## 3.2.1 $\dfrac{0}{0}$ 型未定式

以当 $x \to a$ 时的 $\dfrac{0}{0}$ 型未定式为例进行讨论.

**定理 3.2.1** 设函数 $f(x)$ 和 $g(x)$ 满足：

（i）$\lim\limits_{x \to a} f(x) = \lim\limits_{x \to a} g(x) = 0$；

（ii）在点 $a$ 的某去心邻域内 $f'(x)$ 和 $g'(x)$ 都存在，且 $g'(x) \neq 0$；

（iii）$\lim\limits_{x \to a} \dfrac{f'(x)}{g'(x)} = A$（或 $\infty$）.

则
$$\lim_{x \to a} \frac{f(x)}{g(x)} = \lim_{x \to a} \frac{f'(x)}{g'(x)} = A \ （或 \infty）$$

**证**　由于极限 $\lim\limits_{x \to a} \dfrac{f(x)}{g(x)}$ 是否存在与 $f(a)$ 和 $g(a)$ 的取值无关，可补充定义：
$$f(a) = g(a) = 0$$

由（i）、（ii）知，函数 $f(x)$ 与 $g(x)$ 在点 $a$ 的某去心邻域内是连续的. 设 $x$ 是该去心邻域内任意一点 $(x \neq a)$，则 $f(x)$ 和 $g(x)$ 在 $[a, x]$（或 $[x, a]$）上满足柯西中值定理的条件，从而存在 $\xi$（$\xi$ 介于 $x$ 与 $a$ 之间），使得
$$\frac{f(x)}{g(x)} = \frac{f(x) - f(a)}{g(x) - g(a)} = \frac{f'(\xi)}{g'(\xi)}$$

当 $x \to a$ 时，有 $\xi \to a$，所以
$$\lim_{x \to a} \frac{f(x)}{g(x)} = \lim_{\xi \to a} \frac{f'(\xi)}{g'(\xi)} = \lim_{x \to a} \frac{f'(x)}{g'(x)} = A \ （或 \infty）$$

这种利用导数的商的极限计算出未定式值的方法称为洛必达法则.

**注**　（1）如果 $\dfrac{f'(x)}{g'(x)}$ 当 $x \to a$ 时仍为 $\dfrac{0}{0}$ 型，且此时 $f'(x)$ 和 $g'(x)$ 满足定理中 $f(x)$ 和 $g(x)$ 所满足的条件，那么可以继续用洛必达法则，即
$$\lim_{x \to a} \frac{f(x)}{g(x)} = \lim_{x \to a} \frac{f'(x)}{g'(x)} = \lim_{x \to a} \frac{f''(x)}{g''(x)}$$

且可以依此类推.

（2）定理 3.2.1 中的 $x \to a$ 若换成 $x \to a^-$，$x \to a^+$，$x \to +\infty$，$x \to -\infty$，$x \to \infty$，结论仍然成立.

**例 3.2.1**　求 $\lim\limits_{x \to 0} \dfrac{e^x - e^{-x}}{x}$.

**解**　这是 $\dfrac{0}{0}$ 型未定式，由洛必达法则得
$$\lim_{x \to 0} \frac{e^x - e^{-x}}{x} = \lim_{x \to 0} \frac{(e^x - e^{-x})'}{(x)'} = \lim_{x \to 0}(e^x + e^{-x}) = 2$$

**例 3.2.2**　求 $\lim\limits_{x \to 1} \dfrac{x^3 - 3x + 2}{x^3 - x^2 - x + 1}$.

**解**　这是 $\dfrac{0}{0}$ 型未定式，连续应用两次洛必达法则得
$$\lim_{x \to 1} \frac{x^3 - 3x + 2}{x^3 - x^2 - x + 1} = \lim_{x \to 1} \frac{3x^2 - 3}{3x^2 - 2x - 1} = \lim_{x \to 1} \frac{6x}{6x - 2} = \frac{3}{2}$$

**注**　上式中 $\lim\limits_{x \to 1} \dfrac{6x}{6x - 2}$ 不再是未定式，不能继续用洛必达法则.

**例 3.2.3**　求 $\lim\limits_{x\to+\infty}\dfrac{\ln\left(1+\dfrac{1}{x}\right)}{\operatorname{arccot} x}$.

**解**　$\lim\limits_{x\to+\infty}\dfrac{\ln\left(1+\dfrac{1}{x}\right)}{\operatorname{arccot} x}=\lim\limits_{x\to+\infty}\dfrac{-\dfrac{1}{x^2}}{\left(1+\dfrac{1}{x}\right)\left(-\dfrac{1}{1+x^2}\right)}=\lim\limits_{x\to+\infty}\dfrac{1+x^2}{x^2}=1$.

**例 3.2.4**　求 $\lim\limits_{x\to0}\dfrac{x-\sin x}{x^2(\mathrm{e}^x-1)}$.

**解**　$\lim\limits_{x\to0}\dfrac{x-\sin x}{x^2(\mathrm{e}^x-1)}=\lim\limits_{x\to0}\dfrac{x-\sin x}{x^2\cdot x}=\lim\limits_{x\to0}\dfrac{1-\cos x}{3x^2}=\lim\limits_{x\to0}\dfrac{\dfrac{x^2}{2}}{3x^2}=\dfrac{1}{6}$.

**注**　例 3.2.4 为 $\dfrac{0}{0}$ 型未定式，如果仅用洛必达法则来计算会很麻烦，所以在计算过程中巧妙地与以前所学的方法（如等价无穷小的替换、重要极限公式等）相结合可以简化计算.

## 3.2.2　$\dfrac{\infty}{\infty}$ 型未定式

**定理 3.2.2**　函数 $f(x)$ 和 $g(x)$ 满足条件:

（i）$\lim\limits_{x\to a}f(x)=\lim\limits_{x\to a}g(x)=\infty$；

（ii）在点 $a$ 的某去心邻域内 $f'(x)$ 和 $g'(x)$ 都存在，且 $g'(x)\neq0$；

（iii）$\lim\limits_{x\to a}\dfrac{f'(x)}{g'(x)}=A$（或 $\infty$）.

则

$$\lim\limits_{x\to a}\dfrac{f(x)}{g(x)}=\lim\limits_{x\to a}\dfrac{f'(x)}{g'(x)}=A\ (\text{或}\infty)$$

**注**　定理 3.2.2 中的 $x\to a$ 若换成 $x\to a^-$，$x\to a^+$，$x\to+\infty$，$x\to-\infty$，$x\to\infty$，结论仍然成立.

**例 3.2.5**　求 $\lim\limits_{x\to0^+}\dfrac{\ln\cot x}{\ln x}$.

**解**　这是 $\dfrac{\infty}{\infty}$ 型未定式，由洛必达法则得

$$\lim\limits_{x\to0^+}\dfrac{\ln\cot x}{\ln x}=\lim\limits_{x\to0^+}\dfrac{(\ln\cot x)'}{(\ln x)'}=\lim\limits_{x\to0^+}\dfrac{\dfrac{1}{\cot x}\left(-\dfrac{1}{\sin^2 x}\right)}{\dfrac{1}{x}}=-\lim\limits_{x\to0^+}\dfrac{x}{\sin x\cos x}=-\lim\limits_{x\to0^+}\dfrac{x}{\sin x}\lim\limits_{x\to0^+}\dfrac{1}{\cos x}=-1$$

**例 3.2.6**　求 $\lim\limits_{x\to+\infty}\dfrac{\ln x}{x^n}\,(n>0)$.

**解**　$\lim\limits_{x\to+\infty}\dfrac{\ln x}{x^n}=\lim\limits_{x\to+\infty}\dfrac{\dfrac{1}{x}}{nx^{n-1}}=\lim\limits_{x\to+\infty}\dfrac{1}{nx^n}=0$.

**例 3.2.7**　求 $\lim\limits_{x\to+\infty}\dfrac{x^n}{e^{\lambda x}}$（$n$ 为正整数，$\lambda>0$）．

**解**　反复用洛必达法则 $n$ 次得

$$\lim_{x\to+\infty}\frac{x^n}{e^{\lambda x}}=\lim_{x\to+\infty}\frac{nx^{n-1}}{\lambda e^{\lambda x}}=\lim_{x\to+\infty}\frac{n(n-1)x^{n-2}}{\lambda^2 e^{\lambda x}}=\cdots=\lim_{x\to+\infty}\frac{n!}{\lambda^n e^{\lambda x}}=0$$

**注**　由例 3.2.6 和例 3.2.7 知，对数函数 $\ln x$、幂函数 $x^n$、指数函数 $e^{\lambda x}$（$\lambda>0$）均为当 $x\to+\infty$ 时的无穷大，但它们趋于无穷大的速度不一样．幂函数趋于无穷大的速度远快于对数函数，而指数函数趋于无穷大的速度又远快于幂函数．

## 3.2.3　其他类型未定式

其他类型未定式主要有 $0\cdot\infty$，$\infty-\infty$，$0^0$，$1^\infty$，$\infty^0$ 等，均可转化为 $\dfrac{0}{0}$ 型或 $\dfrac{\infty}{\infty}$ 型，然后应用洛必达法则来计算．

（1）对于 $0\cdot\infty$ 型，可将乘积转化为商的形式，即化为 $\dfrac{0}{0}$ 或 $\dfrac{\infty}{\infty}$ 型的未定式来计算．

**例 3.2.8**　求 $\lim\limits_{x\to0^+}\sin x\ln x$．

**解**　$\lim\limits_{x\to0^+}\sin x\ln x=\lim\limits_{x\to0^+}\dfrac{\ln x}{\csc x}=\lim\limits_{x\to0^+}\dfrac{\dfrac{1}{x}}{-\csc x\cot x}=-\lim\limits_{x\to0^+}\dfrac{\sin x}{x}\cdot\tan x=0$．

（2）对于 $\infty-\infty$ 型，可通分化为 $\dfrac{0}{0}$ 型未定式来计算．

**例 3.2.9**　求 $\lim\limits_{x\to\frac{\pi}{2}}(\sec x-\tan x)$．

**解**　$\lim\limits_{x\to\frac{\pi}{2}}(\sec x-\tan x)=\lim\limits_{x\to\frac{\pi}{2}}\dfrac{1-\sin x}{\cos x}=\lim\limits_{x\to\frac{\pi}{2}}\dfrac{-\cos x}{-\sin x}=0$．

（3）对于 $0^0$，$\infty^0$，$1^\infty$ 型未定式，可以采用**对数求极限法**，即先化为以 e 为底的指数函数的极限

$$\lim u^v=\lim e^{v\ln u}=e^{\lim(v\ln u)}$$

然后利用指数函数的连续性，化为求指数的极限，指数的极限是 $0\cdot\infty$ 型未定式，再转化为 $\dfrac{0}{0}$ 型或 $\dfrac{\infty}{\infty}$ 型未定式来计算．

**例 3.2.10**　求 $\lim\limits_{x\to0^+}x^{\sin x}$．

**解**　这是 $0^0$ 型未定式，由洛必达法则得

$$\lim_{x\to0^+}x^{\sin x}=\lim_{x\to0^+}e^{\sin x\ln x}=e^{\lim\limits_{x\to0^+}\sin x\ln x}$$

由例 3.2.8 知

$$\lim_{x\to0^+}\sin x\ln x=0$$

所以

$$\lim_{x\to0^+}x^{\sin x}=e^0=1$$

**例 3.2.11** 求 $\lim\limits_{x\to 1} x^{\frac{x}{x-1}}$.

**解** 这是 $1^{\infty}$ 型未定式，由洛必达法则得

$$\lim_{x\to 1} x^{\frac{x}{x-1}} = \lim_{x\to 1} e^{\frac{x}{x-1}\ln x} = e^{\lim\limits_{x\to 1}\frac{x\ln x}{x-1}} = e^{\lim\limits_{x\to 1}\frac{\ln x + x\cdot\frac{1}{x}}{1}} = e^1 = e$$

**例 3.2.12** 求 $\lim\limits_{x\to 0^+}(\cot x)^{\frac{1}{\ln x}}$.

**解** 这是 $\infty^0$ 型未定式，由洛必达法则得

$$\lim_{x\to 0^+}(\cot x)^{\frac{1}{\ln x}} = \lim_{x\to 0^+} e^{\frac{1}{\ln x}\ln\cot x} = e^{\lim\limits_{x\to 0^+}\frac{\ln\cot x}{\ln x}}$$

由例 3.2.5 知

$$\lim_{x\to 0^+}\frac{\ln\cot x}{\ln x} = -1$$

所以

$$\lim_{x\to 0^+}(\cot x)^{\frac{1}{\ln x}} = e^{-1}$$

最后指出，虽然洛必达法则是一种很有效的计算未定式的方法，但是当 $\lim\dfrac{f'(x)}{g'(x)}$ 不存在时（等于无穷大的情况除外），洛必达法则失效，而 $\lim\dfrac{f(x)}{g(x)}$ 的极限仍可能存在.

**例 3.2.13** 求 $\lim\limits_{x\to 0}\dfrac{x^2\sin\dfrac{1}{x}}{\sin x}$.

**解** 此极限虽然为 $\dfrac{0}{0}$ 型未定式，但是分子、分母求导后变为

$$\lim_{x\to 0}\frac{2x\sin\dfrac{1}{x}-\cos\dfrac{1}{x}}{\cos x}$$

此极限不存在 $\left(\sin\dfrac{1}{x},\cos\dfrac{1}{x}\text{在当}x\to 0\text{时振荡无极限}\right)$，故洛必达法则失效. 而原极限可用如下方法求得：

$$\lim_{x\to 0}\frac{x^2\sin\dfrac{1}{x}}{\sin x} = \lim_{x\to 0}\frac{x}{\sin x}\cdot x\sin\frac{1}{x} = \lim_{x\to 0}\frac{x}{\sin x}\lim_{x\to 0}x\sin\frac{1}{x} = 1\cdot 0 = 0$$

# 习 题 3.2

## （A）

**1.** 用洛必达法则求下列极限：

（1）$\lim\limits_{x\to 1}\dfrac{\ln x}{x-1}$；

（2）$\lim\limits_{x\to a}\dfrac{x^5-a^5}{x^3-a^3}$；

（3）$\lim\limits_{x\to 1}\dfrac{x^3-1+\ln x}{e^x-e}$；

（4）$\lim\limits_{x\to 0}\dfrac{\tan x-x}{x-\sin x}$；

（5）$\lim\limits_{x\to 0}\dfrac{x-\arcsin x}{\sin x^3}$；

（6）$\lim\limits_{x\to 0}\dfrac{e^x-\sin x-1}{1-\sqrt{1-x^2}}$；

（7）$\lim\limits_{x\to\frac{\pi}{2}^+}\dfrac{\ln\left(x-\frac{\pi}{2}\right)}{\tan x}$；

（8）$\lim\limits_{x\to\infty}x\left(e^{\frac{1}{x}}-1\right)$；

（9）$\lim\limits_{x\to 0}x^2 e^{\frac{1}{x^2}}$；

（10）$\lim\limits_{x\to 0}\left(\dfrac{1}{x}-\dfrac{1}{e^x-1}\right)$；

（11）$\lim\limits_{x\to\infty}\left[x-x^2\ln\left(1+\dfrac{1}{x}\right)\right]$；

（12）$\lim\limits_{x\to +\infty}(x+e^x)^{\frac{1}{x}}$；

（13）$\lim\limits_{x\to 0}(1+\sin x)^{\frac{1}{x}}$；

（14）$\lim\limits_{x\to 0^+}x^{\tan x}$；

（15）$\lim\limits_{x\to 0}(\cos 2x)^{\frac{1}{x^2}}$；

（16）$\lim\limits_{x\to +\infty}(\ln x)^{\frac{1}{x-1}}$．

（B）

**1.** 用洛必达法则求下列极限：

（1）$\lim\limits_{x\to 1}\dfrac{x^x-1}{x\ln x}$；

（2）$\lim\limits_{n\to\infty}\left(n\tan\dfrac{1}{n}\right)^{n^2}$；

（3）$\lim\limits_{n\to\infty}\left[n^2\ln(1+n)-n^2\ln n-n\right]$；

（4）$\lim\limits_{n\to\infty}\left(\sin\dfrac{1}{n}+\cos\dfrac{1}{n}\right)^n$；

（5）$\lim\limits_{x\to\pi}\dfrac{\ln\cos 2x}{(x-\pi)^2}$；

（6）$\lim\limits_{x\to +\infty}\dfrac{\ln\left(1+\dfrac{1}{x}\right)}{\dfrac{\pi}{2}-\arctan x}$．

**2.** 验证极限 $\lim\limits_{x\to\infty}\dfrac{x+\sin x}{x-\sin x}$ 存在，但不能用洛必达法则求出．

**3.** 求 $\lim\limits_{x\to 0}\left(\dfrac{e^x+e^{2x}+\cdots+e^{nx}}{n}\right)^{\frac{1}{x}}$，其中 $n$ 为给定自然数.

# 3.3　利用导数研究函数的性态

本节将以导数为工具，推导判断函数单调性和曲线凹凸性的简便且具有一般性的方法，介绍函数极值及拐点的求法，并在掌握函数的各种性态的基础上，描绘出一些函数的图形.

## 3.3.1　函数的单调性

如何利用导数来研究函数的单调性呢？先从几何直观上分析. 如图 3.3.1（a）、（b）所示，函数 $f(x)$ 在闭区间 $[a, b]$ 上连续，在开区间 $(a, b)$ 内可导.

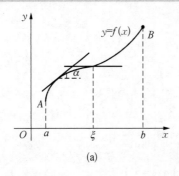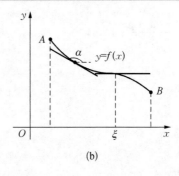

图 3.3.1

考察图 3.3.1（a），函数 $y=f(x)$ 在 $[a, b]$ 上单调增加，除点 $(\xi, f(\xi))$ 的切线水平外，曲线上其余点处切线与 $x$ 轴正向的夹角均为锐角，即曲线 $y=f(x)$ 在区间 $(a, b)$ 内除个别点外切线的斜率为正；反之亦然.

考察图 3.3.1（b），函数 $y=f(x)$ 在 $[a, b]$ 上单调减少，除个别点外，曲线上其余点处切线与 $x$ 轴正向的夹角均为钝角，即曲线 $y=f(x)$ 在区间 $(a, b)$ 内除个别点外切线的斜率为负；反之亦然.

由此可见，函数的单调性与导数的符号有密切的关系. 下面用拉格朗日中值定理来讨论这个问题.

**定理 3.3.1** 设函数 $y=f(x)$ 在闭区间 $[a, b]$ 上连续，在开区间 $(a, b)$ 内可导.

（i）若在 $(a, b)$ 内 $f'(x)>0$，则函数 $y=f(x)$ 在 $[a, b]$ 上单调增加；

（ii）若在 $(a, b)$ 内 $f'(x)<0$，则函数 $y=f(x)$ 在 $[a, b]$ 上单调减少.

**证** 任取两点 $x_1, x_2 \in (a, b)$，设 $x_1<x_2$，由拉格朗日中值定理知，存在 $\xi (x_1<\xi<x_2)$，使得
$$f(x_2)-f(x_1)=f'(\xi)(x_2-x_1)$$

（i）若在 $(a, b)$ 内，$f'(x)>0$，则 $f'(\xi)>0$，所以
$$f(x_2)>f(x_1)$$
即函数 $y=f(x)$ 在 $[a, b]$ 上单调增加.

（ii）若在 $(a, b)$ 内，$f'(x)<0$，则 $f'(\xi)<0$，所以
$$f(x_2)<f(x_1)$$
即函数 $y=f(x)$ 在 $[a, b]$ 上单调减少.

**注** （1）此定理中的闭区间 $[a, b]$ 换成其他各种区间（包括无穷区间），结论仍成立.

（2）函数的单调性是一个区间上的性质，要用导数在这一区间上的符号来判定，因而区间上个别点处导数为 0 并不影响函数在该区间上的单调性.

**例 3.3.1** 讨论函数 $y=x\mathrm{e}^{-2x}$ 的单调性.

**解** 函数的定义域为 $(-\infty, +\infty)$，且
$$y'=(1-2x)\mathrm{e}^{-2x}$$
因为当 $x<\dfrac{1}{2}$ 时，$y'>0$，所以函数在 $\left(-\infty, \dfrac{1}{2}\right]$ 上单调增加；又因为当 $x>\dfrac{1}{2}$ 时，$y'<0$，所以函数在 $\left[\dfrac{1}{2}, +\infty\right)$ 上单调减少.

**例 3.3.2**　讨论函数 $y = x^{\frac{2}{3}}$ 的单调性.

**解**　函数的定义域为 $(-\infty, +\infty)$，且

$$y' = \frac{2}{3} x^{-\frac{1}{3}}$$

因为当 $x>0$ 时，$y'>0$，所以函数在 $[0,+\infty)$ 上单调增加；又因为当 $x<0$ 时，$y'<0$，所以函数在 $(-\infty, 0]$ 上单调减少.

若函数在其定义区间的某个子区间上是单调的，则该子区间称为函数的单调区间.

函数的一阶导数为 0 的点称为驻点，一阶导数不存在的点称为尖点.

从例 3.3.1 和例 3.3.2 可以发现，点 $x = \frac{1}{2}$ 和点 $x = 0$ 是相应函数单调区间的分界点，同时这两点分别是相应函数的驻点和尖点. 于是，由特殊到一般有如下结论：

若函数在定义区间上连续，除去有限个导数不存在的点外，导数存在且连续，则导数为 0 的点（驻点）和导数不存在的点（尖点），可能是函数单调区间的分界点.

通过上面的分析，可以得到求函数单调区间的步骤如下：

（1）找出函数导数等于 0 的点和使导数不存在的点，即单调区间的分界点；

（2）利用单调区间的分界点来划分函数的定义区间；

（3）在各部分区间中逐个判断函数导数 $f'(x)$ 的符号，从而确定出函数 $y = f(x)$ 在部分区间上的单调性.

**例 3.3.3**　确定函数 $y = 3\sqrt[3]{x^2} + 2x$ 的单调区间.

**解**　函数的定义域为 $(-\infty, +\infty)$，且

$$y' = 2x^{-\frac{1}{3}} + 2$$

令 $y' = 0$ 得函数的驻点为

$$x = -1$$

又函数在点 $x = 0$ 处不可导，即尖点为

$$x = 0$$

这两个点将区间 $(-\infty, +\infty)$ 分成三个小区间，即 $(-\infty, -1]$，$[-1, 0]$，$[0, +\infty)$，列表 3.3.1 讨论如下：

表 3.3.1

| $x$ | $(-\infty, -1)$ | $(-1, 0)$ | $(0, +\infty)$ |
|---|---|---|---|
| $y'$ | + | − | + |
| $y$ | ↑ | ↓ | ↑ |

因此函数 $y = 3\sqrt[3]{x^2} + 2x$ 的单调增加区间为 $(-\infty, -1]$ 和 $[0, +\infty)$，单调减少区间为 $[-1, 0]$.

这里用符号 ↑（↓）表示函数在相应区间上单调增加（减少）.

利用函数 $y = f(x)$ 的单调性，可证明不等式，还可讨论方程根的情况.

**例 3.3.4**　证明：当 $x>0$ 时，$\ln(1+x)>x-\dfrac{1}{2}x^2$.

例 3.3.4
其他证法

**证**　设 $f(x)=\ln(1+x)-x+\dfrac{1}{2}x^2$，则 $f(x)$ 在 $[0, +\infty)$ 上连续，在 $(0, +\infty)$ 内可导，且

$$f'(x)=\frac{1}{1+x}-1+x=\frac{x^2}{1+x}$$

当 $x>0$ 时，$f'(x)>0$，又 $f(0)=0$，故

$$f(x)>f(0)=0$$

所以

$$\ln(1+x)>x-\frac{1}{2}x^2$$

**例 3.3.5**　证明：$f(x)=x+\ln x$ 在其定义域内有唯一零点.

**证**　$f(x)=x+\ln x$ 的定义域为 $(0,+\infty)$，且在其定义域内处处可导，又

$$f'(x)=1+\frac{1}{x}>0$$

因此 $f(x)$ 在 $(0,+\infty)$ 内单调增加，而

$$f\left(\frac{1}{e}\right)=\frac{1}{e}-1<0, \qquad f(1)=1>0$$

由零点定理知 $f(x)$ 在 $\left(\dfrac{1}{e},1\right)\subset(0,+\infty)$ 内至少有一个零点. 结合函数在 $(0,+\infty)$ 内具有单调性，所以 $f(x)=x+\ln x$ 在定义域 $(0,+\infty)$ 内有唯一零点.

### 3.3.2　函数的极值

在例 3.3.3 中，点 $x=-1$ 和点 $x=0$ 是函数 $y=3\sqrt[3]{x^2}+2x$ 的单调性发生改变的分界点，对点 $x=-1$ 的某去心邻域内的任一点 $x\,(x\neq-1)$，恒有 $f(x)<f(-1)$，即曲线在点 $(-1,f(-1))$ 处达到"峰顶"；同样，对点 $x=0$ 的某去心邻域内的任一点 $x\,(x\neq0)$，恒有 $f(x)>f(0)$，即曲线在点 $(0,f(0))$ 到达"谷底". 具有这种性质的点在实际应用中具有重要意义，为此引入极值的概念.

**定义 3.3.1**　设函数 $f(x)$ 在点 $x_0$ 的某邻域内有定义，若对该邻域内任一点 $x\,(x\neq x_0)$，恒有

$$f(x)<f(x_0) \qquad (\text{或 } f(x)>f(x_0))$$

则称 $f(x)$ 在点 $x_0$ 处取得极大值（或极小值），而点 $x_0$ 称为函数 $f(x)$ 的极大值点（或极小值点）.

极大值和极小值统称为函数的极值，极大值点和极小值点统称为函数的极值点.

**注**　（1）极值是一个局部概念，与最值有本质区别.

（2）极大值与极小值之间无必然联系. 极大值并不比极小值大；反之，极小值也不一定比极大值小，如图 3.3.2 所示.

（3）极值是单调性发生改变的分界点，只能在区间内部取到.

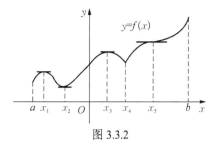

图 3.3.2

从图 3.3.2 中还可以看到，在函数取得极值处，曲线的切线是水平的（当切线存在时），或者没有切线（如点 $x_4$ 处），但有水平切线的点（如点 $x_5$ 处）不一定是极值点.

下面讨论函数取得极值的必要条件和充分条件.

**定理 3.3.2　（极值存在的必要条件）**　若函数 $f(x)$ 在点 $x_0$ 处可导，且在点 $x_0$ 处取得极值，则 $f'(x_0) = 0$.

**证**　不妨设 $f(x_0)$ 为极小值，由定义知，在点 $x_0$ 的某去心邻域内的一切 $x\ (x \neq x_0)$，都有

$$\Delta y = f(x) - f(x_0) > 0$$

记 $\Delta x = x - x_0$，则

$$f'_-(x_0) = \lim_{\Delta x \to 0^-} \frac{\Delta y}{\Delta x} \leqslant 0$$

$$f'_+(x_0) = \lim_{\Delta x \to 0^+} \frac{\Delta y}{\Delta x} \geqslant 0$$

因为 $f(x)$ 在点 $x_0$ 处可导，所以

$$f'(x_0) = f'_-(x_0) = f'_+(x_0)$$

从而

$$f'(x_0) = 0$$

定理 3.3.2 可以简单地表述如下：可导的极值点一定是驻点；反之，驻点却不一定是极值点. 例如，函数 $y = x^3$ 的驻点为点 $x = 0$，但点 $x = 0$ 却不是函数 $y = x^3$ 的极值点.

此外，极值点是单调性发生改变的分界点，即单调区间的分界点. 前面已经指出单调区间的分界点可能在驻点或导数不存在的点处取到，所以这两种类型的点也是可能的极值点，但若要进一步明确是否为极值点，是极大值点还是极小值点，则需要学习下面的定理：

**定理 3.3.3　（判别极值的第一充分条件）**　设函数 $f(x)$ 在点 $x_0$ 处连续，在 $\overset{\circ}{U}(x_0, \delta)$ 内可导，又 $f'(x_0) = 0$ 或 $f'(x_0)$ 不存在.

（i）若当 $x \in (x_0 - \delta, x_0)$ 时 $f'(x) > 0$，当 $x \in (x_0, x_0 + \delta)$ 时 $f'(x) < 0$，则 $f(x_0)$ 为函数 $f(x)$ 的极大值；

（ii）若当 $x \in (x_0 - \delta, x_0)$ 时 $f'(x) < 0$，当 $x \in (x_0, x_0 + \delta)$ 时 $f'(x) > 0$，则 $f(x_0)$ 为函数 $f(x)$ 的极小值；

（iii）若当 $x \in \overset{\circ}{U}(x_0, \delta)$ 时，$f'(x)$ 恒为正或恒为负，则 $f(x_0)$ 不是函数 $f(x)$ 的极值.

**证**　（i）根据函数单调性的判定方法：当 $x \in (x_0 - \delta, x_0)$ 时，$f'(x) > 0$，所以函数 $f(x)$ 单调增加，$f(x) < f(x_0)$；当 $x \in (x_0, x_0 + \delta)$ 时，$f'(x) < 0$，所以函数 $f(x)$ 单调减少，$f(x_0) > f(x)$. 因此，$x \in \overset{\circ}{U}(x_0, \delta)$，$f(x_0) > f(x)$，即 $f(x_0)$ 为函数 $f(x)$ 的极大值.

类似地，可证明情形（ii）、（iii）.

根据定理 3.3.2 和定理 3.3.3，若函数 $f(x)$ 在所讨论的区间内连续，除个别点外处处可导，则可按下列步骤来求函数的极值点和极值：

（1）确定函数 $f(x)$ 的定义域并求其导数 $f'(x)$.

（2）由 $f'(x)$ 求出 $f(x)$ 的全部驻点和不可导的点.

（3）用这些点将定义域分成若干个小区间，在每个小区间上讨论 $f'(x)$ 的符号，根据这些点左、右两侧邻近范围符号的变化情况，确定函数的极值点.

（4）求出各极值点的函数值即函数 $f(x)$ 的全部极值.

**例 3.3.6** 求函数 $f(x) = x - 3\sqrt[3]{x}$ 的极值.

**解** (1) 函数 $f(x)$ 在 $(-\infty, +\infty)$ 内连续，则有

$$f'(x) = 1 - x^{-\frac{2}{3}}$$

（2）令 $f'(x) = 0$，得驻点为 $x = \pm 1$，且点 $x = 0$ 为 $f(x)$ 的不可导点.

（3）列表 3.3.2 讨论如下：

**表 3.3.2**

| $x$ | $(-\infty, -1)$ | $-1$ | $(-1, 0)$ | $0$ | $(0, 1)$ | $1$ | $(1, +\infty)$ |
|---|---|---|---|---|---|---|---|
| $f'(x)$ | $+$ | $0$ | $-$ | 不存在 | $-$ | $0$ | $+$ |
| $f(x)$ | ↑ | 极大值 | ↓ | 不是极值点 | ↓ | 极小值 | ↑ |

（4）极大值为 $f(-1) = 2$，极小值为 $f(1) = -2$.

当函数 $f(x)$ 在驻点处的二阶导数存在且不为 0 时，也可以利用下列定理来判定 $f(x)$ 在驻点处取得极大值还是极小值：

**定理 3.3.4** （判别极值的第二充分条件） 设函数 $f(x)$ 在点 $x_0$ 处具有二阶导数，且 $f'(x_0) = 0$，$f''(x_0) \neq 0$，则

（i）当 $f''(x_0) < 0$ 时，函数 $f(x)$ 在点 $x_0$ 处取得极大值；

（ii）当 $f''(x_0) > 0$ 时，函数 $f(x)$ 在点 $x_0$ 处取得极小值.

**证** （i）由于 $f''(x_0) < 0$，$f'(x_0) = 0$，由二阶导数定义得

$$f''(x_0) = \lim_{x \to x_0} \frac{f'(x) - f'(x_0)}{x - x_0} = \lim_{x \to x_0} \frac{f'(x)}{x - x_0} < 0$$

根据函数极限的局部保号性，存在 $x_0$ 的某去心邻域 $\overset{\circ}{U}(x_0)$，使得 $x \in \overset{\circ}{U}(x_0)$，有 $\dfrac{f'(x)}{x - x_0} < 0$.

于是，当 $x < x_0$ 时，$f'(x) > 0$；当 $x > x_0$ 时，$f'(x) < 0$.

由定理 3.3.3 知，$f(x_0)$ 为函数 $f(x)$ 的极大值.

类似地，可以证明（ii）.

**例 3.3.7** 求出函数 $f(x) = x^3 - 3x^2 - 9x + 5$ 的极值.

**解** 函数 $f(x)$ 在 $(-\infty, +\infty)$ 内连续，且

$$f'(x) = 3x^2 - 6x - 9 = 3(x+1)(x-3)$$
$$f''(x) = 6(x-1)$$

令 $f'(x)=0$，得驻点为 $x_1=-1$，$x_2=3$. 因为
$$f''(-1)=-12<0,\qquad f''(3)=12>0$$
所以极大值为 $f(-1)=10$，极小值为 $f(3)=-22$.

**注**　定理 3.3.4 只能针对 $f''(x_0)\neq0$ 的驻点判定是否为极值点，而对 $f''(x_0)=0$ 的驻点就失效了. 事实上，$f''(x_0)=0$ 的驻点可能是极大值点，也可能是极小值点，还可能不是极值点. 例如，$f_1(x)=-x^4$，$f_2(x)=x^4$，$f_3(x)=x^3$ 在驻点 $x=0$ 处就分别是这三种情况. 因此，对于 $f''(x_0)=0$ 的驻点，还需用一阶导数在驻点左、右邻近的符号来判定.

**例 3.3.8**　求函数 $f(x)=(x^2-1)^3+1$ 的极值.

**解**
$$f'(x)=6x(x^2-1)^2$$

令 $f'(x)=0$，求得驻点为
$$x_1=-1,\quad x_2=0,\quad x_3=1$$

又
$$f''(x)=6(x^2-1)(5x^2-1)$$

因为 $f''(0)=6>0$，所以 $f(x)$ 在点 $x=0$ 处取极小值，极小值为 $f(0)=0$. 而
$$f''(-1)=f''(1)=0$$

所以定理 3.3.4 失效.

由定理 3.3.3，当 $x\in \overset{\circ}{U}(-1,\delta)$ 时，$f'(x)<0$，所以 $f(x)$ 在点 $x=-1$ 处无极值. 同理，当 $x\in \overset{\circ}{U}(1,\delta)$ 时，$f'(x)>0$，所以 $f(x)$ 在点 $x=1$ 处也没有极值，如图 3.3.3 所示.

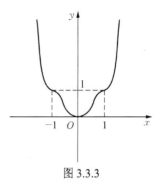

图 3.3.3

## 3.3.3　曲线的凹凸性及拐点

在研究函数图像的变化状况时，仅知道函数的单调性是不够的. 如图 3.3.4 所示的两条曲线弧，虽然都是单调增加，但曲线的弯曲方向却不同：$\overset{\frown}{ACB}$ 是向上弯曲的，称为上凸的

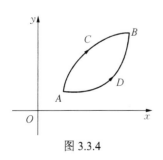

图 3.3.4

曲线弧；$\overset{\frown}{ADB}$ 是向下弯曲的，称为上凹的曲线弧. 下面来研究曲线的凹凸性及其判定方法.

关于曲线凹凸性的定义，先从几何直观来分析. 如图 3.3.5（a）所示，若任取两点 $x_1$，$x_2$，则连接这两点的弦总在这两点间弧段的上方；而图 3.3.5（b）正好相反. 这种特点正是曲线凹凸性的本质. 因此，曲线的凹凸性可以用 $x_1$ 与 $x_2$ 之间任意一点所对应的曲线弧与弦上相应纵坐标的大小关系来描述. 为了方便定义，一般特别选取 $x_1$ 与 $x_2$ 的中点作为"$x_1$ 与 $x_2$ 之间的任意一点".

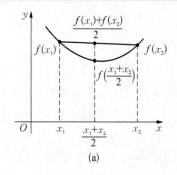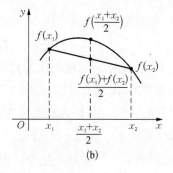

图 3.3.5

**定义 3.3.2** 设函数 $f(x)$ 在区间 $I$ 上连续，若对 $I$ 上任意两点 $x_1$，$x_2$，恒有

$$f\left(\frac{x_1+x_2}{2}\right) < \frac{f(x_1)+f(x_2)}{2}$$

则称 $f(x)$ 在 $I$ 上的图形是（向上）凹的或凹弧；若恒有

$$f\left(\frac{x_1+x_2}{2}\right) > \frac{f(x_1)+f(x_2)}{2}$$

则称 $f(x)$ 在 $I$ 上的图形是（向上）凸的或凸弧.

曲线的凹凸性具有明显的几何意义：对于凹曲线，当 $x$ 逐渐增大时，其上每一点的切线的斜率也是逐渐增大的，即导函数 $f'(x)$ 是单调增加函数（图 3.3.6（a））；而对于凸曲线，其上每一点的切线的斜率是随 $x$ 的增大而减小的，即导函数 $f'(x)$ 是单调减少函数（图 3.3.6（b））. 而 $f'(x)$ 的增减性又可由 $f''(x)$ 的符号来判定，于是可得曲线凹凸性的判定方法.

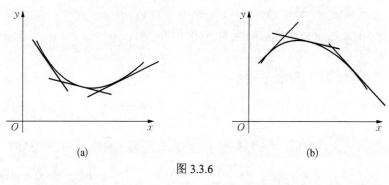

图 3.3.6

**定理 3.3.5** 设函数 $f(x)$ 在 $[a,b]$ 上连续，在 $(a,b)$ 内具有一阶和二阶导数，则

（i）若在 $(a,b)$ 内，$f''(x)>0$，则 $f(x)$ 在 $[a,b]$ 上的图形是凹的；

（ii）若在 $(a,b)$ 内，$f''(x)<0$，则 $f(x)$ 在 $[a,b]$ 上的图形是凸的.

**证** （i）设 $x_1$，$x_2$ 是 $(a,b)$ 内任意两点，且 $x_1<x_2$，记 $\dfrac{x_1+x_2}{2}=x_0$，$h=x_2-x_0=x_0-x_1$，由拉格朗日中值定理得

$$f(x_2)-f(x_0)=f'(\xi_2)h \quad (x_0<\xi_2<x_2)$$
$$f(x_0)-f(x_1)=f'(\xi_1)h \quad (x_1<\xi_1<x_0)$$

两式相减得

$$f(x_2)+f(x_1)-2f(x_0)=h[f'(\xi_2)-f'(\xi_1)]$$

在区间$[\xi_1, \xi_2]$上再次运用拉格朗日中值定理得

$$f'(\xi_2) - f'(\xi_1) = f''(\xi)(\xi_2 - \xi_1) \quad (\xi_1 < \xi < \xi_2)$$

因此

$$f(x_1) + f(x_2) - 2f(x_0) = f''(\xi)(\xi_2 - \xi_1)h$$

若$f''(x) > 0, x \in (a, b)$，则$f''(\xi) > 0$，且$\xi_2 - \xi_1 > 0$，$h > 0$，从而

$$f(x_1) + f(x_2) - 2f(x_0) > 0$$

即

$$f\left(\frac{x_1 + x_2}{2}\right) < \frac{f(x_1) + f(x_2)}{2}$$

所以函数$f(x)$在$[a, b]$上是凹弧.

同理，（ii）可类似证明.

**例 3.3.9**　判定曲线$y = x^3$的凹凸性.

**解**　因为

$$y' = 3x^2, \qquad y'' = 6x$$

当$x < 0$时，$y'' < 0$，所以曲线在$(-\infty, 0]$上是凸的；当$x > 0$时，$y'' > 0$，所以曲线在$[0, +\infty)$上是凹的.

**例 3.3.10**　判定曲线$y = (x-1)^{\frac{1}{3}}$的凹凸性.

**解**　因为

$$y' = \frac{1}{3}(x-1)^{-\frac{2}{3}}, \qquad y'' = -\frac{2}{9}(x-1)^{-\frac{5}{3}}$$

当$x < 1$时，$y'' > 0$，所以曲线在$(-\infty, 1]$上是凹的；当$x > 1$时，$y'' < 0$，所以曲线在$[1, +\infty)$上是凸的.

**定义 3.3.3**　连续曲线上凹弧与凸弧的分界点（即曲线凹凸性发生改变的分界点）称为曲线的拐点.

如何寻找曲线$y = f(x)$的拐点呢？

根据定理 3.3.5，二阶导数$f''(x)$的符号是判定曲线凹凸性的依据，因此只要$f''(x)$在点$x_0$的左、右邻域异号，则点$(x_0, f(x_0))$即为曲线的一个拐点，所以要寻找拐点，只要找到$f''(x)$符号发生改变的分界点即可，而这种分界点可能在$f''(x)$为 0 的点或$f''(x)$不存在的点处取到. 例如：例 3.3.9 中拐点为$(0, 0)$，点$x = 0$是使$f''(x)$为 0 的点；例 3.3.10 中拐点为$(1, 0)$，点$x = 1$是$f''(x)$不存在的点.

综上所述，判断曲线的凹凸性与求曲线拐点的一般步骤如下：

（1）求函数$f(x)$的二阶导数$f''(x)$.

（2）令$f''(x) = 0$，求出全部实根，并求出二阶导数不存在的点.

（3）对步骤（2）中的每一个点，检验其左、右两侧$f''(x)$的符号，确定曲线的凹凸性及拐点.

**例 3.3.11**　求曲线$y = x^4 - 2x^3 + 1$的凹凸区间及拐点.

**解**　因为

$$y' = 4x^3 - 6x^2$$

$$y'' = 12x^2 - 12x = 12x(x-1)$$

令$y'' = 0$得$x = 0, 1$，且没有$f''(x)$不存在的点.

列表 3.3.3 讨论如下：

表 3.3.3

| $x$ | $(-\infty,0)$ | $0$ | $(0,1)$ | $1$ | $(1,+\infty)$ |
|---|---|---|---|---|---|
| $y''$ | + | 0 | − | 0 | + |
| $y$ | 凹弧 | 拐点$(0,1)$ | 凸弧 | 拐点$(1,0)$ | 凹弧 |

因此，曲线的凹区间为$(-\infty,0] \cup [1,+\infty)$，凸区间为$(0,1)$，拐点为$(0,1)$和$(1,0)$.

拐点在实际生活特别是在投资方面有重要意义. 投资者预备对一个市场（如股市、楼市等）投资时，其目标无疑是低买（在局部最低处买进）高卖（在局部最高处卖出），但是这在投资市场几乎是不可能的，因为不可能准确预测市场的趋势. 当投资者刚意识到市场确实在上涨（或下跌）时，局部最低点（或局部最高点）早已过去.

拐点为投资者提供了在逆转趋势发生之前预测它的方法，因为拐点标志着函数增长率的根本变化. 在拐点（或接近拐点）的时机进入市场能使投资者待在较长期的上扬趋势中（拐点预警了"波峰"或"波谷"的出现），降低了投资风险.

### 3.3.4 曲线的渐近线

某些函数的定义域和值域都是有限区间，这种函数的图形局限于一定的范围之内，如圆、椭圆等. 而有些函数的定义域或值域是无限区间，这种函数的图形向无穷远处延伸，如双曲线、抛物线等. 有些向无穷远处延伸的曲线，呈现出越来越接近某一直线的形态，这种直线就是曲线的渐近线.

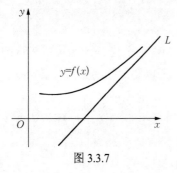

图 3.3.7

**定义 3.3.4** 若曲线 $y=f(x)$ 上一动点沿曲线移向无穷远时，该点与某条定直线 $L$ 的距离趋于 $0$，则称直线 $L$ 为曲线 $y=f(x)$ 的一条渐近线，如图 3.3.7 所示.

渐近线分为水平渐近线、铅垂渐近线和斜渐近线三种.

1. 水平渐近线

若函数 $y=f(x)$ 的定义域是无限区间，且

$$\lim_{x\to+\infty} f(x)=b \quad \text{或} \quad \lim_{x\to-\infty} f(x)=b$$

则称直线 $y=b$ 为曲线 $y=f(x)$ 的一条水平线.

2. 铅垂渐近线

若

$$\lim_{x\to a^+} f(x)=\infty \quad \text{或} \quad \lim_{x\to a^-} f(x)=\infty$$

则称直线 $x=a$ 为曲线 $y=f(x)$ 的一条铅垂渐近线.

**例 3.3.12** 求曲线 $y=\dfrac{1}{x-1}$ 的水平渐近线和铅垂渐近线.

**解** 因为

$$\lim_{x\to\infty} \frac{1}{x-1}=0$$

所以直线 $y=0$ 是曲线 $y=\dfrac{1}{x-1}$ 的水平渐近线. 又因为

$$\lim_{x\to 1}\frac{1}{x-1}=\infty$$

所以直线 $x=1$ 是曲线 $y=\dfrac{1}{x-1}$ 的铅垂渐近线，如图 3.3.8 所示.

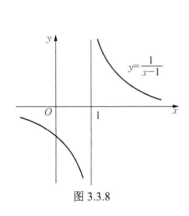

图 3.3.8

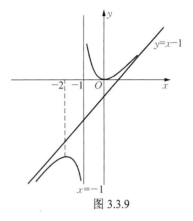

图 3.3.9

### 3. 斜渐近线

若

$$\lim_{x\to\infty}[f(x)-(ax+b)]=0$$

成立，则直线 $y=ax+b$ 是曲线 $y=f(x)$ 的一条斜渐近线，其中

$$a=\lim_{x\to\infty}\frac{f(x)}{x}\neq 0,\qquad b=\lim_{x\to\infty}[f(x)-ax]$$

**例 3.3.13**　求曲线 $y=\dfrac{x^2}{x+1}$ 的渐近线.

**解**　因为 $\lim\limits_{x\to -1}\dfrac{x^2}{1+x}=\infty$，所以直线 $x=-1$ 是曲线 $y$ 的一条铅垂渐近线. 由

$$a=\lim_{x\to\infty}\frac{f(x)}{x}=\lim_{x\to\infty}\frac{x^2}{x(x+1)}=1$$

$$b=\lim_{x\to\infty}[f(x)-ax]=\lim_{x\to\infty}\left(\frac{x^2}{x+1}-x\right)=\lim_{x\to\infty}\frac{-x}{x+1}=-1$$

知直线 $y=x-1$ 是曲线 $y$ 的一条斜渐近线，如图 3.3.9 所示.

## 3.3.5　函数图形的描绘

学习了函数的单调性、凹凸性、极值、拐点后，就基本掌握了函数的性态特征，并能将函数的图形比较准确地画出. 其一般步骤可归纳如下：

（1）确定函数 $f(x)$ 的定义域，研究函数的特性，如奇偶性、对称性、周期性、有界性等.

（2）求出一阶导数 $f'(x)$ 和二阶导数 $f''(x)$ 在定义域内的全部零点及 $f(x)$ 的间断点，$f'(x)$，$f''(x)$ 不存在的点，并用这些点将定义域划分成若干个部分区间.

（3）确定这些部分区间内 $f'(x)$ 和 $f''(x)$ 的符号，并由此确定函数的单调性、凹凸性、极值点、拐点.

（4）确定函数的渐近线及其他变化趋势.

（5）计算出步骤（2）中各点处的函数值，并在坐标平面上描出相应的点. 另外，还可以适当补充一些辅助的作图点（如与坐标轴的交点、曲线端点等），再结合步骤（3）、（4）中得到的结果，用光滑曲线连接这些点画出函数的图形.

**例 3.3.14**  作函数 $f(x)=\dfrac{4(x+1)}{x^2}-2$ 的图形.

**解**  （1）函数的定义域为 $(-\infty,0)\bigcup(0,+\infty)$，$f(x)$ 是非奇非偶函数.

（2）令

$$f'(x)=-\frac{4(x+2)}{x^3}=0$$

$$f''(x)=\frac{8(x+3)}{x^4}=0$$

得

$$x_1=-2,\qquad x_2=-3$$

函数的间断点为点 $x=0$，这些点将函数定义域分成 4 个部分区间：

$$(-\infty,-3),\quad(-3,-2),\quad(-2,0),\quad(0,+\infty)$$

（3）列表 3.3.4 确定函数的单调区间、凹凸区间、极值点、拐点：

表 3.3.4

| $x$ | $(-\infty,-3)$ | $-3$ | $(-3,-2)$ | $-2$ | $(-2,0)$ | $0$ | $(0,+\infty)$ |
|---|---|---|---|---|---|---|---|
| $f'(x)$ | $-$ | | $-$ | $0$ | $+$ | | $-$ |
| $f''(x)$ | $-$ | $0$ | $+$ | | $+$ | | $+$ |
| $f(x)$ | $\downarrow$ 凸弧 | 拐点 $\left(-3,-\frac{26}{9}\right)$ | $\downarrow$ 凹弧 | 极小值 $-3$ | $\uparrow$ 凹弧 | 间断 | $\downarrow$ 凹弧 |

（4）求渐近线. 因为

$$\lim_{x\to\infty}f(x)=\lim_{x\to\infty}\left[\frac{4(x+1)}{x^2}-2\right]=-2$$

所以直线 $y=-2$ 是水平渐近线. 又因为

$$\lim_{x\to0}\left[\frac{4(x+1)}{x^2}-2\right]=+\infty$$

所以直线 $x=0$ 是铅垂渐近线.

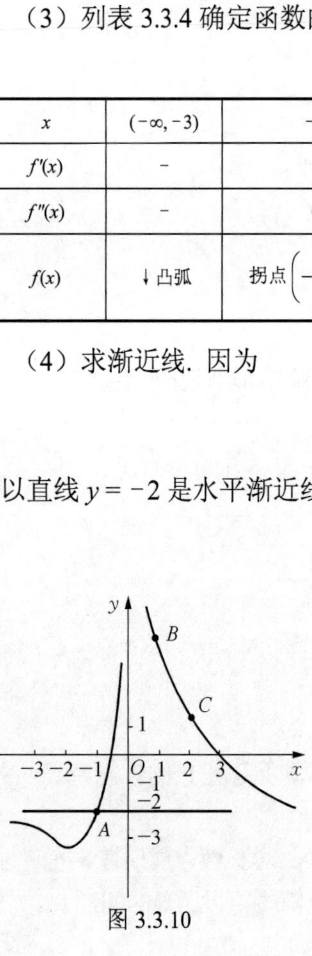

（5）由 $f(-2)=-3,\quad f(-3)=-\dfrac{26}{9}$

得函数图形上的两点 $(-2,-3)$，$\left(-3,-\dfrac{26}{9}\right)$. 再补充辅助作图点 $(1-\sqrt3,0)$，$(1+\sqrt3,0)$，$A(-1,-2)$，$B(1,6)$，$C(2,1)$.

根据以上结果，用光滑曲线连接各点即得函数的图形，如图 3.3.10 所示.

图 3.3.10

**例 3.3.15**　作函数 $\varphi(x) = \dfrac{1}{\sqrt{2\pi}}e^{-\frac{x^2}{2}}$ 的图形.

**解**　（1）函数的定义域为 $(-\infty, +\infty)$，且函数为偶函数，其图形关于 $y$ 轴对称，因此只需讨论 $[0, +\infty)$ 上函数的图形.

（2）令

$$\varphi'(x) = -\frac{x}{\sqrt{2\pi}}e^{-\frac{x^2}{2}} = 0$$

$$\varphi''(x) = \frac{(x+1)(x-1)}{\sqrt{2\pi}}e^{-\frac{x^2}{2}} = 0$$

得

$$x_1 = 0, \qquad x_2 = 1$$

从而将 $[0, +\infty)$ 分成 2 个部分区间：

$$[0, 1], \qquad [1, +\infty)$$

（3）列表 3.3.5 讨论单调区间、凹凸区间、极值点、拐点：

表 3.3.5

| $x$ | 0 | (0, 1) | 1 | (1, +∞) |
|---|---|---|---|---|
| $\varphi'(x)$ | 0 | − | | − |
| $\varphi''(x)$ | | − | 0 | + |
| $\varphi(x)$ | 极大值 $\dfrac{1}{\sqrt{2\pi}}$ | ↓ 凸弧 | 拐点 $\left(1, \dfrac{1}{\sqrt{2\pi e}}\right)$ | ↓ 凹弧 |

（4）求渐近线. 因为

$$\lim_{x \to \infty} \varphi(x) = \lim_{x \to \infty} \frac{1}{\sqrt{2\pi}}e^{-\frac{x^2}{2}} = 0$$

所以直线 $y = 0$ 是水平渐近线.

（5）$f(0) = \dfrac{1}{\sqrt{2\pi}}$, $\qquad f(1) = \dfrac{1}{\sqrt{2\pi e}}$.

先作出区间 $[0, +\infty)$ 上的图形，再利用对称性作出区间 $(-\infty, 0]$ 上的图形，如图 3.3.11 所示.

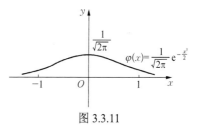

图 3.3.11

# 习　题　3.3

## （A）

**1.** 证明：函数 $y = \sin x - x$ 单调减少.

**2.** 确定下列函数的单调区间：

（1）$y = x^4 - 2x^2 + 2$；

（2）$y = 2x^2 - \ln x$；

（3）$y = x^2 e^x$；

（4）$y = (1 + \sqrt{x})x$；

（5）$f(x) = \sqrt[3]{(2-x)^2(x-1)}$；

（6）$f(x) = \dfrac{x^2}{1+x}$.

**3.** 证明下列不等式：

（1）当 $x > 1$ 时，$x^5 > 5x - 4$；

（2）当 $0 < x < \dfrac{\pi}{2}$ 时，$\sin x + \tan x > 2x$；

（3）当 $x > 4$ 时，$2^x > x^2$；

（4）当 $x > 0$ 时，$\arctan x + \dfrac{1}{x} > \dfrac{\pi}{2}$.

**4.** 求下列函数的极值：

（1）$y = 2x^2 - x^4 + 6$；

（2）$y = 2e^x + e^{-x}$；

（3）$y = x + \sqrt{1-x}$；

（4）$y = \dfrac{x^3}{(x-1)^2}$；

（5）$y = e^x \cos x$；

（6）$y = \dfrac{\ln^2 x}{x}$；

（7）$f(x) = \dfrac{x}{1+x^2}$；

（8）$f(x) = 2x^2 - \ln x$.

**5.** 求下列函数的凹凸区间和拐点：

（1）$y = x^3 - 6x^2 + 3x$；

（2）$y = \ln(1+x^2)$；

（3）$y = xe^{-x}$；

（4）$y = (x+1)^4 + e^x$；

（5）$y = \dfrac{4}{1+x^2}$；

（6）$y = (x-1)\sqrt[3]{x^2}$.

**6.** 求下列函数的渐近线：

（1）$y = e^{-\frac{1}{x}}$；

（2）$y = \ln\left(e + \dfrac{1}{x}\right)$；

（3）$y = \dfrac{1}{1+e^{-x}}$；

（4）$y = \dfrac{x^3}{(x-1)^2}$.

**7.** 描绘下列函数的图像：

（1）$y = x - \ln(x+1)$；

（2）$y = xe^{-x}$；

（3）$y = \dfrac{2x^2}{(1-x)^2}$.

**8.** 设 $x = \dfrac{\pi}{3}$ 是函数 $f(x) = a\sin x + \dfrac{1}{3}\sin 3x$ 的极值点，则 $a$ 为何值？此时的极值点是极大值点还是极小值点？ 求出该值.

## （B）

**1.** 设函数 $f(x)$ 在 $[a, +\infty)$ 上连续，$f''(x)$ 在 $(a, +\infty)$ 内存在且大于 $0$，记为

$$F(x) = \frac{f(x) - f(a)}{x - a} \quad (x > a)$$

证明：$F(x)$ 在 $(a, +\infty)$ 内单调增加.

**2.** 利用函数图形的凹凸性证明下列不等式：

（1）$\dfrac{1}{2}(\ln x + \ln y) < \ln\dfrac{x+y}{2}$ $(x > 0, y > 0, x \neq y)$；

（2）$\dfrac{1}{2}(x^n + y^n) > \left(\dfrac{x+y}{2}\right)^n$ $(x > 0, y > 0, x \neq y, n > 1)$；

（3）$xe^x + ye^y > (x+y)e^{\frac{x+y}{2}}\ (x>0, y>0, x\neq y)$.

**3.** 试确定曲线 $y = ax^3 + bx^2 + cx + d$ 中的 $a, b, c, d$，使得在点 $x = -2$ 处曲线有水平切线，点 $(1, -10)$ 为拐点，且点 $(-2, 44)$ 在曲线上.

**4.** 设 $y = f(x)$ 在点 $x = x_0$ 的某邻域内具有三阶导数，若 $f''(x_0) = 0$，而 $f'''(x_0) \neq 0$，证明点 $(x_0, f(x_0))$ 是拐点.

**5.** 函数 $f(x) = |\ln x|$，点 $x = 1$ 是否是 $f(x)$ 的零点、驻点、极值点？点 $(1, 0)$ 是否是曲线 $f(x)$ 的拐点？为什么？

# 3.4　函数的最值及其应用

## 3.4.1　函数的最值

在工农业生产、工程技术及科学实验中，常常会遇到求最大值和最小值的问题，如用料最省、容量最大、成本最低、效率最高、利润最大等. 此类问题在数学中往往可归结为求某一函数（通常称为目标函数）的最大值或最小值问题. 下面分两种情况来讨论函数的最值问题.

### 1. 目标函数在闭区间上连续

设函数 $f(x)$ 在闭区间 $[a,b]$ 上连续，根据闭区间上连续函数的性质知，$f(x)$ 在 $[a,b]$ 上一定有最大值 $M$ 和最小值 $m$. 通常可按下列步骤求出最大值 $M$ 和最小值 $m$：

（1）求出 $f(x)$ 在 $(a,b)$ 内的所有驻点和不可导点.

（2）求以上点的函数值和 $f(a), f(b)$，将这些值相比较，其中最大的就是最大值，最小的就是最小值.

**注**　以上做法不需判断是否为极值点.

**例 3.4.1**　求函数 $f(x) = x^3 - 3x^2 + 1$ 在 $[-2, 4]$ 上的最大值和最小值.

**解**　$f'(x) = 3x^2 - 6x$，由 $f'(x) = 0$ 得
$$x_1 = 0, \qquad x_2 = 2$$
计算得
$$f(0) = 1, \quad f(2) = -3, \quad f(-2) = -19, \quad f(4) = 17$$
比较得最大值为
$$f(4) = 17$$
最小值为
$$f(-2) = -19$$

**例 3.4.2**　铁路线上 $AB$ 段的距离为 $100\ \text{km}$，工厂 $C$ 距离 $A$ $20\ \text{km}$ 且 $AC \perp AB$，如图 3.4.1 所示. 为了运输需要，要在 $AB$ 线上选定一点 $D$ 向工厂 $C$ 修筑一条公路，已知铁路与公路每千米货运的

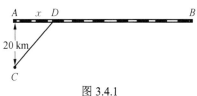

图 3.4.1

运费之比为 $3:5$，为了使产品从工厂运到点 $B$ 的运费最省，问点 $D$ 应选在何处？

**解** 设点 $D$ 在铁路上距离点 $A$ $x$ km 处，则 $BD = 100-x$ (km)，$CD = \sqrt{20^2+x^2}$ (km).

若设每千米铁路运费为 $3k$，则公路运费为 $5k$（$k$ 为大于 0 的常数），则总运费 $y$（目标函数）为

$$y = 3k(100-x) + 5k\sqrt{400+x^2} \quad (0 \leqslant x \leqslant 100)$$

由

$$y' = -3k + \frac{5kx}{\sqrt{400+x^2}} = 0$$

得

$$x = 15, \qquad x = -15（舍）$$

因为点 $x=15$ 是函数在定义域内的唯一驻点，且 $y''(15)>0$，由此知点 $x=15$ 是唯一的极小值点，所以点 $x=15$ 也是 $y$ 的最小值点.

从而当 $x=15$ 时，运费最小，所以点 $D$ 应选在距离 $A$ 15 km 处.

**2. 目标函数在开区间上连续**

开区间上的连续函数不一定有最值，但若函数 $f(x)$ 在 $(a,b)$ 内满足下列两个条件：

（i） $f(x)$ 在 $(a,b)$ 内有且仅有最大值（或最小值）；

（ii） $f(x)$ 在 $(a,b)$ 内只有一个可能取得极值的点 $x_0$.

则 $f(x_0)$ 就是 $f(x)$ 在 $(a,b)$ 内的最大值（或最小值）.

**例3.4.3** 某房地产公司有50套公寓要出租，当租金定为每月 1 000 元时，公寓会全部租出去. 当月租金每增加 50 元时，就会多 1 套公寓租不出去，而租出去的公寓每月需花费 100 元的维修金. 试问房租定为多少时可获得最大收入？

**解** 设每月房租为 $x$ 元，则租出去的房子为 $50-\dfrac{x-1000}{50}$ 套，每月的总收入为

$$R(x) = (x-100)\left(50-\frac{x-1000}{50}\right) = (x-100)\left(70-\frac{x}{50}\right) \quad (x>1000)$$

$$R'(x) = 70-\frac{x}{50}+(x-100)\left(-\frac{1}{50}\right) = 72-\frac{x}{25}$$

令 $R'(x)=0$，得唯一驻点为 $x=1\,800$. 由实际知最大收入一定存在，所以当每月每套公寓租金为 1 800 元时收入最大，最大收入为

$$R(1\,800) = 57\,800（元）$$

## 3.4.2 最值在经济学中的应用

**1. 最大收益问题**

**例3.4.4** 设某商品的需求量 $Q$ 是价格 $P$ 的函数 $Q = Q(P) = 75-P^2$. 求：

（1）当 $P=3$ 元和 $P=6$ 元时的需求弹性，并说明其经济意义；

（2）当 $|\eta(P)|=1$ 时 $P$ 的值，并说明其经济意义；

（3）当总收益最大时的价格 $P$ 及总收益.

**解**　（1）需求弹性：

$$\eta(P) = P \cdot \frac{Q'}{Q} = P \cdot \frac{-2P}{75-P^2} = -\frac{2P^2}{75-P^2}$$

当 $P=3$ 元时，有

$$\eta(3) = -\frac{2 \times 3^2}{75-3^2} = -\frac{3}{11} \approx -0.273$$

$|\eta(3)|<1$，表明价格上涨（或下跌）1%，需求量减少（或增加）约 0.273%.

当 $P=6$ 元时，有

$$\eta(6) = -\frac{2 \times 6^2}{75-6^2} = -\frac{24}{13} \approx -1.846$$

$|\eta(6)|>1$，表明价格上涨（或下跌）1%，需求量减少（或增加）1.846%.

（2）令 $|\eta(P)|=1$，即

$$\left| -\frac{2P^2}{75-P^2} \right| = 1$$

则有

$$P=5$$

表明商品价格为 5 元时，价格改变量的百分比与需求量改变量的百分比一样.

（3）总收益：

$$R(P) = PQ = 75P - P^3 \quad (P>0)$$

令

$$R'(P) = 75 - 3P^2 = 0$$

得 $P=5$，又

$$R''(P) = -6P, \qquad R''(5) < 0$$

从而

$$R(5) = 250 \ 元$$

所以当价格为 5 元时，有最大收益，且最大收益为 250 元.

由例 3.3.4 知，使 $|\eta(P)|=1$ 的 $P$ 值与使总收益最大的 $P$ 值是相同的. 对需求弹性与总收益之间的关系，总结出以下规律，如图 3.4.2 所示.

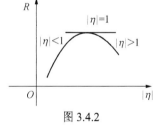

图 3.4.2

设总收益 $R$ 是商品价格与需求量 $Q$ 的函数：

$$R = P \cdot Q = P \cdot Q(P)$$

由 $R' = Q(P) + PQ'(P) = Q(P)\left[1 + Q'(P)\frac{P}{Q(P)}\right] = Q(P)(1+\eta)$，得

（1）若 $|\eta|<1$，表明需求变化的幅度小于价格变动的幅度. $R'>0$，$R$ 递增. 即价格上涨，总收益增加；价格下跌，总收益减少.

（2）若 $|\eta|>1$，表明需求变动的幅度大于价格变动的幅度. $R'<0$，$R$ 递减. 即价格上涨，总收益减少；价格下跌，总收益增加.

（3）若 $|\eta|=1$，表明需求变动的幅度等于价格变动的幅度. $R'=0$，$R$ 取到最大值.

## 2. 平均成本最小问题

设成本函数为 $C(x)$（$x$ 为产量），称每单位产品所承担的成本费用为平均成本函数，用 $\bar{C}(x)$ 表示，即

$$\bar{C}(x) = \frac{C(x)}{x}$$

**例 3.4.5** 工厂生产某产品，当产量为 $x$ 个单位时，总成本函数为

$$C(x) = 15x - 6x^2 + x^3 (\text{元})$$

求最低平均成本和相应产量的边际成本.

**解** 平均成本：

$$\bar{C}(x) = \frac{C(x)}{x} = 15 - 6x + x^2 \quad (x > 0)$$

$$\bar{C}'(x) = -6 + 2x$$

令 $\bar{C}'(x) = 0$，得

$$x = 3$$

而

$$\bar{C}''(x) = 2, \quad \bar{C}''(3) = 2 > 0$$

故点 $x = 3$ 是 $\bar{C}(x)$ 唯一的极小值点. 所以，当 $x = 3$ 时，$\bar{C}(x)$ 最小，最小平均成本为

$$\bar{C}(3) = 15 - 6 \times 3 + 3^2 = 6$$

此时边际成本为

$$C'(3) = (15 - 12x + 3x^2)\big|_{x=3} = 6$$

此例中，显然 $\bar{C}(3) = C'(3)$，即当平均成本等于边际成本时，平均成本达到最小. 事实上，由 $\bar{C}'(x) = \frac{xC'(x) - (x)}{x^2} = 0$ 得 $C'(x) = \frac{C(x)}{x}$ 也可得此结论.

## 3. 最大利润问题

**例 3.4.6** 某服装公司的一款服装的销售量 $x$ 与其定价 $P$ 之间的函数关系为

$$P = 150 - 0.5x (\text{元})$$

销售量与制造成本之间的函数关系为

$$C(x) = 4\,000 + 0.25x^2$$

求该公司销售量为多少时利润最大.

**解** $L(x) = R(x) - C(x) = x \cdot P - C(x) = (150x - 0.5x^2) - (4\,000 + 0.25x^2)$

$$= -0.75x^2 + 150x - 4\,000 \quad (0 < x < +\infty)$$

令 $L'(x) = -1.5x + 150 = 0$，得

$$x = 100$$

又因为

$$L''(x) = -1.5, \quad L''(100) < 0$$

所以点 $x = 100$ 是 $L(x)$ 唯一的极大值. 故当 $x = 100$ 时，利润最大，且

$$L(100) = -0.75 \times 100^2 + 150 \times 100 - 4\,000 = 3\,500\,(元)$$

事实上，要使利润 $L(x)$ 最大，则有

$$L'(x) = 0 \quad 且 \quad L''(x) < 0$$

即　　　　　$$L'(x) = R'(x) - C'(x) = 0 \quad 且 \quad L''(x) = R''(x) - C''(x) < 0$$

所以，当 $R'(x) = C'(x)$ 且 $R''(x) < C''(x)$，即边际收益等于边际成本，且边际收益的变化率小于边际成本的变化率时，可实现利润最大化，此条件也称为最大利润原则.

### 4. 经济批量问题

货品的零售商在年度订购货物时考虑到储存货品所承担的持产成本（如仓库的租金、看管费用等），一般不会一次整批购进大量货品. 但在年度销售量一定的情况下，若订货批次太多，又要支付过多的送货费、劳动力费用等成本. 因此，需要在持产成本与再订购成本之间寻找一个平衡点，使总存货成本最小. 总存货成本最小的每批的进货量称为经济批量，所以这类问题称为经济批量问题，也称为存货成本最小问题. 这类问题可以归结为最小化函数：

$$总存货成本 = 年度持产成本 + 年度再订购成本$$

**例 3.4.7**　某商品零售商每年销售该商品 360 件，库存一件商品一年的费用为 8 元，若再订购，需付 10 元固定成本且每件商品另加 8 元. 设商品的销售是均匀的，为最小化存货成本，请问该零售商每年应分几批订购此商品？每次批量是多少？

**解**　设分 $x$ 批购进商品，则每次批量为 $\dfrac{360}{x}$ 件，存货成本设为 $C(x)$，则

$$C(x) = 年度持产成本 + 年度再订购成本 = w_1(x) + w_2(x)$$

因为销售是均匀的，所以平均存货量是每批进货数量的一半，于是

$$w_1(x) = 8 \times \left( \frac{1}{2} \times \frac{360}{x} \right) = \frac{1\,440}{x}$$

而　　　　　$$w_2(x) = \left( 10 + \frac{360}{x} \times 8 \right) \times x = 10x + 2\,880$$

于是　　　　　$$C(x) = 10x + \frac{1\,440}{x} + 2\,880 \quad (x > 0)$$

令 $C'(x) = 10 - \dfrac{1\,440}{x^2} = 0$，得

$$x = 12, \qquad x = -12(舍)$$

又　　　　　$$C''(x) = \frac{2\,880}{x^3}, \quad C''(12) > 0$$

所以点 $x = 12$ 是 $C(x)$ 唯一的极小值点. 于是，当分 12 批订购商品时，存货总成本最小，且每次批量为 $\dfrac{360}{12} = 30$ 件.

## 5. 最大税收问题

**例 3.4.8** 某种商品的价格函数为

$$P(x) = 7 - 0.2x \, (万元/单位)$$

其中 $x$ 为商品销售量，总成本函数为

$$C(x) = 3x + 1 \, (万元)$$

若每销售 1 单位商品，政府征税 $t$ 万元.

（1）生产多少商品时，利润最大？

（2）在企业取得最大利润的情况下，$t$ 为何值时，才能使总税收最大？

**解** （1）总收益：

$$R(x) = xP(x) = x(7 - 0.2x) = 7x - 0.2x^2$$

总税收：

$$T = tx$$

所以总利润：

$$L(x) = R(x) - C(x) - T(x) = 7x - 0.2x^2 - (3x + 1) - tx = -0.2x^2 + (4 - t)x - 1$$

令 $L'(x) = -0.4x + 4 - t = 0$，得

$$x = 10 - 2.5t$$

又

$$L''(x) = -0.4 < 0, \quad L''(10 - 2.5t) < 0$$

所以当 $x = 10 - 2.5t$ 时，$L(x)$ 有唯一的极大值. 从而当销售量 $x = 10 - 2.5t$ 时，利润最大.

（2）最大利润时的总税收为

$$T = tx = t(10 - 2.5t) = -2.5t^2 + 10t$$

令 $T' = -5t + 10 = 0$，得

$$t = 2$$

又

$$T'' = -5 < 0, \quad T''(2) < 0$$

所以当 $t = 2$ 时，$T$ 有唯一的极大值. 从而当 $t = 2$ 时，政府总税收最大，$T = 10 \, (万元)$.

# 习 题 3.4

**1.** 求下列函数的最大值和最小值：

（1）$y = 2x^3 - 6x^2 - 18x \, (1 \leqslant x \leqslant 4)$；　　　　（2）$y = \sin x + \cos x \, (0 \leqslant x \leqslant 2\pi)$；

（3）$y = x + \sqrt{1-x} \, (-5 \leqslant x \leqslant 1)$；　　　　（4）$y = \ln(1 + x^2) \, (-1 \leqslant x \leqslant 2)$.

**2.** 函数 $y = \dfrac{x}{x^2 + 1}$ 在区间 $(0, +\infty)$ 内是否存在最值？若存在，请指出是最大值还是最小值.

**3.** 从一块边长为 $a$ 的正方形铁皮的四角上截去同样大小的正方形，然后按虚线将四边折起来做成一个无盖的盒子（题 3 图），问截去的小正方形边长为多少时，盒子的容量最大？

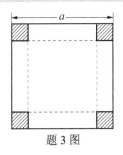

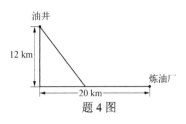

题 3 图　　　　　　　　　　题 4 图

**4.** 用输油管将离岸 12 km 的一座油田与沿岸往下 20 km 处的炼油厂连接起来（见题 4 图）. 如果水下输油管的铺设成本为 5 万元/km，陆地铺设成本为 3 万元/km，如何组合水下与陆地的输油管可使铺设费用最少？

**5.** 当某商品的价格为 $P$ 时，售出的商品数量 $Q$ 可表示为 $Q = \dfrac{a}{P+b} - c$，其中 $a, b, c$ 均为正数，且 $a > bc$.

（1）$P$ 在何范围变化时，可使相应收益增加或减少？

（2）要使收益最大，$P$ 取何值？ 求最大收益.

**6.** 某厂家打算生产一批商品投放市场. 已知该商品的需求量 $x$ 与价格 $P$ 的函数关系为 $P(x) = 10\mathrm{e}^{-\frac{x}{2}}$，且最大需求量为 6. 求：

（1）该商品的收益函数和边际收益；

（2）最大收益时的产量，相应价格及最大收益.

**7.** 已知某厂生产 $x$ 件产品的成本为

$$C(x) = 25\,000 + 200x + \frac{x^2}{40}$$

问要使平均成本最小，应生产多少件产品？

**8.** 设生产某产品时的固定成本为 10 000 元，可变成本与产品日产量 $x$（单位：t）的立方成正比. 已知日产量为 20 t 时，总成本为 10 320 元. 日产量为多少吨时，能使平均成本最低？求最低平均成本（假定日最高产量为 100 t）.

**9.** 某工厂生产产品，每日总成本为 $C$ 元，其中固定成本为 200 元. 每多生产 1 单位产品成本增加 10 元，该产品的需求函数为 $Q = 50 - 2P$. 问 $Q$ 为多少时，工厂日利润最大？

**10.** 某家电厂生产一款新冰箱，为了卖出 $x$ 台冰箱，其单价应定为 $P = 280 - 0.4x$（元），同时生产 $x$ 台冰箱的总成本可表示为 $C(x) = 5\,000 + 0.6x^2$. 求利润最大时销售的冰箱数量及销售单价，并求此时的最大利润.

**11.** 某工厂生产某种产品，其年销售量为 100 万件，每批生产的准备费用为 1 000 元，而每件一年的库存费为 0.05 元，如果年销售率是均匀的，且上批销售完后立即再生产下一批（此时商品库存数为批量的一半）. 问应分几批生产，才能使生产准备费用与库存费用之和最小？

**12.** 某企业的收益函数为 $R(Q) = 40Q - 4Q^2$，总成本函数为 $C(Q) = 2Q^2 + 4Q + 10$. 如果政府对该企业征收产品税 $y = tQ$，其中 $t$ 为税率，求：

（1）税收最大时的税率；

（2）企业纳税后的最大利润.

MATLAB 作图及利用 MATLAB 计算极值

小　结

微分中值定理是导数应用的理论基础. 本章首先介绍了三个中值定理, 然后以此为基础介绍了利用导数求极限的方法——洛必达法则, 最后应用导数来研究函数的某些性态并解决一些实际问题.

## 一、学习要求

（1）理解罗尔中值定理、拉格朗日中值定理、柯西中值定理及其几何意义, 并会用这些定理进行一些简单的推理和证明.

（2）能熟练判别极限类型, 并能熟练运用洛必达法则求 $\frac{\infty}{\infty}$, $\frac{0}{0}$, $0\cdot\infty$, $\infty-\infty$, $0^0$, $1^\infty$, $\infty^0$ 型未定式的极限.

（3）会用导数判别函数的单调性, 会求单调区间；理解函数极值的概念, 并掌握极值的判定方法.

（4）会用导数判别函数的凹凸性, 会求函数的拐点.

（5）会求函数的渐近线, 学会描绘一些简单函数的图形.

（6）理解极值与最值的关系, 会求函数的最值；掌握简单实际经济问题中所涉及的最值的求法.

## 二、内容小结

### 1. 微分中值定理

**定理 1** （罗尔中值定理）（i）$f(x)$ 在 $[a, b]$ 上连续；（ii）$f(x)$ 在 $(a, b)$ 内可导；（iii）$f(a)=f(b)$. 则至少存在一点 $\xi\in(a,b)$, 使得

$$f'(\xi)=0$$

**定理 2** （拉格朗日中值定理）（i）$f(x)$ 在 $[a, b]$ 上连续；（ii）$f(x)$ 在 $(a, b)$ 内可导. 则至少存在一点 $\xi\in(a,b)$, 使得

$$f'(\xi)=\frac{f(b)-f(a)}{b-a}$$

**定理 3** （柯西中值定理）（i）$f(x)$, $g(x)$ 在 $[a, b]$ 上连续；（ii）$f(x)$, $g(x)$ 在 $(a, b)$ 内可导；（iii）$g'(x)$ 在 $(a, b)$ 内任何一点都不为 0. 则至少存在一点 $\xi\in(a, b)$, 使得

$$\frac{f'(\xi)}{g'(\xi)}=\frac{f(b)-f(a)}{g(b)-g(a)}$$

三个定理的条件都是充分非必要的, 它们之间的关系如下：

$$\text{罗尔中值定理} \underset{f(a)=f(b)}{\overset{\text{推广}}{\rightleftarrows}} \text{拉格朗日中值定理} \underset{g(x)=x}{\overset{\text{推广}}{\rightleftarrows}} \text{柯西中值定理}$$

**推论 1** 若函数 $f(x)$ 在某区间 $I$ 上恒有 $f'(x)=0$, 则 $f(x)$ 在此区间 $I$ 上恒为一常数.

**推论 2** 若函数 $f(x)$ 和 $g(x)$ 在区间 $I$ 上恒有 $f'(x)=g'(x)$, 则在区间 $I$ 上恒有

$$f(x) = g(x) + C \quad (C \text{ 为常数})$$

**2. 洛必达法则**

设函数 $f(x)$ 和 $g(x)$ 满足：（1）$\lim\limits_{x \to a} f(x) = \lim\limits_{x \to a} g(x) = 0$（或 $\infty$）；（2）在点 $a$ 的某去心

邻域内 $f'(x)$ 与 $g'(x)$ 都存在，且 $g'(x) \neq 0$；（3）$\lim\limits_{x \to a} \dfrac{f'(x)}{g'(x)} = A$（或 $\infty$）. 则

$$\lim_{x \to a} \frac{f(x)}{g(x)} = \lim_{x \to a} \frac{f'(x)}{g'(x)} = A \text{（或} \infty\text{）}$$

此定理中将"$x \to a$"改为"$x \to \infty$"结论依然成立.

**3. 函数单调性的判定**

设函数 $y = f(x)$ 在闭区间 $[a, b]$ 上连续，在开区间 $(a, b)$ 内可导.

（i）若在 $(a, b)$ 内 $f'(x) > 0$，则函数 $y = f(x)$ 在 $[a, b]$ 上单调增加；

（ii）若在 $(a, b)$ 内 $f'(x) < 0$，则函数 $y = f(x)$ 在 $[a, b]$ 上单调减少.

**4. 函数的极值**

设函数 $f(x)$ 在点 $x_0$ 的某邻域内有定义，若对该邻域内任一点 $x$（$x \neq x_0$），恒有

$$f(x) < f(x_0) \quad \text{（或} f(x) > f(x_0)\text{）}$$

则称 $f(x)$ 在点 $x_0$ 处取得极大值（或极小值），而点 $x_0$ 称为函数 $f(x)$ 的极大值点（或极小值点）.

**5. 取得极值的条件**

**定理 4**（必要条件）　若函数 $f(x)$ 在点 $x_0$ 处可导，且在点 $x_0$ 处取得极值，则 $f'(x_0) = 0$.

**定理 5**（判别极值的第一充分条件）　设函数 $f(x)$ 在点 $x_0$ 处连续，在 $\overset{\circ}{U}(x_0, \delta)$ 内可导，又 $f'(x_0) = 0$ 或 $f'(x_0)$ 不存在.

（i）若当 $x \in (x_0 - \delta, x_0)$ 时 $f'(x) > 0$，当 $x \in (x_0, x_0 + \delta)$ 时 $f'(x) < 0$，则 $f(x_0)$ 为函数 $f(x)$ 的极大值；

（ii）若当 $x \in (x_0 - \delta, x_0)$ 时 $f'(x) < 0$，当 $x \in (x_0, x_0 + \delta)$ 时 $f'(x) > 0$，则 $f(x_0)$ 为函数 $f(x)$ 的极小值；

（iii）若当 $x \in \overset{\circ}{U}(x_0, \delta)$ 时，$f'(x)$ 恒为正或恒为负，则 $f(x_0)$ 不是函数 $f(x)$ 的极值.

**定理 6**（判别极值的第二充分条件）　设函数 $f(x)$ 在点 $x_0$ 处具有二阶导数，且 $f'(x_0) = 0, f''(x_0) \neq 0$，则

（i）当 $f''(x_0) < 0$ 时，函数 $f(x)$ 在点 $x_0$ 处取得极大值；

（ii）当 $f''(x_0) > 0$ 时，函数 $f(x)$ 在点 $x_0$ 处取得极小值.

**6. 函数的凹凸性及其判定**

**定义 1**　设 $f(x)$ 在区间 $I$ 上连续，若对 $I$ 上任意两点 $x_1, x_2$，恒有

$$f\left(\frac{x_1 + x_2}{2}\right) < \frac{f(x_1) + f(x_2)}{2} \quad \left(\text{或} f\left(\frac{x_1 + x_2}{2}\right) > \frac{f(x_1) + f(x_2)}{2}\right)$$

则称 $f(x)$ 在 $I$ 上的图形是（向上）凹（或凸）的，也称凹弧（或凸弧）.

**定理 7** 设函数 $f(x)$ 在 $[a,b]$ 上连续，在 $(a,b)$ 内具有一阶和二阶导数，则

（i）若在 $(a,b)$ 内，$f''(x)>0$，则 $f(x)$ 在 $[a,b]$ 上的图形是凹的；

（ii）若在 $(a,b)$ 内，$f''(x)<0$，则 $f(x)$ 在 $[a,b]$ 上的图形是凸的.

凹凸性发生改变的分界点称为拐点.

## 三、基本方法归纳

### 1. 用中值定理证明方程的根的情况

罗尔中值定理经常用来证明导函数等于 0 形成的方程有根，常常需要作辅助函数，此函数的导数必须等于方程中的"导函数"；拉格朗日中值定理证明的等式中经常含有同一个函数在一个区间上的增量；而用柯西中值定理证明的等式中往往含有两个函数在同一区间上的增量. 对于具体的题目到底选择哪个定理解题，需要通过练习才能熟能生巧，掌握解题的关键.

### 2. 用洛必达法则计算未定式

对于 $\dfrac{\infty}{\infty}$ 型和 $\dfrac{0}{0}$ 型未定式可直接用洛必达法则尝试解答；对于 $0\cdot\infty$ 型未定式一般选择较易的一个因子倒后放到分母上变成 $\dfrac{0}{0}$ 型或 $\dfrac{\infty}{\infty}$ 型；对于 $\infty-\infty$ 型未定式经常采用通分的方式化成 $\dfrac{0}{0}$ 型或 $\dfrac{\infty}{\infty}$ 型；对于 $1^{\infty},\infty^0,0^0$ 这类幂指函数 $f(x)^{g(x)}$ 型的未定式则可先化成指数函数 $e^{g(x)\ln f(x)}$，再求指数的极限，而此时指数的极限为 $0\cdot\infty$ 型未定式.

### 3. 求函数极值的方法

（1）确定函数 $f(x)$ 的定义域并求其导数 $f'(x)$；

（2）由 $f'(x)$ 求出 $f(x)$ 的全部驻点和不可导点；

（3）用这些点将定义域分成若干小区间，在每个小区间上讨论 $f'(x)$ 的符号，根据这些点左、右两侧邻近范围符号变化的情况，确定函数极值点；

（4）求出各极值点处的函数值即函数 $f(x)$ 的全部极值.

### 4. 求函数凹凸性及拐点的方法

（1）求函数 $f(x)$ 的二阶导数 $f''(x)$；

（2）由 $f''(x)$ 求出 $f''(x)=0$ 的点和 $f''(x)$ 不存在的点；

（3）对（2）中的每一个点，考察其左、右两侧 $f''(x)$ 的符号，确定曲线的凹凸性及拐点.

### 5. 函数渐近线的求法

若 $\lim\limits_{x\to\infty}f(x)=b$，则直线 $y=b$ 为曲线 $y=f(x)$ 的一条水平渐近线.

若 $\lim\limits_{x\to a}f(x)=\infty$，则直线 $x=a$ 为曲线 $y=f(x)$ 的一条铅垂渐近线.

若 $\lim\limits_{x\to\infty}\dfrac{f(x)}{x}=a$，$\lim\limits_{x\to\infty}[f(x)-ax]=b$，则直线 $y=ax+b$ 为曲线 $y=f(x)$ 的斜渐近线.

**6. 描绘函数图形的方法**

（1）确定函数 $y=f(x)$ 的定义域及对称性、周期性、有界性等；

（2）求出一阶导数 $f'(x)$ 和二阶导数 $f''(x)$ 在定义域内的全部零点和使它们不存在的点，并用这些点将定义域分成若干个部分区间；

（3）确定这些部分区间内 $f'(x)$ 和 $f''(x)$ 的符号，并由此判定函数在各个部分区间上的单调性和凹凸性，求出极值和拐点；

（4）确定函数的各种渐近线；

（5）计算出（2）中各点处的函数值，另外可适当补充一些辅助作图点，描绘出函数图形.

**7. 求函数最值的方法**

设函数 $f(x)$ 定义在 $[a,b]$ 上，可按下列步骤求最值：

（1）求 $f'(x)$；

（2）求出 $f'(x)=0$ 的点和 $f'(x)$ 不存在的点；

（3）算出（2）中各点处的函数值和两端点处的函数值 $f(a),f(b)$；

（4）比较（3）中各点的函数值，其中最大和最小的便分别是 $f(x)$ 的最大值和最小值.

另外，若 $f(x)$ 在某区间上连续，且函数在该区间上有且仅有一个极值点，则此极值点一定是最值点.

# 总 习 题 3

**1.** 下列函数在给定区间上满足罗尔中值定理的是（ ）.

A. $y=x^2-5x+6,[2,3]$

B. $y=xe^{-x},[0,1]$

C. $y=\dfrac{1}{\sqrt[3]{(x-1)^2}},[0,2]$

D. $y=\begin{cases} x+1, & x<5, \\ 1, & x\geqslant 5, \end{cases}[0,5]$

**2.** 若 $f(x)$ 在 $(a,b)$ 内可导，且 $a<x_1<x_2<b$，则至少存在一点 $\xi$，使得（ ）成立.

A. $f(b)-f(a)=f'(\xi)(b-a)\,(a<\xi<b)$

B. $f(b)-f(x_1)=f'(\xi)(b-x_1)\,(x_1<\xi<b)$

C. $f(x_2)-f(x_1)=f'(\xi)(x_2-x_1)\,(x_1<\xi<x_2)$

D. $f(x_2)-f(a)=f'(\xi)(x_2-a)\,(a<\xi<x_2)$

**3.** 设函数 $f(x)$ 在 $[0,a]$ 上二次可微，且 $xf''(x)-f'(x)>0$，则 $\dfrac{f'(x)}{x}$ 在 $(0,a)$ 内（ ）.

A. 不增加      B. 不减少      C. 单调增加      D. 单调减少

**4.** 设函数 $f(x)$ 在点 $x_0=0$ 的某邻域内可导，且 $f'(0)=0$，又 $\lim\limits_{x\to 0}\dfrac{f'(x)}{x}=\dfrac{1}{2}$，则 $f(0)$（ ）.

A. 一定是 $f(x)$ 的极小值      B. 一定是 $f(x)$ 的极大值

C. 一定不是 $f(x)$ 的极小值      D. 不能确定是否是 $f(x)$ 的极值

**5.** 设 $f(x)$ 在 $[a,b]$ 上连续，$f(b)=0$，且在 $(a,b)$ 内，$f'(x)>0$，则在 $[a,b]$ 上 $f(x)$（ ）.

A. $=0$      B. $<0$      C. $>0$      D. $=1$

**6.** 设 $f'(x_0) = f''(x_0) = 0$ ，$f'''(x_0) < 0$ ，则（　　）.

A. $f(x_0)$ 是 $f(x)$ 极大值 　　　　　　　B. $f(x_0)$ 是 $f(x)$ 极小值

C. $f'(x_0)$ 是 $f'(x)$ 的极小值 　　　　　D. 点 $(x_0, f(x_0))$ 是曲线 $y = f(x)$ 的拐点

**7.** 设 $f(x) = |x(x-1)|$ ，则（　　）.

A. 点 $x=0$ 是 $f(x)$ 极值点，但点 $(0,0)$ 不是曲线 $y = f(x)$ 的拐点

B. 点 $x=0$ 是 $f(x)$ 极值点，但点 $(0,0)$ 不是曲线 $y = f(x)$ 的拐点

C. 点 $x=0$ 不是 $f(x)$ 极值点，但点 $(0,0)$ 是曲线 $y = f(x)$ 的拐点

D. 点 $x=0$ 不是 $f(x)$ 极值点，且点 $(0,0)$ 也不是曲线 $y = f(x)$ 的拐点

**8.** 设 $a_0 + \dfrac{a_1}{2} + \cdots + \dfrac{a_n}{1+n} = 0$ ，试证：在 $(0,1)$ 内至少存在一点 $x$ 满足

$$a_0 + a_1 x + \cdots + a_n x^n = 0$$

**9.** 证明：多项式 $f(x) = x^3 - 3x + a$ 在 $[0,1]$ 上不可能有两个零点.

**10.** 证明：在 $\left(0, \dfrac{\pi}{2}\right)$ 内存在 $\xi$ ，使得 $\cos\xi = \xi\sin\xi$ .

**11.** 设函数 $\varphi(x)$ 可导，试证 $\varphi(x)$ 的两个零点之间一定有 $\varphi(x) + \varphi'(x)$ 的零点.

**12.** 设函数 $f(x)$ 在 $[0,3]$ 上连续，在 $(0,3)$ 内可导，且 $f(0) + f(1) + f(2) = 3$ ，$f(3) = 1$ ，试证：必存在 $\xi \in (0,3)$ ，使得 $f'(\xi) = 0$ .

**13.** 证明下列不等式：

（1）设 $a > b > 0$ ，$\dfrac{a-b}{a} < \ln\dfrac{a}{b} < \dfrac{a-b}{b}$ ；

（2）设 $0 < \beta \leqslant \alpha < \dfrac{\pi}{2}$ ，$\dfrac{\alpha-\beta}{\cos^2\beta} \leqslant \tan\alpha - \tan\beta \leqslant \dfrac{\alpha-\beta}{\cos^2\alpha}$ .

**14.** 设函数 $f(x)$ 在区间 $[a,b]$ 上连续，在 $(a,b)$ 内可导，证明：在 $(a,b)$ 内至少存在一点 $\xi$ ，使得

$$\frac{b^n f(b) - a^n f(a)}{b-a} = [nf(\xi) + \xi f'(\xi)]\xi^{n-1} \quad (n \geqslant 1)$$

**15.** 设函数 $f(x)$ 在 $[a,b]$ 上连续，在 $(a,b)$ 内二阶可导，且 $f(a) = f(b) = 0, f(c) > 0$ ，其中 $a < c < b$ . 证明：至少存在一点 $\xi \in (a,b)$ ，使得 $f''(\xi) < 0$ .

**16.** 设函数 $f(x)$ 在 $(a, +\infty)$ 内可导，且 $\lim\limits_{x \to +\infty} f(x) = k$（常数），$\lim\limits_{x \to +\infty} f'(x)$ 存在，证明 $\lim\limits_{x \to +\infty} f'(x) = 0$ .

**17.** 已知函数 $f(x)$ 在 $(-\infty, +\infty)$ 内可导，且

$$\lim_{x \to \infty} f'(x) = e, \qquad \lim_{x \to \infty} \left(\frac{x+C}{x-C}\right)^x = \lim_{x \to \infty}[f(x) - f(x-1)]$$

求 $C$ 的值.

**18.** 设函数 $f(x)$ 在 $[a, b]$ 上连续，$x_0 \in (a, b)$ ，且 $f(x)$ 在 $(a, x_0)$ 和 $(x_0, b)$ 内均可导，$\lim\limits_{x \to x_0} f'(x) = 1$ ，证明：$f'(x_0)$ 存在，且 $f'(x_0) = 1$ .

**19.** 用洛必达法则求下列极限：

（1）$\lim\limits_{x \to 0}(\sin x + e^x)^{\frac{1}{x}}$ ；　　　　　　（2）$\lim\limits_{x \to 0}\left(\dfrac{\sin x}{x}\right)^{\frac{1}{1-\cos x}}$ ；

（3）$\lim\limits_{x \to \infty}\left(\dfrac{a_1^{\frac{1}{x}} + a_2^{\frac{1}{x}} + \cdots + a_n^{\frac{1}{x}}}{n}\right)^{nx}$ ；　（4）$\lim\limits_{x \to \infty}(x + \sqrt{1+x^2})^{\frac{1}{x}}$ .

**20.** 当 $a$ 和 $b$ 为何值时，$\lim\limits_{x \to 0}\left(\dfrac{\sin 3x}{x^3} + \dfrac{a}{x^2} + b\right) = 0$.

**21.** 设函数 $f(x)$ 在点 $x_0 = 0$ 的某邻域内有二阶导数，且

$$\lim_{x \to 0}\left[1 + x + \frac{f(x)}{x}\right]^{\frac{1}{x}} = \mathrm{e}^3$$

求 $f(0), f'(0), f''(0)$.

**22.** 证明：不等式 $1 + x\ln(x + \sqrt{1 + x^2}) \geqslant \sqrt{1 + x^2} \ (0 < x < +\infty)$.

**23.** 若 $0 \leqslant x \leqslant 1, P > 1$，证明：$\dfrac{1}{2^{P-1}} \leqslant x^P + (1-x)^P \leqslant 1$

**24.** 某企业生产一种产品，固定成本为 5 000 元，每生产 100 台产品成本要增加 250 元，设市场对此产品的年需求量为 500 台. 在此范围内产品能全部售出且收入 $R$ 与销售台数的函数关系为 $R(a) = 5a - \dfrac{a^2}{2}$ (万元)（$a$ 为销售量，单位：百台）. 若超出 500 台，产品就会积压. 问该产品的年产量为多少台时，才能使企业年利润最大？

**25.** 已知某种产品在一个生产周期内总共生产 $a$ t. 若分批生产，设生产每批产品需要投入固定成本 100 万元，而每批生产直接消耗的费用（不含固定成本）与产品数量的立方成正比. 当每批产品为 20 t 时，直接消耗的生产费用为 4 000 元. 问每批生产多少吨时总费用最小？

**26.** 用汽船运输载重相等的小船若干只，在两港之间来回运送货物. 已知每次拖 4 只小船一日能来回 16 次，每次拖 7 只小船则一日能来回 10 次. 如果小船增多的只数与来回减少的次数成正比，问每日来回多少次，每次拖多少只小船能使运货总量达到最大？

# 第 4 章

# 不定积分

　　数学发展的动力主要来源于社会发展过程中遇到的问题，17世纪，微积分的创立首先是为了解决当时数学面临的四类核心问题中的第四类问题，即求曲线的长度、曲线围成的面积、曲面围成的体积、物体的重心和引力等. 由求运动的瞬时速度、曲线的切线和最值等问题产生了导数和微分，构成了微积分学的微分学部分；同时，在科学、技术和经济的许多问题中，常常会遇到相反的问题，即已知函数的导数（或微分），求出这个函数，即要求一个可导函数，使其导函数等于已知函数. 由已知速度求路程、已知切线求曲线，以及上述求面积与体积等问题，产生了不定积分和定积分，构成了微积分学的积分学部分. 这便是本章将要研究的问题，也是积分学的基本问题之一.

　　本章将先给出原函数和不定积分的概念，介绍它们的性质，进而讨论求不定积分的方法.

# 4.1 不定积分的概念及性质

## 4.1.1 原函数

已知某质点的运动方程 $s=f(t)$，由微分学知，此质点在 $t$ 时刻的速度 $v(t)=f'(t)$. 现在反过来，已知该质点在 $t$ 时刻的速度 $v(t)$，求其运动方程. 即已知 $v=f'(t)$，求 $s=f(t)$.

为此，引入原函数的概念.

**定义 4.1.1** 设函数 $f(x)$ 是定义在某区间 $I$ 上的已知函数，若存在一个函数 $F(x)$，使得对区间 $I$ 上任一点 $x$ 都满足：

$$F'(x) = f(x) \quad \text{或} \quad \mathrm{d}F(x) = f(x)\mathrm{d}x$$

则称函数 $F(x)$ 为 $f(x)$ 在区间 $I$ 上的一个原函数.

例如：$(\ln x)' = \dfrac{1}{x}$，故 $\ln x$ 是 $\dfrac{1}{x}$ 当 $x>0$ 时的一个原函数；$(x^2)'=2x$，故 $x^2$ 是 $2x$ 的一个原函数；$(x^2+2)'=2x$，故 $x^2+2$ 也是 $2x$ 的一个原函数.

由此可见，一个函数若有原函数，则原函数并不是唯一的. 对于原函数，有下面几条性质：

**性质 4.1.1** 区间 $I$ 上的连续函数一定有原函数.

这条性质说明了原函数的存在条件，也称为原函数存在定理. 证明将在下一章定积分中给出.

**注** 初等函数在其定义区间上都连续，因此初等函数在其定义区间上都有原函数.

**性质 4.1.2** 一个函数若存在原函数，则必有无数个原函数.

设 $F(x)$ 是 $f(x)$ 的一个原函数，则

$$F'(x) = f(x)$$

因 $\qquad\qquad [F(x)+C]' = f(x)$ （$C$ 为任意常数）

故 $F(x)+C$ 均为 $f(x)$ 的原函数.

**性质 4.1.3** 一个函数的任意两个原函数间只相差一个常数.

事实上，设 $F(x)$ 和 $G(x)$ 都是 $f(x)$ 的原函数，即 $F'(x)=G'(x)=f(x)$，则

$$[F(x)-G(x)]' = F'(x)-G'(x) = 0$$

故 $\qquad\qquad F(x)-G(x) = C$ （$C$ 为任意常数）

将 $\{F(x)+C \mid C \in \mathbf{R}\}$ 称为 $f(x)$ 的原函数族，它是 $f(x)$ 的所有原函数.

## 4.1.2 不定积分

**定义 4.1.2** 区间 $I$ 上的函数 $f(x)$ 若存在原函数，则称 $f(x)$ 为可积函数. 将 $f(x)$ 的全体原函数称为 $f(x)$ 的不定积分，记为

$$\int f(x)\mathrm{d}x$$

其中 $\int$ 称为积分号，$f(x)$ 称为被积函数，$f(x)\mathrm{d}x$ 称为被积表达式，$x$ 称为积分变量.

由定义 4.1.2 知，若 $F(x)$ 为 $f(x)$ 的一个原函数，则

$$\int f(x)\mathrm{d}x = F(x) + C \quad （C \text{为任意常数}）$$

显然，求已知函数的不定积分问题就是求原函数的问题，可归结为：先求出它的一个原函数，再加上任意常数 $C$. 所以求不定积分的运算实质上是求导（或求微分）运算的逆运算.

**例 4.1.1** 求 $\int 4x^3 \mathrm{d}x$.

**解** 由 $(x^4)' = 4x^3$ 知 $x^4$ 是 $4x^3$ 的一个原函数，所以

$$\int 4x^3 \mathrm{d}x = x^4 + C$$

**例 4.1.2** 求 $\int \dfrac{1}{x}\mathrm{d}x$.

**解** 当 $x > 0$ 时，$(\ln x)' = \dfrac{1}{x}$，故

$$\int \frac{1}{x}\mathrm{d}x = \ln x + C \quad (x > 0)$$

当 $x < 0$ 时，$[\ln(-x)]' = \dfrac{1}{-x}\cdot(-1) = \dfrac{1}{x}$，故

$$\int \frac{1}{x}\mathrm{d}x = \ln(-x) + C \quad (x < 0)$$

综合可知

$$\int \frac{1}{x}\mathrm{d}x = \ln|x| + C \quad (x \neq 0)$$

**例 4.1.3** 某商品的边际成本为 $50 - 2x$（$x$ 为产量），生产该商品的固定成本为 10，求总成本函数 $C(x)$.

**解** 依题意，有

$$C'(x) = 50 - 2x$$

而

$$(50x - x^2)' = 50 - 2x$$

故

$$C(x) = 50x - x^2 + C \quad （C \text{为任意常数}）$$

又

$$C(0) = 10$$

代入成本函数得

$$C = 10$$

故所求总成本函数为

$$C(x) = 50x - x^2 + 10$$

### 4.1.3 不定积分的几何意义

若 $F'(x)=f(x)$，称 $F(x)$ 是 $f(x)$ 的一条积分曲线，而 $F(x)+C$ 称为 $f(x)$ 的积分曲线族. 其中每条积分曲线在同一横坐标 $x$ 处的切线斜率相等，均为 $f(x)$，即切线相互平行. 不定积分 $\int f(x)\mathrm{d}x = F(x)+C$ 求出的是一族曲线，而在实际问题中往往只求一个函数，这时要附加一个条件，如给定 $x=x_0$ 时，$y=y_0$，称为初始条件. 由初始条件即可确定积分常数. 例 4.1.3 中便有初始条件 $C(0)=10$.

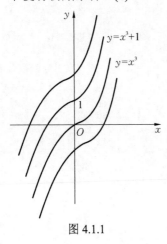

图 4.1.1

**例 4.1.4** 求经过点 $(0,1)$ 且其切线斜率为 $3x^2$ 的曲线方程.

**解** 设所求曲线方程为 $y=f(x)$，依题意，有

$$y'=3x^2$$

得积分曲线族

$$y = \int 3x^2\mathrm{d}x = x^3 + C$$

将点 $(0,1)$ 代入方程得

$$1 = 0 + C$$

故所求曲线方程为

$$y = x^3 + 1$$

积分曲线族如图 4.1.1 所示.

### 4.1.4 不定积分的性质

由不定积分的定义知，若 $F(x)$ 为 $f(x)$ 在区间 $I$ 上的一个原函数，即

$$F'(x) = f(x) \quad \text{或} \quad \mathrm{d}F(x) = f(x)\mathrm{d}x \quad (x \in I)$$

则 $f(x)$ 在区间 $I$ 上的不定积分为

$$\int f(x)\mathrm{d}x = F(x)+C$$

易知求不定积分与求导数或求微分运算互为逆运算，于是可得以下性质：

**性质 4.1.4** （1） $\dfrac{\mathrm{d}}{\mathrm{d}x}\left[\int f(x)\mathrm{d}x\right] = f(x) \quad \text{或} \quad \mathrm{d}\left[\int f(x)\mathrm{d}x\right] = f(x)\mathrm{d}x$

（2） $\int F'(x)\mathrm{d}x = F(x)+C \quad \text{或} \quad \int \mathrm{d}F(x) = F(x)+C$

**注** 与算术中"加减"和"乘除"的逆运算不同，对函数先积分再微分，即" $\mathrm{d}\int$ "使函数还原；反之，对函数先微分再积分，即" $\int \mathrm{d}$ "使函数相差一常数.

利用微分运算法则及不定积分的定义，还可得下面两条性质：

**性质 4.1.5** $\int[f(x)\pm g(x)]\mathrm{d}x = \int f(x)\mathrm{d}x \pm \int g(x)\mathrm{d}x$

**证** $\left[\int f(x)\mathrm{d}x \pm \int g(x)\mathrm{d}x\right]' = \left[\int f(x)\mathrm{d}x\right]' \pm \left[\int g(x)\mathrm{d}x\right]' = f(x) \pm g(x)$

此性质即两个函数代数和的不定积分等于其各自不定积分的代数和.

**性质 4.1.6**
$$\int kf(x)\mathrm{d}x = k\int f(x)\mathrm{d}x \quad (k\neq 0)$$

**证**
$$\left[k\int f(x)\mathrm{d}x\right]' = k\left[\int f(x)\mathrm{d}x\right]' = kf(x)$$

此性质即非零常数因子可直接从积分运算中提出去作因子.

性质 4.1.5 和性质 4.1.6 统称为不定积分的线性性质，可将其推广到有限多个函数的情形，即得如下推论：

**推论 4.1.1**
$$\int \sum_{i=1}^{n} k_i f_i(x)\mathrm{d}x = \sum_{i=1}^{n} k_i \int f_i(x)\mathrm{d}x$$

其中 $k_i(i=1,2,\cdots,n)$ 是不全为 0 的任意实数.

## 4.1.5 基本积分表

既然积分运算是求导运算的逆运算，那么从导数公式可以反过来得到相应的积分公式.
例如，由 $(x^{\mu+1})' = (\mu+1)x^{\mu}$ 得
$$\int x^{\mu}\mathrm{d}x = \frac{x^{\mu+1}}{\mu+1} + C \quad (\mu\neq -1)$$

类似地，可以得到其他积分公式. 下面列出一些基本的积分公式，称为基本积分表：

（1） $\int k\,\mathrm{d}x = kx + C$ （$k$ 为常数）；

（2） $\int x^{\mu}\mathrm{d}x = \frac{x^{\mu+1}}{\mu+1} + C(\mu\neq -1)$；

（3） $\int \frac{1}{x}\mathrm{d}x = \ln|x| + C$；

（4） $\int \frac{\mathrm{d}x}{1+x^2} = \arctan x + C = -\operatorname{arccot} x + C$；

（5） $\int \frac{\mathrm{d}x}{\sqrt{1-x^2}} = \arcsin x + C = -\arccos x + C$；

（6） $\int a^x\,\mathrm{d}x = \frac{a^x}{\ln a} + C$；

（7） $\int \mathrm{e}^x\mathrm{d}x = \mathrm{e}^x + C$；

（8） $\int \sin x\mathrm{d}x = -\cos x + C$；

（9） $\int \cos x\mathrm{d}x = \sin x + C$；

（10） $\int \frac{\mathrm{d}x}{\cos^2 x} = \int \sec^2 x\mathrm{d}x = \tan x + C$；

（11） $\int \frac{\mathrm{d}x}{\sin^2 x} = \int \csc^2 x\mathrm{d}x = -\cot x + C$；

（12） $\int \sec x\tan x\mathrm{d}x = \sec x + C$；

（13） $\int \csc x\cot x\mathrm{d}x = -\csc x + C$.

基本积分表是求不定积分的基础，许多不定积分的计算最后都归结到这 13 个基本公式，因此必须熟记.

### 4.1.6　直接积分法

利用不定积分的性质及基本积分表，可以求一些较简单的不定积分，这种直接求不定积分的方法，称为直接积分法.

**例 4.1.5**　求 $\int (2-\sqrt[3]{x})^3 \mathrm{d}x$ .

**解**　$\int (2-\sqrt[3]{x})^3 \mathrm{d}x = \int \left(8+6x^{\frac{2}{3}}-12x^{\frac{1}{3}}-x\right)\mathrm{d}x = \int 8\mathrm{d}x + 6\int x^{\frac{2}{3}}\mathrm{d}x - 12\int x^{\frac{1}{3}}\mathrm{d}x - \int x\mathrm{d}x$

$$= 8x + 6\cdot\frac{x^{1+\frac{2}{3}}}{1+\frac{2}{3}} - 12\cdot\frac{x^{1+\frac{1}{3}}}{1+\frac{1}{3}} - \frac{x^2}{2} + C = 8x + \frac{18}{5}x^{\frac{5}{3}} - 9x^{\frac{4}{3}} - \frac{x^2}{2} + C$$

**注**　等式右边每一个不定积分都有一个任意常数，但因有限个任意常数的代数和还是一个任意常数，故最后结果只用写出一个任意常数 $C$ 即可.

**例 4.1.6**　求 $\int \sqrt[3]{x}\cdot\sqrt{x\sqrt{x}}\,\mathrm{d}x$ .

**解**　$\int \sqrt[3]{x}\cdot\sqrt{x\sqrt{x}}\,\mathrm{d}x = \int x^{\frac{1}{3}}\cdot x^{\frac{1}{2}+\frac{1}{4}}\mathrm{d}x = \int x^{\frac{1}{3}+\frac{3}{4}}\mathrm{d}x = \int x^{\frac{13}{12}}\mathrm{d}x = \frac{x^{1+\frac{13}{12}}}{1+\frac{13}{12}} + C = \frac{12}{25}x^{\frac{25}{12}} + C$

**例 4.1.7**　求 $\int \dfrac{(x+1)^2}{x^2}\mathrm{d}x$ .

**解**　$\int \dfrac{(x+1)^2}{x^2}\mathrm{d}x = \int \dfrac{x^2+2x+1}{x^2}\mathrm{d}x = \int\left(1+\frac{2}{x}+\frac{1}{x^2}\right)\mathrm{d}x = \int \mathrm{d}x + 2\int\frac{1}{x}\mathrm{d}x + \int\frac{1}{x^2}\mathrm{d}x$

$$= x + 2\ln|x| - \frac{1}{x} + C$$

**例 4.1.8**　求 $\int 5^x \mathrm{e}^x \mathrm{d}x$ .

**解**　$$\int 5^x \mathrm{e}^x \mathrm{d}x = \int (5\mathrm{e})^x \mathrm{d}x = \frac{1}{\ln(5\mathrm{e})}(5\mathrm{e})^x + C = \frac{5^x \mathrm{e}^x}{\ln 5 + 1} + C$$

**例 4.1.9**　求 $\int \dfrac{1+x+x^2}{x(1+x^2)}\mathrm{d}x$ .

**解**　$\int \dfrac{1+x+x^2}{x(1+x^2)}\mathrm{d}x = \int \dfrac{x+(1+x^2)}{x(1+x^2)}\mathrm{d}x = \int\left(\frac{1}{1+x^2}+\frac{1}{x}\right)\mathrm{d}x = \arctan x + \ln|x| + C$

**例 4.1.10**　求 $\int \dfrac{x^4}{1+x^2}\mathrm{d}x$ .

**解**　$\int \dfrac{x^4}{1+x^2}\mathrm{d}x = \int \dfrac{(x^4-1)+1}{1+x^2}\mathrm{d}x = \int\left(x^2-1+\frac{1}{1+x^2}\right)\mathrm{d}x = \frac{x^3}{3} - x + \arctan x + C$

**例 4.1.11** 求下列不定积分:

(1) $\displaystyle\int\tan^2 x\,\mathrm{d}x$; (2) $\displaystyle\int\cos^2\frac{x}{2}\,\mathrm{d}x$;

(3) $\displaystyle\int\frac{\cos 2x}{\sin^2 2x}\,\mathrm{d}x$.

**解** (1) $\displaystyle\int\tan^2 x\,\mathrm{d}x=\int(\sec^2 x-1)\,\mathrm{d}x=\int\sec^2 x\,\mathrm{d}x-\int\mathrm{d}x=\tan x-x+C$

(2) $\displaystyle\int\cos^2\frac{x}{2}\,\mathrm{d}x=\int\frac{1+\cos x}{2}\,\mathrm{d}x=\frac{x+\sin x}{2}+C$

(3) $\displaystyle\int\frac{\cos 2x}{\sin^2 2x}\,\mathrm{d}x=\int\frac{\cos^2 x-\sin^2 x}{2^2\sin^2 x\cos^2 x}\,\mathrm{d}x=\frac{1}{4}\int\left(\frac{1}{\sin^2 x}-\frac{1}{\cos^2 x}\right)\mathrm{d}x$

$$=-\frac{1}{4}(\cot x+\tan x)+C$$

**例 4.1.12** 已知 $f'(\ln x)=1+x$,求 $f(x)$.

**解** 先换元再积分.

令 $\ln x=t$,则

$$x=\mathrm{e}^t,\qquad f'(t)=1+\mathrm{e}^t$$

所以 $$f(t)=\int(1+\mathrm{e}^t)\mathrm{d}t=t+\mathrm{e}^t+C$$

于是 $$f(x)=x+\mathrm{e}^x+C$$

例 4.1.12
其他解法

# 习 题 4.1

## (A)

**1.** 求下列不定积分:

(1) $\displaystyle\int x^2\sqrt{x}\,\mathrm{d}x$; (2) $\displaystyle\int\frac{\mathrm{d}x}{x\sqrt[3]{x}}$;

(3) $\displaystyle\int\sqrt{x}(x^2-5)\mathrm{d}x$; (4) $\displaystyle\int\frac{(x-2)^3}{3x^2}\,\mathrm{d}x$;

(5) $\displaystyle\int\left(\frac{1}{x}-\frac{3}{\sqrt{1-x^2}}\right)\mathrm{d}x$; (6) $\displaystyle\int\frac{\mathrm{e}^{2x}-1}{\mathrm{e}^x-1}\,\mathrm{d}x$;

(7) $\displaystyle\int\frac{\sqrt{1+x^2}}{\sqrt{1-x^4}}\,\mathrm{d}x$; (8) $\displaystyle\int\frac{\mathrm{d}x}{x^2(1+x^2)}$;

(9) $\displaystyle\int\frac{x^2}{1+x^2}\,\mathrm{d}x$; (10) $\displaystyle\int\mathrm{e}^x\left(1+\frac{\mathrm{e}^{-x}}{\sqrt{x}}\right)\mathrm{d}x$;

(11) $\displaystyle\int\sin^2\frac{x}{2}\,\mathrm{d}x$; (12) $\displaystyle\int\sec x(\sec x+\tan x)\mathrm{d}x$;

(13) $\displaystyle\int\frac{\mathrm{d}x}{\sin^2\frac{x}{2}\cos^2\frac{x}{2}}$; (14) $\displaystyle\int\frac{\mathrm{d}x}{1+\cos 2x}$;

(15) $\displaystyle\int\frac{x^2+\sin^2 x}{x^2\sin^2 x}\,\mathrm{d}x$; (16) $\displaystyle\int\frac{\cos 2x}{\cos x+\sin x}\,\mathrm{d}x$;

（17）$\int\left(\sin\dfrac{x}{2}+\cos\dfrac{x}{2}\right)^2\mathrm{d}x$；　　　　　　（18）$\int\dfrac{\mathrm{e}^{3x}+1}{\mathrm{e}^x+1}\mathrm{d}x$．

**2.** 求积分曲线族中，切线斜率为 $x^{\frac{3}{2}}$，且过点 $(0,1)$ 的曲线方程．

**3.** 设生产某产品的固定成本为 20 元，边际成本为 $4x+5$（元/单位），求总成本函数 $C(x)$．

**4.** 解答下列各题：

（1）设 $f'(\mathrm{e}^x)=1+\mathrm{e}^{3x}$，且 $f(0)=1$，求 $f(x)$；

（2）设 $\sin x$ 为 $f(x)$ 的一个原函数，求 $\int f'(x)\mathrm{d}x$；

（3）已知 $f(x)$ 的导数是 $\cos x$，求 $f(x)$ 的一个原函数；

（4）某商品的需求量 $Q$ 是价格 $P$ 的函数，该商品的最大需求量为 $1000$（即当 $P=0$ 时 $Q=1000$），已知需求量的变化率（边际需求）为 $Q'(P)=-1000\left(\dfrac{1}{3}\right)^P\ln 3$，求需求量与价格的函数关系．

**（B）**

**1.** 求下列不定积分：

（1）$\int\dfrac{2\cdot 3^x-7\cdot 2^x}{3^x}\mathrm{d}x$；　　　　　　（2）$\int\dfrac{1+2x^2}{x^2(1+x^2)}\mathrm{d}x$；

（3）$\int\left(\sqrt{\dfrac{1-x}{1+x}}+\sqrt{\dfrac{1+x}{1-x}}\right)\mathrm{d}x$；　　　　（4）$\int\dfrac{\cos^2\dfrac{x}{2}-\sin^2\dfrac{x}{2}}{1-\cos 2x}\mathrm{d}x$；

（5）$\int\dfrac{2\sqrt{x}+3\sqrt{1-x^2}}{\sqrt{x-x^3}}\mathrm{d}x$；　　　　（6）$\int\dfrac{x^6}{1+x^2}\mathrm{d}x$．

**2.** 一曲线通过点 $\left(\dfrac{1}{\mathrm{e}},2\right)$，且在任一点处切线的斜率等于该点横坐标的倒数，求该曲线方程．

\*3. 已知

$$f'(\ln x)=\begin{cases}1,&0<x\leqslant 1\\x,&1<x<+\infty\end{cases}$$

且 $f(0)=0$，求 $f(x)$．

# 4.2　换元积分法

能利用直接积分法计算的不定积分是非常有限的，有很多积分甚至是表达式很简单的不定积分，也很难用直接积分法计算出结果．因此，有必要进一步研究他的不定积分的求法．因为积分运算是微分运算的逆运算，本节将复合函数的微分法反过来用于求不定积分，利用中间变量代换得到复合函数的积分法，称为换元积分法，简称换元法．按照选取中间变量的不同方式将换元法分为两类，分别称为第一类换元法和第二类换元法．

## 4.2.1　第一类换元积分法

在不定积分中，积分变量为 $x$，可直接用积分公式，例如

$$\int \cos x \mathrm{d}x = \sin x + C$$

若将积分变量和被积函数中的变量 $x$ 均换成函数 $u=u(x)$，积分公式是否还适用呢？对上面公式是否有

$$\int \cos u(x) \mathrm{d}u(x) = \sin u(x) + C$$

由一阶微分的形式不变性得

$$\mathrm{d}\sin u(x) = \cos u(x) \mathrm{d}u(x)$$

故

$$\int \cos u(x) \mathrm{d}u(x) = \int \mathrm{d}\sin u(x) = \sin u(x) + C$$

也就是说，在基本公式中，将变量由 $x$ 换成 $u(x)$，公式仍然成立. 例如

$$\int \cos 3x \mathrm{d}x \xrightarrow[\mathrm{d}u=3\mathrm{d}x]{u=3x} \int \cos u \cdot \frac{1}{3} \mathrm{d}u = \frac{1}{3} \int \cos u \mathrm{d}u = \frac{1}{3} \sin u + C \xrightarrow[\text{回代}]{u=3x} \frac{1}{3} \sin 3x + C$$

推广到一般函数，可得如下定理：

**定理 4.2.1** 设函数 $f(u)$ 具有原函数 $F(u)$，$u=\varphi(x)$ 可导，则有换元公式

$$\int f[\varphi(x)]\varphi'(x)\mathrm{d}x \xrightarrow{u=\varphi(x)} \int f(u)\mathrm{d}u = F(u) + C \xrightarrow{\text{回代}} F[\varphi(x)] + C$$

一般来说，如果积分 $\int g(x)\mathrm{d}x$ 不能直接利用基本积分公式计算，而其被积表达式 $g(x)\mathrm{d}x$ 能表示为 $g(x)\mathrm{d}x = f[\varphi(x)]\varphi'(x)\mathrm{d}x = f[\varphi(x)]\mathrm{d}\varphi(x)$ 的形式，且 $\int f(u)\mathrm{d}u$ 较易计算，那么可令 $u=\varphi(x)$，代入后有

$$\int g(x)\mathrm{d}x = \int f[\varphi(x)]\varphi'(x)\mathrm{d}x = \int f[\varphi(x)]\mathrm{d}\varphi(x) \xrightarrow{u=\varphi(x)} \int f(u)\mathrm{d}u = F(u) + C \xrightarrow{\text{回代}} F[\varphi(x)] + C$$

这样，就找到了 $g(x)$ 的原函数. 这种积分法称为第一类换元法.

**例 4.2.1** 求 $\int (3x+2)^5 \mathrm{d}x$.

**解**
$$\int (3x+2)^5 \mathrm{d}x \xrightarrow{u=3x+2} \int u^5 \cdot \frac{1}{3} \mathrm{d}u = \frac{1}{3} \cdot \frac{u^6}{6} + C \xrightarrow{\text{回代}} \frac{1}{18}(3x+2)^6 + C$$

**例 4.2.2** 求 $\int x \mathrm{e}^{2x^2} \mathrm{d}x$.

**解**
$$\int x \mathrm{e}^{2x^2} \mathrm{d}x \xrightarrow{u=2x^2} \int \mathrm{e}^u \cdot \frac{1}{4} \mathrm{d}u = \frac{1}{4} \mathrm{e}^u + C \xrightarrow{\text{回代}} \frac{1}{4} \mathrm{e}^{2x^2} + C$$

**例 4.2.3** 求 $\int \sin\sqrt{x} \frac{1}{\sqrt{x}} \mathrm{d}x$.

**解**
$$\int \sin\sqrt{x} \frac{1}{\sqrt{x}} \mathrm{d}x \xrightarrow{u=\sqrt{x}} \int \sin u \cdot 2 \mathrm{d}u = -2\cos u + C \xrightarrow{\text{回代}} -2\cos\sqrt{x} + C$$

**注** 对这种变量代换熟练掌握以后，可以省去中间变量的换元和回代过程. 因为第一类换元法的实质是凑微分，所以也称此法为凑微分法. 定理 4.2.1 可以简单表示为

$$\int f[\varphi(x)]\varphi'(x)\mathrm{d}x = \int f[\varphi(x)]\mathrm{d}\varphi(x) = F[\varphi(x)] + C$$

为了更方便、快捷地应用凑微分法，归纳以下常用凑微分公式：

（1） $\int f(ax+b)\mathrm{d}x = \frac{1}{a} \int f(ax+b)\mathrm{d}(ax+b) \, (a \neq 0)$；

（2）$\int f(x^{\mu})x^{\mu-1}\mathrm{d}x = \dfrac{1}{\mu}\int f(x^{\mu})\mathrm{d}x^{\mu}\ (\mu \neq 0)$；

（3）$\int f(\ln x)\dfrac{1}{x}\mathrm{d}x = \int f(\ln x)\mathrm{d}\ln x$；

（4）$\int f(\mathrm{e}^x)\mathrm{e}^x\mathrm{d}x = \int f(\mathrm{e}^x)\mathrm{d}\mathrm{e}^x$；

（5）$\int f(a^x)a^x\mathrm{d}x = \dfrac{1}{\ln a}\int f(a^x)\mathrm{d}a^x$；

（6）$\int f(\sin x)\cos x\mathrm{d}x = \int f(\sin x)\mathrm{d}\sin x$；

（7）$\int f(\cos x)\sin x\mathrm{d}x = -\int f(\cos x)\mathrm{d}\cos x$；

（8）$\int f(\tan x)\sec^2 x\mathrm{d}x = \int f(\tan x)\mathrm{d}\tan x$；

（9）$\int f(\cot x)\csc^2 x\mathrm{d}x = -\int f(\cot x)\mathrm{d}\cot x$；

（10）$\int f(\arctan x)\dfrac{1}{1+x^2}\mathrm{d}x = \int f(\arctan x)\mathrm{d}\arctan x$；

（11）$\int f(\arcsin x)\dfrac{1}{\sqrt{1-x^2}}\mathrm{d}x = \int f(\arcsin x)\mathrm{d}\arcsin x$.

**例 4.2.4** 求 $\int \arcsin x\dfrac{1}{\sqrt{1-x^2}}\mathrm{d}x$.

**解**
$$\int \arcsin x\dfrac{1}{\sqrt{1-x^2}}\mathrm{d}x = \int \arcsin x\mathrm{d}\arcsin x = \dfrac{(\arcsin x)^2}{2} + C$$

**例 4.2.5** 求 $\int \dfrac{\mathrm{d}x}{a^2+x^2}\ (a \neq 0)$.

**解**
$$\int \dfrac{\mathrm{d}x}{a^2+x^2} = \dfrac{1}{a^2}\int \dfrac{\mathrm{d}x}{1+\left(\dfrac{x}{a}\right)^2} = \dfrac{1}{a}\int \dfrac{\mathrm{d}\dfrac{x}{a}}{1+\left(\dfrac{x}{a}\right)^2} = \dfrac{1}{a}\arctan\dfrac{x}{a} + C$$

**例 4.2.6** 求 $\int \dfrac{\mathrm{d}x}{a^2-x^2}$.

**解**
$$\int \dfrac{\mathrm{d}x}{a^2-x^2} = -\dfrac{1}{2a}\int\left(\dfrac{1}{x-a}-\dfrac{1}{x+a}\right)\mathrm{d}x = \dfrac{1}{2a}\left[\int\dfrac{1}{x+a}\mathrm{d}(x+a) - \int\dfrac{\mathrm{d}(x-a)}{x-a}\right]$$

$$= \dfrac{1}{2a}(\ln|x+a|-\ln|x-a|) + C = \dfrac{1}{2a}\ln\left|\dfrac{x+a}{x-a}\right| + C$$

一般地，当被积函数为 $f[\varphi(x)]\varphi'(x)$ 时，可直接将因子 $\varphi'(x)$ 凑微分为 $\mathrm{d}\varphi(x)$；但有时被积函数中的凑微分因子并不显见，特别是当被积函数为单因子 $g(x)$ 时，需先将 $g(x)$ 变形，改写为 $f[\varphi(x)]\cdot\varphi'(x)$ 的形式，再凑微分.

**例 4.2.7** 求 $\int \tan x \mathrm{d}x$.

**解**
$$\int \tan x \mathrm{d}x = \int \frac{\sin x}{\cos x} \mathrm{d}x = -\int \frac{\mathrm{d}\cos x}{\cos x} = -\ln|\cos x| + C$$

类似地，可计算 $\int \cot x \mathrm{d}x = \ln|\sin x| + C$.

**\*例 4.2.8** 求 $\int \sec x \mathrm{d}x$.

**解**
$$\int \sec x \mathrm{d}x = \int \frac{\mathrm{d}x}{\cos x} = \int \frac{\cos x}{\cos^2 x} \mathrm{d}x = \int \frac{\mathrm{d}\sin x}{1 - \sin^2 x} = -\frac{1}{2}\ln\left|\frac{\sin x - 1}{\sin x + 1}\right| + C$$
$$= \frac{1}{2}\ln\left|\frac{(\sin x + 1)^2}{(\sin x - 1)(\sin x + 1)}\right| + C = \ln\left|\frac{\sin x + 1}{\cos x}\right| + C$$
$$= \ln|\sec x + \tan x| + C$$

类似地，有
$$\int \csc x \mathrm{d}x = \ln|\csc x - \cot x| + C$$

以上例 4.2.5～例 4.2.8 可作为常用公式记下.

**例 4.2.9** 求 $\int \dfrac{\mathrm{d}x}{x \cdot \ln x \cdot \ln\ln x}$.

**解** 观察被积函数知
$$(\ln\ln x)' = \frac{1}{x\ln x}$$

例 4.2.9
其他解法

于是
$$\int \frac{\mathrm{d}x}{x \cdot \ln x \cdot \ln\ln x} = \int \frac{\mathrm{d}\ln\ln x}{\ln\ln x} = \ln|\ln\ln x| + C$$

**例 4.2.10** 求 $\int \dfrac{\cos 2x}{(\sin x + \cos x)^3} \mathrm{d}x$.

**解**
$$\int \frac{\cos 2x}{(\sin x + \cos x)^3} \mathrm{d}x = \int \frac{\cos^2 x - \sin^2 x}{(\sin x + \cos x)^3} \mathrm{d}x = \int \frac{\cos x - \sin x}{(\sin x + \cos x)^2} \mathrm{d}x$$
$$= \int \frac{\mathrm{d}(\sin x + \cos x)}{(\sin x + \cos x)^2} = -\frac{1}{\sin x + \cos x} + C$$

**例 4.2.11** 求 $\int \dfrac{(1+x)\mathrm{e}^x}{1 + x\mathrm{e}^x} \mathrm{d}x$.

**解**
$$\int \frac{(1+x)\mathrm{e}^x}{1 + x\mathrm{e}^x} \mathrm{d}x = \int \frac{\mathrm{d}(1 + x\mathrm{e}^x)}{1 + x\mathrm{e}^x} = \ln|1 + x\mathrm{e}^x| + C$$

**例 4.2.12** 求 $\int \sin^2 x \cos^3 x \mathrm{d}x$.

**解**
$$\int \sin^2 x \cos^3 x \mathrm{d}x = \int \sin^2 x \cos^2 x \mathrm{d}\sin x = \int \sin^2 x (1 - \sin^2 x) \mathrm{d}\sin x$$
$$= \int (\sin^2 x - \sin^4 x) \mathrm{d}\sin x = \frac{\sin^3 x}{3} - \frac{\sin^5 x}{5} + C$$

**注** 当被积函数为 $\sin^m x \cos^n x$（$m, n$ 为正整数）时，一般的积分方法为：当 $m, n$ 中至少有一个为奇数时，用一个单因子凑微分；当 $m, n$ 均为偶数时，用三角恒等式先降幂至 1 次再积分.

**例 4.2.13**  求 $\int \sin^4 x \mathrm{d}x$ .

**解**  $\int \sin^4 x \mathrm{d}x = \int \left( \frac{1-\cos 2x}{2} \right)^2 \mathrm{d}x = \frac{1}{4} \int (1 - 2\cos 2x + \cos^2 2x) \mathrm{d}x$

$$= \frac{1}{4} \int \left( 1 - 2\cos 2x + \frac{1+\cos 4x}{2} \right) \mathrm{d}x = \frac{1}{4} \left( \frac{3}{2}x - \sin 2x + \frac{1}{8}\sin 4x \right) + C$$

$$= \frac{3}{8}x - \frac{1}{4}\sin 2x + \frac{1}{32}\sin 4x + C$$

**例 4.2.14**  求 $\int \sin 3x \cos 7x \mathrm{d}x$ .

**解**  $\int \sin 3x \cos 7x \mathrm{d}x = \int \frac{1}{2}(\sin 10x - \sin 4x)\mathrm{d}x = -\frac{1}{20}\cos 10x + \frac{1}{8}\cos 4x + C$

## 4.2.2　第二类换元积分法

当用直接积分法或凑微分法都不易求积分时，若作适当的变量代换 $x = \varphi(t)$ ，所得关于新变量的积分 $\int f[\varphi(t)]\varphi'(t)\mathrm{d}t$ 比较好求，则间接求出了原积分 $\int f(x)\mathrm{d}x$ . 这就是第二类换元积分法.

**定理 4.2.2**  设 $x = \varphi(t)$ 是单调、可导的函数，且 $\varphi'(t) \neq 0$ ，若 $f[\varphi(t)]\varphi'(t)$ 有原函数 $F(t)$ ，则

$$\int f(x)\mathrm{d}x \xrightarrow{x=\varphi(t)} \int f[\varphi(t)]\varphi'(t)\mathrm{d}t = F(t) + C \xrightarrow{\text{回代}} F[\varphi^{-1}(x)] + C$$

**证**  因为 $F(t)$ 是 $f[\varphi(t)]\varphi'(t)$ 的原函数，令 $G(x) = F[\varphi^{-1}(x)]$ ，则

$$G'(x) = \frac{\mathrm{d}F}{\mathrm{d}t} \cdot \frac{\mathrm{d}t}{\mathrm{d}x} = f[\varphi(t)]\varphi'(t) \cdot \frac{1}{\varphi'(t)} = f[\varphi(t)] = f(x)$$

即 $G(x)$ 是 $f(x)$ 的一个原函数，即证.

常用的变量代换主要有三角代换、倒代换和简单无理函数代换. 需要根据被积函数的不同形式选择恰当的变量代换，否则选错变量代换可能解不出积分或将简单积分变复杂.

### 1. 三角代换

当被积函数含有形如 $\sqrt{a^2+x^2}$ , $\sqrt{a^2-x^2}$ , $\sqrt{x^2-a^2}$ 的二次根式时，很容易利用三角恒等式 $\sin^2 x + \cos^2 x = 1$ 和 $\tan^2 x + 1 = \sec^2 x$ ，对以上各式分别作代换 $x = a\tan t$ ，$x = a\sin t$ , $x = a\sec t$ ，将以上各式中的根号去掉，从而将原积分化为易求积分.

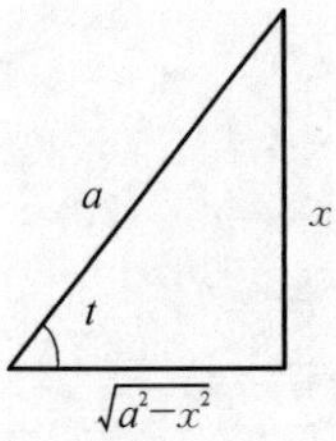

**例 4.2.15**  求 $\int \sqrt{a^2-x^2}\,\mathrm{d}x$ $(a > 0)$ .

**解**  如图 4.2.1 所示，令 $x = a\sin t, t \in \left[ -\frac{\pi}{2}, \frac{\pi}{2} \right]$ ，则 $\mathrm{d}x = a\cos t\mathrm{d}t$ ，

图 4.2.1

所以

$$\int \sqrt{a^2 - x^2}\,\mathrm{d}x = \int a\cos t \cdot a\cos t\,\mathrm{d}t = \frac{a^2}{2}\int(1+\cos 2t)\,\mathrm{d}t$$

$$= \frac{a^2}{2}\left(t + \frac{1}{2}\sin 2t\right) + C = \frac{a^2}{2}(t + \sin t\cos t) + C$$

$$= \frac{a^2}{2}\left(\arcsin\frac{x}{a} + \frac{x}{a}\cdot\frac{\sqrt{a^2-x^2}}{a}\right) + C$$

$$= \frac{a^2}{2}\arcsin\frac{x}{a} + \frac{x}{2}\sqrt{a^2-x^2} + C$$

**例 4.2.16** 求 $\displaystyle\int\frac{1}{\sqrt{a^2+x^2}}\mathrm{d}x\,(a>0)$.

**解** 令 $x = a\tan t, t\in\left(-\dfrac{\pi}{2}, \dfrac{\pi}{2}\right)$，则 $\mathrm{d}x = a\sec^2 t\,\mathrm{d}t$，所以

$$\int\frac{\mathrm{d}x}{\sqrt{a^2+x^2}} = \int\frac{a\sec^2 t}{a\sec t}\mathrm{d}t = \int\sec t\,\mathrm{d}t = \ln|\sec t + \tan t| + C_1$$

下面回代，可直接由所作变量代换或变形后再代回去，也可由变量代换作直角三角形表示各量再回代，如图 4.2.2 所示，有

$$\sec t = \frac{\sqrt{a^2+x^2}}{a}, \qquad \tan t = \frac{x}{a}$$

代入上式得

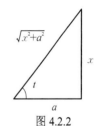

图 4.2.2

$$\int\frac{\mathrm{d}x}{\sqrt{a^2+x^2}} = \ln\left|\frac{\sqrt{a^2+x^2}}{a} + \frac{x}{a}\right| + C_1 = \ln(\sqrt{a^2+x^2} + x) + C$$

**例 4.2.17** 求 $\displaystyle\int\frac{\mathrm{d}x}{\sqrt{x^2-a^2}}\,(a>0)$.

**解** 如图 4.2.3 所示，当 $x>0$ 时，令 $x = a\sec t\left(0 < t < \dfrac{\pi}{2}\right)$，

则 $\mathrm{d}x = a\sec t\cdot\tan t\,\mathrm{d}t$，所以

$$\int\frac{\mathrm{d}x}{\sqrt{x^2-a^2}} = \int\frac{a\sec t\cdot\tan t}{a\tan t}\mathrm{d}t = \int\sec t\,\mathrm{d}t = \ln(\sec t + \tan t) + C_1$$

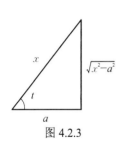

图 4.2.3

$$= \ln\left(\frac{x}{a} + \frac{\sqrt{x^2-a^2}}{a}\right) + C_1 = \ln(x + \sqrt{x^2-a^2}) + C$$

当 $x<0$ 时，设 $x=-u$，则 $u>0$，所以

$$\int\frac{\mathrm{d}x}{\sqrt{x^2-a^2}} = -\int\frac{\mathrm{d}u}{\sqrt{u^2-a^2}} = -\ln(u + \sqrt{u^2-a^2}) + C_2$$

$$= \ln\frac{-x-\sqrt{x^2-a^2}}{a^2} + C_2 = \ln(-x - \sqrt{x^2-a^2}) + C'$$

综上有

$$\int\frac{\mathrm{d}x}{\sqrt{x^2-a^2}} = \ln\left|x + \sqrt{x^2-a^2}\right| + C \quad (a>0)$$

## 2. 倒代换

倒代换，即所作变量代换为倒数变换 $x=\dfrac{1}{t}$ 或 $t=\dfrac{1}{x}$．一般地，当被积函数分母中含有 $x$ 的较高幂次时，常使用倒代换，因为所作变换可将分母中的幂次倒上去，这将有利于积分的计算．

**例 4.2.18** 求 $\displaystyle\int\dfrac{\mathrm{d}x}{x(x^5+3)}$ ．

**解** 令 $x=\dfrac{1}{t}$ ，则 $\mathrm{d}x=-\dfrac{1}{t^2}\mathrm{d}t$ ，所以

$$\int\frac{\mathrm{d}x}{x(x^5+3)}=\int\frac{-\dfrac{1}{t^2}\mathrm{d}t}{\dfrac{1}{t}\left(\dfrac{1}{t^5}+3\right)}=-\int\frac{t^4}{1+3t^5}\mathrm{d}t=-\frac{1}{15}\int\frac{\mathrm{d}(1+3t^5)}{1+3t^5}=-\frac{1}{15}\ln\left|1+3t^5\right|+C$$

$$=-\frac{1}{15}\ln\left|1+\frac{3}{x^5}\right|+C$$

**例 4.2.19** 求 $\displaystyle\int\dfrac{\mathrm{d}x}{x\sqrt{x^{2n}-1}}\ (x>1)\,(n\in\mathbf{N}^+)$ ．

**解** 令 $x=\dfrac{1}{t}$ ，则 $\mathrm{d}x=-\dfrac{1}{t^2}\mathrm{d}t$ ，所以

$$\int\frac{\mathrm{d}x}{x\sqrt{x^{2n}-1}}=\int\frac{-\dfrac{1}{t^2}\mathrm{d}t}{\dfrac{1}{t}\sqrt{\dfrac{1}{t^{2n}}-1}}=-\int\frac{t^{n-1}}{\sqrt{1-t^{2n}}}\mathrm{d}t=-\frac{1}{n}\int\frac{\mathrm{d}t^n}{\sqrt{1-(t^n)^2}}=-\frac{1}{n}\arcsin t^n+C$$

$$=-\frac{1}{n}\arcsin\frac{1}{x^n}+C$$

## 3. 简单无理函数代换

当被积函数中含有 $\sqrt[n]{ax+b}$ 或 $\sqrt[n]{\dfrac{ax+b}{cx+d}}\ \left(\dfrac{a}{c}\neq\dfrac{b}{d}\right)$ 等较简单的无理函数时，可令整个根式为 $t$ ，再解出

$$x=\frac{1}{a}(t^n-b)\quad\text{或}\quad x=\frac{b-dt^n}{ct^n-a}$$

**例 4.2.20** 求 $\displaystyle\int\dfrac{\sqrt{x-1}}{x}\mathrm{d}x$ ．

**解** 令 $\sqrt{x-1}=t$ ，则 $x=t^2+1$ ，$\mathrm{d}x=2t\mathrm{d}t$ ，所以

$$\int\frac{\sqrt{x-1}}{x}\mathrm{d}x=\int\frac{t\cdot 2t\mathrm{d}t}{t^2+1}=2\int\frac{(t^2+1)-1}{t^2+1}\mathrm{d}t=2\int\left(1-\frac{1}{t^2+1}\right)\mathrm{d}t$$

$$=2t-2\arctan t+C=2\sqrt{x-1}-2\arctan\sqrt{x-1}+C$$

**例 4.2.21** 求 $\displaystyle\int \frac{\mathrm{d}x}{(1+\sqrt[3]{x})\sqrt{x}}$ .

**解** 令 $x=t^6$ , $t>0$ ，则 $\mathrm{d}x=6t^5\mathrm{d}t$ ，所以

$$\int \frac{\mathrm{d}x}{(1+\sqrt[3]{x})\sqrt{x}} = \int \frac{6t^5}{(1+t^2)t^3}\mathrm{d}t = 6\int \frac{t^2}{1+t^2}\mathrm{d}t = 6(t-\arctan t)+C = 6(\sqrt[6]{x}-\arctan\sqrt[6]{x})+C$$

**例 4.2.22** 求 $\displaystyle\int \frac{1}{\sqrt{1+\mathrm{e}^x}}\mathrm{d}x$ .

**解** 令 $t=\sqrt{1+\mathrm{e}^x}$ ，显然 $t>1$ ，则 $x=\ln(t^2-1)$ ， $\mathrm{d}x=\dfrac{2t}{t^2-1}\mathrm{d}t$ ，所以

$$\int \frac{\mathrm{d}x}{\sqrt{1+\mathrm{e}^x}} = \int \frac{2}{t^2-1}\mathrm{d}t = \int\left(\frac{1}{t-1}-\frac{1}{t+1}\right)\mathrm{d}t = \ln\frac{t-1}{t+1}+C = \ln\frac{\sqrt{1+\mathrm{e}^x}-1}{\sqrt{1+\mathrm{e}^x}+1}+C$$

$$= \ln\frac{(\sqrt{1+\mathrm{e}^x}-1)^2}{\mathrm{e}^x}+C = 2\ln(\sqrt{1+\mathrm{e}^x}-1)-\ln\mathrm{e}^x+C = 2\ln(\sqrt{1+\mathrm{e}^x}-1)-x+C$$

本节一些例题的形式以后会经常遇到，因此可以直接将其作为公式使用. 在前面 13 个基本积分公式的基础上，再增加 9 个常用公式：

（1） $\displaystyle\int \tan x\mathrm{d}x = -\ln|\cos x|+C$ ；

（2） $\displaystyle\int \cot x\mathrm{d}x = \ln|\sin x|+C$ ；

（3） $\displaystyle\int \sec x\mathrm{d}x = \ln|\sec x+\tan x|+C$ ；

（4） $\displaystyle\int \csc x\mathrm{d}x = \ln|\csc x-\cot x|+C$ ；

（5） $\displaystyle\int \frac{\mathrm{d}x}{a^2+x^2} = \frac{1}{a}\arctan\frac{x}{a}+C$ ；

（6） $\displaystyle\int \frac{\mathrm{d}x}{x^2-a^2} = \frac{1}{2a}\ln\left|\frac{x-a}{x+a}\right|+C$ ；

（7） $\displaystyle\int \frac{\mathrm{d}x}{\sqrt{x^2\pm a^2}} = \ln\left|x+\sqrt{x^2\pm a^2}\right|+C$ ；

（8） $\displaystyle\int \frac{\mathrm{d}x}{\sqrt{a^2-x^2}} = \arcsin\frac{x}{a}+C$ ；

（9） $\displaystyle\int \sqrt{a^2-x^2}\,\mathrm{d}x = \frac{a^2}{2}\arcsin\frac{x}{a}+\frac{x}{2}\sqrt{a^2-x^2}+C$ .

# 习 题 4.2

## （A）

**1. 求下列不定积分：**

（1） $\displaystyle\int \sin 3x\mathrm{d}x$ ；

（2） $\displaystyle\int \mathrm{e}^{-\frac{x}{3}}\mathrm{d}x$ ；

（3） $\displaystyle\int (5+3x)^2\mathrm{d}x$ ；

（4） $\displaystyle\int \frac{\mathrm{d}x}{\sqrt{5-3x}}$ ；

（5）$\int xe^{-2x^2}dx$ ；

（6）$\int e^{\sqrt{x}}\cdot\dfrac{1}{\sqrt{x}}dx$ ；

（7）$\int \dfrac{3x^3}{1+x^4}dx$ ；

（8）$\int x\cos x^2 dx$ ；

（9）$\int \dfrac{dx}{x^2-16}$ ；

（10）$\int \dfrac{dx}{1+2x^2}$ ；

（11）$\int \dfrac{dx}{(x+2)(x+3)}$ ；

（12）$\int \dfrac{\sqrt{3+2\ln x}}{x}dx$ ；

（13）$\int \dfrac{dx}{e^x+e^{-x}}$ ；

（14）$\int \dfrac{1}{(\arccos x)^3}\cdot\dfrac{1}{\sqrt{1-x^2}}dx$ ；

（15）$\int \dfrac{\sin x}{1+2\cos x}dx$ ；

（16）$\int \dfrac{1+\sin x}{x-\cos x}dx$ ；

（17）$\int \dfrac{\sin x-\cos x}{\sqrt[3]{\sin x+\cos x}}dx$ ；

（18）$\int \cos^2 x\,dx$ ；

（19）$\int \sin^3 x\,dx$ ；

（20）$\int \cos 3x\cos 7x\,dx$ ；

（21）$\int \dfrac{dx}{\sin x\cos x}$ ；

（22）$\int \tan^4 x\cdot\sec^2 x\,dx$ ；

（23）$\int \dfrac{dx}{1+\sqrt{1-x^2}}$ ；

（24）$\int \sqrt{5-4x-x^2}dx$ ；

（25）$\int \dfrac{1}{\sqrt{1+x-x^2}}dx$ ；

（26）$\int \dfrac{dx}{\sqrt{(x^2+1)^3}}$ ；

（27）$\int \dfrac{dx}{x\sqrt{x^2-1}}$ ；

（28）$\int \dfrac{\sqrt{x-1}}{x}dx$ ；

（29）$\int \dfrac{dx}{1+\sqrt{2x}}$ ；

（30）$\int \dfrac{dx}{1+\sqrt[3]{x+1}}$ ；

（31）$\int x\sqrt{x-2}dx$ ；

（32）$\int \dfrac{2\sqrt{x}}{1+\sqrt[3]{x}}dx$ ；

（33）$\int \dfrac{dx}{\sqrt{x}+\sqrt[4]{x}}$ ；

（34）$\int \dfrac{\sqrt{x}}{\sqrt[3]{x^4}-\sqrt{x^3}}dx$ .

**2.** 求一个函数 $f(x)$，满足 $f'(x)=\dfrac{1}{\sqrt{x+1}}$ ，且 $f(0)=1$.

**3.** 试用下列各种换元计算 $\int \dfrac{dx}{x\sqrt{x^2-1}}$ $(x>0)$ .

（1）$x=\sec t$ ；

（2）$x=\csc t$ ；

（3）$\sqrt{x^2-1}=t$ ；

（4）$x=\dfrac{1}{t}$ .

**4.** $f'(x)=\dfrac{1}{x}$ $(x>0)$ ，且 $f(1)=0$，证明：对所有 $x,y$ 有 $f(xy)=f(x)+f(y)$.

**（B）**

**1.** 求下列不定积分：

（1）$\int \dfrac{dx}{(1-x)\sqrt{1-x^2}}$ ；

（2）$\int \dfrac{1}{\sqrt{1+e^{2x}}}dx$ ；

（3）$\int \dfrac{x^2}{(1-x)^{50}}dx$ ；

（4）$\int \dfrac{1+\ln x}{(x\ln x)^2}dx$ ；

（5）$\int \dfrac{1}{1+\sin x}dx$ ；

（6）$\int \dfrac{\tan x}{\ln \cos x}dx$ ；

（7）$\int \dfrac{x^5}{\sqrt[3]{x^3+1}}dx$ ；

（8）$\int \dfrac{x+5}{x^2+2x+5}dx$ ；

（9）$\int \dfrac{7\cos x-3\sin x}{5\cos x+2\sin x}dx$ ；

（10）$\int \dfrac{dx}{\sqrt{x(9-x)}}$ ；

（11）$\int \dfrac{x^{11}}{(x^8+1)^2}dx$ ；

（12）$\int x(x+2)^{20}dx$ ；

（13）$\int \dfrac{dx}{\cos^2 x\sqrt{1+2\tan x}}$ ；

（14）$\int \dfrac{1-x}{\sqrt{9-4x^2}}dx$ .

*2. 设 $f(x^2-1)=\ln \dfrac{x^2}{x^2-2}$ ，且 $f[\varphi(x)]=\ln x$ ，求 $\int \varphi^2(x)dx$ .

# 4.3　分部积分法

上一节利用复合函数的微分法则，得到了换元积分法. 应用换元积分法，可以解决很多积分的计算问题，但是对于有些看似比较简单的不定积分，如

$$\int xe^x dx,\ \int x\sin x dx,\ \int x\ln x dx$$

等，用换元积分法就无法求解. 此类不定积分，需要用到求不定积分的另一种基本方法——**分部积分法**.

分部积分法是用两个函数乘积的微分法则推导出来的. 设函数 $u=u(x)$ 和 $v=v(x)$ 具有连续导数，则有

$$d(uv)=vdu+udv\quad \text{或}\quad udv=d(uv)-vdu$$

两边同时积分得

$$\int udv=uv-\int vdu$$

上式便称为分部积分公式，此公式将较难求的积分 $\int udv$ 转化为较容易求的积分 $\int vdu$ . 因此，应用分部积分公式的关键是选择恰当的 $u,v$ ，即对一般形式 $\int f(x)g(x)dx$ 的积分，需选对凑微分的函数.

对于如何选取 $u,v$ ，一般归纳为"反、对、幂、指、三"的经验顺序. 这里"反""对""幂""指""三"依次表示反三角函数、对数函数、幂函数、指数函数、三角函数. 若积分中出现上述 5 类函数中的 2 类，则次序在前的为 $u$ ，在后的凑微分为 $dv$ . 具体形式主要有以下几种：

（1）对于 $\int x^n f(x)dx$ 的积分（$f(x)$ 为指数函数（或三角函数）），选 $x^n$ 作 $u$ ，将指数函数（或三角函数）凑微分. 用一次分部积分公式，幂函数指数降低 1 次，反复用几次分部积分公式，指数降为 0 次，故称为降次法.

**例 4.3.1**  求 $\int x\sin x\,dx$ .

**解**  $\int x\sin x\,dx = \int x\,d(-\cos x) = -x\cos x + \int \cos x\,dx = -x\cos x + \sin x + C$

**例 4.3.2**  求 $\int x^2 e^x\,dx$ .

**解**
$$\int x^2 e^x\,dx = \int x^2\,de^x = x^2 e^x - \int e^x \cdot 2x\,dx = x^2 e^x - 2\int x\,de^x$$
$$= x^2 e^x - 2\left(xe^x - \int e^x\,dx\right) = x^2 e^x - 2xe^x + 2e^x + C$$

（2）对于 $\int x^n f(x)\,dx$ 的积分（$f(x)$ 为反三角函数或对数函数），选反三角函数（或对数函数）作 $u$，将 $x^n$ 凑微分. 因反三角函数（或对数函数）的微分形式较简单，故可将原积分转换为较简单形式的积分，也称转换法.

**例 4.3.3**  求 $\int x\arctan x\,dx$ .

**解**
$$\int x\arctan x\,dx = \int \arctan x\,d\frac{x^2}{2} = \frac{x^2}{2}\arctan x - \int \frac{x^2}{2}\cdot\frac{1}{1+x^2}\,dx$$
$$= \frac{x^2}{2}\arctan x - \frac{1}{2}\int\left(1 - \frac{1}{1+x^2}\right)dx$$
$$= \frac{x^2}{2}\arctan x - \frac{x}{2} + \frac{1}{2}\arctan x + C$$

**例 4.3.4**  求 $\int x^2 \ln x\,dx$ .

**解**
$$\int x^2 \ln x\,dx = \int \ln x\,d\frac{x^3}{3} = \frac{x^3}{3}\ln x - \frac{1}{3}\int x^3 \cdot \frac{1}{x}\,dx = \frac{x^3}{3}\ln x - \frac{x^3}{9} + C$$

**例 4.3.5**  求 $\int \arcsin x\,dx$ .

**解**
$$\int \arcsin x\,dx = x\arcsin x - \int x\cdot\frac{1}{\sqrt{1-x^2}}\,dx = x\arcsin x + \frac{1}{2}\int\frac{d(1-x^2)}{\sqrt{1-x^2}}$$
$$= x\arcsin x + \sqrt{1-x^2} + C$$

**注**  若被积函数只有 $\arcsin x$，则不需凑微分，直接用分部积分公式即可.

（3）对于 $\int f(x)g(x)\,dx$ 的积分（如 $f(x)$ 为指数函数，$g(x)$ 为三角函数等），$u$ 和 $v$ 可随意选取. 但用一次分部积分公式求解不出结果，需用两次分部积分公式. 两次必须选同一类型的函数凑微分，可得关于所求积分的一个循环等式，再用解方程的形式求解出结果，称此法为循环法.

**例 4.3.6**  求 $\int e^x \cos 2x\,dx$ .

**解**  $\int e^x \cos 2x\,dx = \int \cos 2x\,de^x = e^x \cos 2x + 2\int e^x \cdot \sin 2x\,dx = e^x \cos 2x + 2\int \sin 2x\,de^x$

$$= e^x \cos 2x + 2e^x \sin 2x - 4\int e^x \cos 2x\,dx$$

所以
$$\int e^x \cos 2x\,dx = \frac{1}{5}e^x(\cos 2x + 2\sin 2x) + C$$

**例 4.3.7** 求 $\int \sec^3 x \mathrm{d}x$.

**解** $\int \sec^3 x \mathrm{d}x = \int \sec x \sec^2 x \mathrm{d}x = \int \sec x \mathrm{d}\tan x = \sec x \tan x - \int \tan^2 x \sec x \mathrm{d}x$

$= \sec x \tan x - \int \sec x (\sec^2 x - 1)\mathrm{d}x = \sec x \tan x - \int \sec^3 x \mathrm{d}x + \int \sec x \mathrm{d}x$

$= \sec x \tan x - \int \sec^3 x \mathrm{d}x + \ln|\sec x + \tan x|$

所以 $\int \sec^3 x \mathrm{d}x = \dfrac{1}{2}\sec x \tan x + \dfrac{1}{2}\ln|\sec x + \tan x| + C$

（4）当被积函数是某一简单函数的高次幂函数时，可通过分部积分公式得到高次幂函数积分与低次幂函数积分的关系式，即递推式，故此法称为递推法.

**例 4.3.8** 求 $I_n = \int (\ln x)^n \mathrm{d}x$ 的递推公式（$n$ 为正整数，且 $n>2$），并计算 $I_3 = \int (\ln x)^3 \mathrm{d}x$.

**解** $I_n = \int (\ln x)^n \mathrm{d}x = x(\ln x)^n - \int x \mathrm{d}(\ln x)^n = x(\ln x)^n - n\int (\ln x)^{n-1}\mathrm{d}x = x(\ln x)^n - nI_{n-1}$

所以 $I_3 = \int (\ln x)^3 \mathrm{d}x = x(\ln x)^3 - 3I_2 = x(\ln x)^3 - 3[x(\ln x)^2 - 2I_1]$

$= x(\ln x)^3 - 3x(\ln x)^2 + 6[x(\ln x)^1 - I_0] = x(\ln x)^3 - 3x(\ln x)^2 + 6x\ln x - 6x + C$

**注** 除以上 4 种常见方法外，也常将换元法贯穿在分部积分公式中.

**\*例 4.3.9** 求 $\int \cos(\ln x)\mathrm{d}x$.

**解** 令 $\ln x = t$，则 $x = \mathrm{e}^t$，$\mathrm{d}x = \mathrm{e}^t\mathrm{d}t$，所以

$\int \cos(\ln x)\mathrm{d}x = \int \cos t \cdot \mathrm{e}^t\mathrm{d}t = \int \cos t \mathrm{d}\mathrm{e}^t = \mathrm{e}^t\cos t + \int \mathrm{e}^t \cdot \sin t \mathrm{d}t$

$= \mathrm{e}^t\cos t + \int \sin t \mathrm{d}\mathrm{e}^t = \mathrm{e}^t\cos t + \mathrm{e}^t\sin t - \int \mathrm{e}^t \cdot \cos t \mathrm{d}t$

因此 $\int \cos(\ln x)\mathrm{d}x = \int \cos t \cdot \mathrm{e}^t\mathrm{d}t = \dfrac{1}{2}\mathrm{e}^t(\cos t + \sin t) + C$

$= \dfrac{x}{2}[\cos(\ln x) + \sin(\ln x)] + C$

**例 4.3.10** 已知 $\ln^2 x$ 是 $f(x)$ 的一个原函数，求 $\int xf'(x)\mathrm{d}x$.

**解** 依题意，有

$$\int f(x)\mathrm{d}x = \ln^2 x + C$$

上式两边同时对 $x$ 求导得

$$f(x) = 2(\ln x)\cdot\dfrac{1}{x} = \dfrac{2\ln x}{x}$$

所以 $\int xf'(x)\mathrm{d}x = \int x\mathrm{d}f(x) = xf(x) - \int f(x)\mathrm{d}x = x\dfrac{2\ln x}{x} - (\ln^2 x + C) = 2\ln x - \ln^2 x - C$

# 习 题 4.3

## （A）

**1.** 求下列不定积分：

（1）$\int x\sin x \mathrm{d}x$；

（2）$\int x\ln x \mathrm{d}x$；

（3）$\int x^2 \cos x \mathrm{d}x$；

（4）$\int \ln x \mathrm{d}x$；

（5）$\int \ln(x^2+1)\mathrm{d}x$；

（6）$\int x\mathrm{e}^{-2x}\mathrm{d}x$；

（7）$\int \mathrm{e}^{-x}\cos x\mathrm{d}x$；

（8）$\int \mathrm{arccot}\, x\mathrm{d}x$；

（9）$\int x\arcsin x\mathrm{d}x$；

（10）$\int x^2 \ln x\mathrm{d}x$；

（11）$\int x\tan^2 x\mathrm{d}x$；

（12）$\int \dfrac{1}{\sqrt{x}}\arcsin\sqrt{x}\,\mathrm{d}x$；

（13）$\int x\sin x\cos x\mathrm{d}x$；

（14）$\int \mathrm{e}^{5x}\sin 4x\mathrm{d}x$．

**2.** 已知 $\dfrac{\sin x}{\mathrm{e}^x}$ 是 $f(x)$ 的一个原函数，求 $\int xf'(x)\mathrm{d}x$．

**（B）**

**1.** 求下列不定积分：

（1）$\int \sin(\ln x)\mathrm{d}x$；

（2）$\int x^2 \arctan x\mathrm{d}x$；

（3）$\int \dfrac{\arcsin x}{\sqrt{x+1}}\mathrm{d}x$；

（4）$\int \dfrac{x\cos^4 \dfrac{x}{2}}{\sin^3 x}\mathrm{d}x$；

（5）$\int \mathrm{e}^x \cos^2 x\mathrm{d}x$；

（6）$\int \mathrm{e}^{\sqrt[3]{x}}\mathrm{d}x$；

（7）$\int (\arcsin x)^2 \mathrm{d}x$；

（8）$\int \dfrac{\ln^3 x}{x^2}\mathrm{d}x$．

**2.** 若 $f(\ln x) = \dfrac{\ln(1+x)}{x}$，求 $\int f(x)\mathrm{d}x$．

# 4.4 有理函数的积分

本节将介绍有理函数的积分.

有理函数是指由两个多项式的商所表示的函数，其一般形式为

$$R(x) = \frac{P(x)}{Q(x)} = \frac{a_n x^n + a_{n-1}x^{n-1} + \cdots + a_1 x + a_0}{b_m x^m + b_{m-1}x^{m-1} + \cdots + b_1 x + b_0}$$

其中 $m, n$ 为正整数，$a_n, b_m \neq 0$. 当 $n < m$ 时，称 $R(x)$ 为有理真分式；当 $n \geq m$ 时，称 $R(x)$ 为有理假分式.

（1）有理假分式可以用除法化为一个整多项式与一个有理真分式之和. 例如

$$\frac{x^3 + x + 1}{x^2 + 1} = \frac{x(x^2+1)+1}{x^2+1} = x + \frac{1}{x^2+1}$$

$$\frac{x^3 - 3x^2 + 5x - 8}{x^2 - 3x + 2} = x + \frac{3x-8}{x^2 - 3x + 2}$$

（2）有理真分式都可以化为部分分式.

①当有理真分式的分母为 $(x+a)^k$ 时，该有理真分式可化为如下部分分式形式：

$$\frac{P(x)}{(x+a)^k} = \frac{A_1}{x+a} + \frac{A_2}{(x+a)^2} + \cdots + \frac{A_k}{(x+a)^k}$$

其中 $A_1, A_2, \cdots, A_k$ 为待定系数.

例如，将 $\dfrac{2x+7}{x^2-5x+6}$ 分解为部分分式为

$$\frac{2x+7}{x^2-5x+6} = \frac{2x+7}{(x-2)(x-3)} = \frac{A}{x-2} + \frac{B}{x-3}$$

右边通分后去分母得

$$2x+7 = A(x-3) + B(x-2)$$

解得
$$A = -11, \qquad B = 13$$

所以
$$\frac{2x+7}{x^2-5x+6} = \frac{-11}{x-2} + \frac{13}{x-3}$$

② 当有理真分式分母为 $(x^2+px+q)^k$（其中 $p^2-4q<0$）时，该有理真分式可化为如下部分分式形式：

$$\frac{p(x)}{(x^2+px+q)^k} = \frac{M_1x+N_1}{x^2+px+q} + \frac{M_2x+N_2}{(x^2+px+q)^2} + \cdots + \frac{M_kx+N_k}{(x^2+px+q)^k}$$

例如，将 $\dfrac{3x^2-5}{(x^2+2)^2}$ 分解为部分分式为

$$\frac{3x^2-5}{(x^2+2)^2} = \frac{M_1x+N_1}{x^2+2} + \frac{M_2x+N_2}{(x^2+2)^2}$$

右边通分后去分母得

$$3x^2-5 = (M_1x+N_1)(x^2+2) + M_2x+N_2$$

解得
$$M_1 = 0, \quad N_1 = 3, \quad M_2 = 0, \quad N_2 = -11$$

所以
$$\frac{3x^2-5}{(x^2+2)^2} = \frac{3}{x^2+2} - \frac{11}{(x^2+2)^2}$$

理论上，任何一个有理真分式的积分都可以分解为以下 6 个基本积分的代数和.

（1）$\displaystyle\int \frac{\mathrm{d}x}{x+a} = \ln|x+a| + C$；

（2）$\displaystyle\int \frac{\mathrm{d}x}{(x+a)^n} = \frac{1}{(1-n)(x+a)^{n-1}} + C(n \geqslant 2)$；

（3）$\displaystyle\int \frac{\mathrm{d}x}{x^2+a^2} = \frac{1}{a}\arctan\frac{x}{a} + C$；

（4）$\displaystyle\int \frac{x}{x^2+a^2}\mathrm{d}x = \frac{1}{2}\ln(x^2+a^2) + C$；

（5）$\displaystyle\int \frac{x\,\mathrm{d}x}{(x^2+a^2)^n} = \frac{1}{2(1-n)(x^2+a^2)^{n-1}} + C(n \geqslant 2)$；

（6）$\displaystyle\int \frac{\mathrm{d}x}{(x^2+a^2)^n} = I_n = \frac{1}{2a^2(n-1)}\left[\frac{x}{(x^2+a^2)^{n-1}} + (2n-3)I_{n-1}\right](n \geqslant 2)$.

**证** 前面 5 个积分只需简单凑微分就可直接用基本积分公式求出. 下面仅对式（6）加以证明.

$$I_{n-1} = \int \frac{\mathrm{d}x}{(x^2+a^2)^{n-1}} = \frac{x}{(x^2+a^2)^{n-1}} + 2(n-1)\int \frac{x^2}{(x^2+a^2)^n}\mathrm{d}x$$

$$= \frac{x}{(x^2+a^2)^{n-1}} + 2(n-1)\int \left[\frac{1}{(x^2+a^2)^{n-1}} - \frac{a^2}{(x^2+a^2)^n}\right]\mathrm{d}x$$

即
$$I_{n-1} = \frac{x}{(x^2+a^2)^{n-1}} + 2(n-1)(I_{n-1} - a^2 I_n)$$

整理得
$$I_n = \frac{1}{2a^2(n-1)}\left[\frac{x}{(x^2+a^2)^{n-1}} + (2n-3)I_{n-1}\right] \quad (n \geq 2)$$

**例 4.4.1** 求 $\int \frac{2x+7}{x^2-5x+6}\mathrm{d}x$.

**解**
$$\int \frac{2x+7}{x^2-5x+6} = \int\left(\frac{13}{x-3} - \frac{11}{x-2}\right)\mathrm{d}x = 13\int \frac{\mathrm{d}(x-3)}{x-3} - 11\int \frac{\mathrm{d}(x-2)}{x-2}$$
$$= 13\ln|x-3| - 11\ln|x-2| + C$$

**例 4.4.2** 求 $\int \frac{3x^2-5}{(x^2+2)^2}\mathrm{d}x$.

**解**
$$\int \frac{3x^2-5}{(x^2+2)^2}\mathrm{d}x = \int\left[\frac{3}{x^2+2} - \frac{11}{(x^2+2)^2}\right]\mathrm{d}x = \frac{3}{\sqrt{2}}\arctan\frac{x}{\sqrt{2}} - \frac{11}{4}\left(\frac{x}{x^2+2} + I_1\right)$$
$$= \frac{\sqrt{2}}{8}\arctan\frac{\sqrt{2}x}{2} - \frac{11x}{4(x^2+2)} + C$$

**例 4.4.3** 求 $\int \frac{x^2+1}{(x+1)^2(x-1)}\mathrm{d}x$.

**解** 设
$$\frac{x^2+1}{(x+1)^2(x-1)} = \frac{A}{x+1} + \frac{B}{(x+1)^2} + \frac{C}{x-1}$$

通分后去分母得
$$x^2+1 = A(x^2-1) + B(x-1) + C(x+1)^2$$

比较两边系数得
$$A = \frac{1}{2}, \quad B = -1, \quad C = \frac{1}{2}$$

所以
$$\frac{x^2+1}{(x+1)^2(x-1)} = \frac{1}{2(x+1)} - \frac{1}{(x+1)^2} + \frac{1}{2(x-1)}$$

故
$$\int \frac{x^2+1}{(x+1)^2(x-1)}\mathrm{d}x = \frac{1}{2}\int \frac{\mathrm{d}x}{x+1} - \int \frac{\mathrm{d}x}{(x+1)^2} + \frac{1}{2}\int \frac{\mathrm{d}x}{x-1} = \frac{1}{2}\ln|x+1| + \frac{1}{x+1} + \frac{1}{2}\ln|x-1| + C$$
$$= \frac{1}{x+1} + \frac{1}{2}\ln|x^2-1| + C$$

**例 4.4.4** 求 $\int \frac{x-5}{x^2+4x+8}\mathrm{d}x$.

**解**
$$\int \frac{x-5}{x^2+4x+8}\mathrm{d}x = \int \frac{(x+2)-7}{(x+2)^2+4}\mathrm{d}x \xlongequal{u=x+2} \int \frac{u-7}{u^2+4}\mathrm{d}u = \int \frac{u}{u^2+4}\mathrm{d}u - 7\int \frac{\mathrm{d}u}{u^2+4}$$

$$=\frac{1}{2}\ln(u^2+4)-\frac{7}{2}\arctan\frac{u}{2}+C=\frac{1}{2}\ln(x^2+4x+8)-\frac{7}{2}\arctan\frac{x+2}{2}+C$$

**例 4.4.5** 求 $\int\frac{3}{x^3+1}dx$.

**解** 设
$$\frac{3}{x^3+1}=\frac{3}{(x+1)(x^2-x+1)}=\frac{A}{x+1}+\frac{Bx+C}{x^2-x+1}$$

通分后去分母得
$$3=A(x^2-x+1)+(Bx+C)(x+1)$$

比较两边系数得
$$A=1,\quad B=-1,\quad C=2$$

即
$$\frac{3}{x^3+1}=\frac{1}{x+1}+\frac{-x+2}{x^2-x+1}$$

所以 $\int\frac{3}{x^3+1}dx=\int\left(\frac{1}{x+1}+\frac{-x+2}{x^2-x+1}\right)dx=\int\frac{dx}{x+1}-\int\frac{x-\frac{1}{2}}{x^2-x+1}dx+\frac{3}{2}\int\frac{1}{\left(x-\frac{1}{2}\right)^2+\frac{3}{4}}dx$

$$=\ln|x+1|-\frac{1}{2}\ln(x^2-x+1)+\sqrt{3}\arctan\frac{2x-1}{\sqrt{3}}+C$$

总之，有理函数分解为多项式与部分分式之和后，各个部分都能积出，且原函数可以用有理分式与反正切函数的适当组合表示. 因此，任何有理函数都有初等原函数.

任何初等函数在其连续区间上有原函数，但并不是所有连续的初等函数都有初等原函数，如
$$\int\frac{\sin x}{x}dx,\quad \int e^{-x^2}dx,\quad \int\frac{dx}{\ln x},\quad \int\frac{dx}{\sqrt{1+x^4}}$$

等，都不是初等函数.

# 习 题 4.4

## （A）

1. 求下列不定积分：

（1）$\int\frac{x+3}{x^2-5x+6}dx$;

（2）$\int\frac{dx}{x(x-1)^2}$;

（3）$\int\frac{x-2}{x^2+2x+3}dx$;

（4）$\int\frac{x^3}{x+2}dx$;

（5）$\int\frac{3x+1}{x^2+3x-10}dx$;

（6）$\int\frac{x^2+2}{x+1}dx$;

（7）$\int\frac{xdx}{x^3-1}$;

（8）$\int\frac{dx}{(1+2x)(1+x^2)}$.

**（B）**

积分表的使用

利用 MATLAB
计算原函数

1. 求下列不定积分：

（1）$\int \dfrac{x\,\mathrm{d}x}{(x+2)(x+3)^2}$ ；

（2）$\int \dfrac{x^4+1}{x^6+1}\mathrm{d}x$ ；

（3）$\int \dfrac{4x+3}{(x-2)^3}\mathrm{d}x$ ；

（4）$\int \dfrac{x^2+x}{x^3+x^2-x-1}\mathrm{d}x$ .

小　结

## 一、主要内容

本章是关于不定积分的概念及计算，系统介绍了不定积分的求法. 它是后续定积分计算及解微分方程的基础. 不定积分的基本计算方法如下：

**1. 直接积分法**

利用不定积分的性质及基本积分公式，直接求不定积分.

**2. 第一类换元积分法（凑微分法）**

设 $F(u)$ 是 $f(u)$ 的原函数，且 $u=\varphi(x)$ 可导，则

$$\int f[\varphi(x)]\varphi'(x)\mathrm{d}x = \int f(u)\mathrm{d}u = F(u)+C = F[\varphi(x)]+C$$

或

$$\int f[\varphi(x)]\varphi'(x)\mathrm{d}x = \int f[\varphi(x)]\mathrm{d}\varphi(x) = F[\varphi(x)]+C$$

**3. 第二类换元积分法**

设 $x=\varphi(t)$ 单调，且 $\varphi'(t)\neq0$，则

$$\int f(x)\mathrm{d}x = \int f[\varphi(t)]\varphi'(t)\mathrm{d}t = F(t)+C = F[\varphi^{-1}(x)]+C$$

**4. 分部积分法**

分部积分公式：$\int u\,\mathrm{d}v = uv - \int v\,\mathrm{d}u$，分部积分法的关键是 $u,v$ 的选择.

**5. 有理函数积分法**

所有有理函数的积分最终归结为有理真分式的积分. 有理真分式可以化为部分分式，分解为 6 个基本分式

$$\dfrac{1}{x+a},\ \dfrac{1}{(x+a)^n},\ \dfrac{1}{x^2+a^2},\ \dfrac{x}{x^2+a^2},\ \dfrac{x}{(x^2+a^2)^n},\ \dfrac{1}{(x^2+a^2)^n}$$

的积分.

## 二、注意的问题

（1）第一类换元积分法的特点是：将其中一个被积函数因子 $\varphi'(x)$ 凑微分，另一个被积函数因子恰好是 $\varphi(x)$ 的函数 $f[\varphi(x)]$. 但有时，这个因子 $\varphi'(x)$ 并不直接得到，需要从被积函数中分解出来.

（2）第二类换元积分法常用的变量代换如下：

① $\int f(\sqrt{a^2-x^2})\mathrm{d}x$ ，令 $x=a\sin t, t\in\left(-\dfrac{\pi}{2},\dfrac{\pi}{2}\right)$；

② $\int f(\sqrt{a^2+x^2})\mathrm{d}x$ ，令 $x=a\tan t, t\in\left(-\dfrac{\pi}{2},\dfrac{\pi}{2}\right)$；

③ $\int f(\sqrt{x^2-a^2})\mathrm{d}x$ ，令 $x=a\sec t$，其中 $t\in\left(0,\dfrac{\pi}{2}\right), x>a$ 或 $t\in\left(-\dfrac{\pi}{2},0\right), x<a$；

④ 当被积函数分母中含 $x$ 的较高次幂时，作倒代换 $x=\dfrac{1}{t}$；

⑤ 当被积函数中含较简单形式的无理函数时，可将该无理函数整体设为一变量 $t$.

（3）使用分部积分法，对 $u, v$ 的选择，一般可按"反、对、幂、指、三"的经验顺序选取 $u$，位置在后的与 $\mathrm{d}x$ 凑成 $\mathrm{d}v$.

# 总 习 题 4

**1. 填空题：**

（1）若 $\mathrm{e}^x$ 是 $f(x)$ 的一个原函数，则 $\int x^2 f(\ln x)\mathrm{d}x=$ _____.

（2）设 $f'(\sin^2 x)=\cos^2 x+\tan^2 x$ ， $f(0)=0$ ，则 $f(x)=$ _____.

（3）设 $f'(x^3)=3x^2$ ，则 $f(x)=$ _____.

（4）若 $f(x)$ 有原函数 $x\ln x$ ，则 $\int xf'(x)\mathrm{d}x=$ _____.

（5）设 $\int xf(x)\mathrm{d}x=\arcsin x+C$ ，则 $\int\dfrac{\mathrm{d}x}{f(x)}=$ _____.

（6）设 $f(x)$ 的一个原函数为 $\dfrac{\sin x}{x}$ ，则 $\int xf'(2x)\mathrm{d}x=$ _____.

（7）若 $f'(\mathrm{e}^x)=1+x$ ，则 $f(x)=$ _____.

（8）已知 $f(x)$ 的一个原函数为 $(1+\sin x)\ln x$ ，则 $\int xf'(x)\mathrm{d}x=$ _____.

**2. 求下列不定积分：**

（1）$\int x\sqrt{x^2-3}\,\mathrm{d}x$ ；

（2）$\int\cos^3 x\mathrm{d}x$ ；

（3）$\int\dfrac{x}{\sqrt{x-3}}\mathrm{d}x$ ；

（4）$\int\dfrac{\mathrm{d}x}{\sqrt{x}+\sqrt[3]{x^2}}$ ；

（5）$\int\dfrac{2x-1}{x^2-5x+6}\mathrm{d}x$ ；

（6）$\int\left(\sqrt[3]{x}-\dfrac{1}{\sqrt{x}}\right)\mathrm{d}x$ ；

（7）$\int\dfrac{\mathrm{e}^{\frac{1}{x}}}{x^2}\mathrm{d}x$ ；

（8）$\int\dfrac{(\ln x)^2}{x}\mathrm{d}x$ ；

（9）$\int \sin^4 x \mathrm{d}x$ ；

（10）$\int \tan^4 x \mathrm{d}x$ ；

（11）$\int \dfrac{1}{\sin^4 x} \mathrm{d}x$ ；

（12）$\int \sin^2 x \cos^5 x \mathrm{d}x$ ；

（13）$\int \dfrac{\mathrm{d}x}{x(1+x^8)}$ ；

（14）$\int \dfrac{1}{\sqrt[3]{x+1}+1} \mathrm{d}x$ ；

（15）$\int \dfrac{\arctan \sqrt{x}}{\sqrt{x}(1+x)} \mathrm{d}x$ ；

（16）$\int \dfrac{\sqrt{x^2-9}}{x} \mathrm{d}x$ ；

（17）$\int \mathrm{e}^{-2x} \sin \dfrac{x}{2} \mathrm{d}x$ ；

（18）$\int x \ln(x-1) \mathrm{d}x$ ；

（19）$\int \dfrac{\sin^2 x}{\mathrm{e}^x} \mathrm{d}x$ ；

（20）$\int \dfrac{(\ln x)^2}{x^2} \mathrm{d}x$ ；

（21）$\int \ln(x+\sqrt{1+x^2}) \mathrm{d}x$ ；

（22）$\int (\arcsin x)^2 \mathrm{d}x$ ；

（23）$\int x^2 \cot 2x^3 \mathrm{d}x$ ；

（24）$\int \cos(\ln x) \mathrm{d}x$ ；

（25）$\int \dfrac{x \mathrm{d}x}{(2-x^2)\sqrt{1-x^2}}$ ；

（26）$\int \dfrac{x+2}{4x^2+4x+3} \mathrm{d}x$ ；

（27）$\int \dfrac{\mathrm{e}^{3x}+1}{\mathrm{e}^x+1} \mathrm{d}x$ ；

（28）$\int \dfrac{\sqrt{x}}{\sqrt[3]{x^4}-\sqrt{x^3}} \mathrm{d}x$ ；

（29）$\int \dfrac{\arcsin \sqrt{x}}{\sqrt{x(1-x)}} \mathrm{d}x$ ；

（30）$\int \dfrac{x+3}{x^2-4x+8} \mathrm{d}x$ ；

（31）$\int \dfrac{x^2}{(x-1)^{100}} \mathrm{d}x$ ；

（32）$\int \dfrac{x^3 \arccos x}{\sqrt{1-x^2}} \mathrm{d}x$ ；

（33）$\int \dfrac{\ln(\mathrm{e}^x+1)}{\mathrm{e}^x} \mathrm{d}x$ ；

（34）$\int \dfrac{x+1}{\sqrt{x^2-1}\cdot x^2} \mathrm{d}x$ .

**3.** 设某商品的需求量 $Q$ 是价格 $P$ 的函数，该商品的最大需求量为 1 000（即当 $P=0$ 时，$Q=1\,000$），已知边际需求为

$$Q'(P) = -1\,000 \ln 3 \left(\dfrac{1}{3}\right)^P$$

求需求量 $Q$ 与价格 $P$ 的函数关系.

**4.** 设 $F(x)$ 为 $f(x)$ 的原函数，且当 $x \geqslant 0$ 时，有

$$f(x)F(x) = \dfrac{x\mathrm{e}^x}{2(1+x)^2}$$

已知 $F(0)=1$，$F(x)>0$，试求 $f(x)$.

**5.** 已知 $\dfrac{\cos x}{x}$ 是 $f(x)$ 的原函数，求 $\int x f'(x) \mathrm{d}x$ .

**6.** 设 $f'(\cos x + 2) = \sin^2 x + \tan^2 x$，求 $f(x)$.

**7.** 设 $f(\sin^2 x) = \dfrac{x}{\sin x}$，求 $\int \dfrac{\sqrt{x}}{\sqrt{1-x}} f(x) \mathrm{d}x$ .

**8.** 设 $f(x) = \begin{cases} \sin 2x, & x \leqslant 0, \\ \ln(2x+1), & x > 0, \end{cases}$ 求 $\int f(x) \mathrm{d}x$ .

**9.** 求 $I_1 = \int \dfrac{\sin x}{a\cos x + b\sin x} \mathrm{d}x$ 和 $I_2 = \int \dfrac{\cos x}{a\cos x + b\sin x} \mathrm{d}x$ .

**10.** 求不定积分 $I_1 = \int \dfrac{1+x}{x(1+x\mathrm{e}^x)} \mathrm{d}x$ 和 $I_2 = \int \dfrac{\mathrm{d}u}{u(1+u)}$ .

# 第 5 章

# 定积分及其应用

　　不定积分严格说来还属于微分学的范畴, 它相当于微分的逆运算. 本章要介绍的定积分属于积分学的范畴. 定积分起源于求图形的面积和体积等实际问题. 古希腊的阿基米德用 "穷竭法", 我国的刘徽用 "割圆术", 都曾计算过一些几何体的面积和体积, 这些均为定积分的雏形. 直到 17 世纪中叶, 牛顿和莱布尼茨先后提出了定积分的概念, 并发现了积分与微分之间的内在联系, 给出了计算定积分的一般方法, 从而使定积分成为解决有关实际问题的有力工具, 并使相互独立的微分学与积分学联系在一起, 构成完整的理论体系——微积分学.

　　本章先从几何问题与力学问题引入定积分的定义, 然后讨论定积分的性质、计算方法, 以及定积分在几何与经济学中的应用.

# 5.1　定积分的概念

下面先从求曲边梯形的面积和求变速直线运动的路程两个例子出发，通过问题的分析和求解，进而抽象出定积分的概念.

## 5.1.1　引例

### 1. 曲边梯形的面积

由连续曲线 $y = f(x)$ $(f(x) \geqslant 0)$ 和直线 $x = a$，$x = b$，$y = 0$（$x$ 轴）围成的平面图形称为曲边梯形. $x$ 轴上的线段 $[a, b]$ 称为它的底边，曲线 $y = f(x)$ 称为它的曲边（图 5.1.1）.

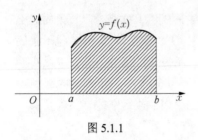

图 5.1.1　　　　　　　　　　　　　图 5.1.2

如何求上述曲边梯形的面积 $A$ 呢？

阿基米德曾用公元前约四百多年的希腊人所创立的"穷竭法"计算由抛物线 $y = x^2$ 和直线 $x = 1$ 所围成的曲边三角形的面积 $A$. 其基本思想就是用多边形的面积来逼近 $A$.

利用这种思想方法——微元求和，可以解决许多类似的有关总量的计算问题.

将曲边梯形分成 $n$ 个小的曲边梯形，每个小曲边梯形近似地视为矩形，计算这些矩形的面积并加在一起就得到曲边梯形面积 $A$ 的近似值. 如果分割得无穷多，每个小曲边梯形无限小，近似值就成为要求的真值 $A$ 了. 具体操作步骤如下：

（1）分割.

在区间 $[a, b]$ 上任意插入 $n-1$ 个分点
$$a = x_0 < x_1 < x_2 < \cdots < x_{n-1} < x_n = b$$
将区间 $[a, b]$ 分成 $n$ 个小区间
$$[x_0, x_1], [x_1, x_2], \cdots, [x_{n-1}, x_n]$$
它们的长度分别记为
$$\Delta x_1 = x_1 - x_0, \Delta x_2 = x_2 - x_1, \cdots, \Delta x_n = x_n - x_{n-1}$$
过各个分点分别作 $x$ 轴的垂线，将曲边梯形分成 $n$ 个小曲边梯形（图 5.1.2）. 设第 $i$ 个小曲边梯形的面积为 $\Delta A_i (i = 1, 2, \cdots, n)$，则有
$$A = \Delta A_1 + \Delta A_2 + \cdots + \Delta A_n = \sum_{i=1}^{n} \Delta A_i$$

（2）近似代替.

在第 $i$ 个小区间 $[x_{i-1}, x_i]$ 上任取一点 $\xi_i$，以 $f(\xi_i)$ 为高、小区间 $[x_{i-1}, x_i]$ 为底作一个小矩形，其面积为 $f(\xi_i)\Delta x_i$，以此作为第 $i$ 个小曲边梯形面积的近似值，即

$$\Delta A_i \approx f(\xi_i)\Delta x_i \quad (i = 1, 2, \cdots, n)$$

（3）求和.

将 $n$ 个小矩形的面积之和作为所求曲边梯形面积 $A$ 的近似值，即

$$A \approx f(\xi_1)\Delta x_1 + f(\xi_2)\Delta x_2 + \cdots + f(\xi_n)\Delta x_n = \sum_{i=1}^{n} f(\xi_i)\Delta x_i$$

（4）取极限.

为了保证所有小区间的长度都趋于 0，只要小区间长度中的最大值趋于 0. 若记

$$\lambda = \max\{\Delta x_1, \Delta x_2, \cdots, \Delta x_n\}$$

则上述条件可表示为 $\lambda \to 0$. 当 $\lambda \to 0$ 时，取上述和式的极限，便得到曲边梯形的面积为

$$A = \lim_{\lambda \to 0} \sum_{i=1}^{n} f(\xi_i)\Delta x_i$$

### 2. 变速直线运动的路程

设某物体做直线运动，已知速度 $v = v(t)$ 是时间 $t$ 的连续函数，且 $v(t) \geq 0$，计算该物体在时间间隔 $[T_1, T_2]$ 上所经过的路程 $s$.

由于物体作变速直线运动，所求路程不能按匀速直线运动的公式来计算. 然而，物体运动的速度 $v = v(t)$ 是连续变化的，在一段很短的时间间隔内，它的变化是很小的，因而可以"以匀代变"，而且时间间隔越短，精确度越高. 具体操作步骤如下：

（1）分割.

在时间间隔 $[T_1, T_2]$ 上任意插入 $n - 1$ 个分点

$$T_1 = t_0 < t_1 < t_2 < \cdots < t_{n-1} < t_n = T_2$$

将时间区间 $[T_1, T_2]$ 分成 $n$ 个小区间

$$[t_0, t_1], [t_1, t_2], \cdots, [t_{n-1}, t_n]$$

它们的长度分别为

$$\Delta t_1 = t_1 - t_0, \Delta t_2 = t_2 - t_1, \cdots, \Delta t_n = t_n - t_{n-1}$$

相应地，各小时间段内的路程分别为

$$\Delta s_1, \Delta s_2, \cdots, \Delta s_n$$

并且

$$s = \Delta s_1 + \Delta s_2 + \cdots + \Delta s_n = \sum_{i=1}^{n} \Delta s_i$$

（2）近似代替.

在第 $i$ 个小时间段 $[t_{i-1}, t_i]$ 上任取一点 $\tau_i$，以 $\tau_i$ 时刻的速度 $v(\tau_i)$ 近似代替 $[t_{i-1}, t_i]$ 上各时刻的速度，得到小时间段 $[t_{i-1}, t_i]$ 上物体经过的路程 $\Delta s_i$ 的近似值，即

$$\Delta s_i \approx v(\tau_i)\Delta t_i \quad (i = 1, 2, \cdots, n)$$

（3）求和.

所求路程 $s$ 的近似值为

$$s \approx v(\tau_1)\Delta t_1 + v(\tau_2)\Delta t_2 + \cdots + v(\tau_n)\Delta t_n = \sum_{i=1}^{n} v(\tau_i)\Delta t_i$$

（4）取极限.

记 $\lambda = \max\{\Delta t_1, \Delta t_2, \cdots, \Delta t_n\}$，当 $\lambda \to 0$ 时，取上述和式的极限，便得到变速直线运动路程的精确值为

$$s = \lim_{\lambda \to 0} \sum_{i=1}^{n} v(\tau_i)\Delta t_i$$

## 5.1.2　定积分的定义

从以上两个例子可以看到，所要计算的量虽然实际意义完全不同（前者为几何量，后者为物理量），但从计算方法（分割、近似代替、求和、取极限）及计算结果（同种形式的和的极限）来看，本质完全相同. 在自然科学和经济管理中还有许多类似的问题，如果抛开这些问题的具体意义，抓住其数量关系上的共性，可抽象出下述定积分的定义：

**定义 5.1.1**　设函数 $f(x)$ 在 $[a, b]$ 上有界，在 $[a, b]$ 中任意插入 $n-1$ 个分点

$$a = x_0 < x_1 < x_2 < \cdots < x_{n-1} < x_n = b$$

将区间 $[a, b]$ 分割成 $n$ 个小区间

$$[x_0, x_1], [x_1, x_2], \cdots, [x_{n-1}, x_n]$$

各个小区间的长度依次为

$$\Delta x_1 = x_1 - x_0, \Delta x_2 = x_2 - x_1, \cdots, \Delta x_n = x_n - x_{n-1}$$

在每个小区间 $[x_{i-1}, x_i]$ 上任取一点 $\xi_i$ $(x_{i-1} \leqslant \xi_i \leqslant x_i)$，作函数值 $f(\xi_i)$ 与小区间长度 $\Delta x_i$ $(i = 1, 2, \cdots, n)$ 的乘积，并作出和

$$S_n = \sum_{i=1}^{n} f(\xi_i)\Delta x_i \tag{5.1.1}$$

记 $\lambda = \max\{\Delta x_1, \Delta x_2, \cdots, \Delta x_n\}$，如果不论对 $[a, b]$ 怎样分割，也不论在小区间 $[x_{i-1}, x_i]$ 上点 $\xi_i$ 怎样选取，只要当 $\lambda \to 0$ 时，$S_n$ 总趋于确定的极限值 $I$，就称这个极限值 $I$ 为函数 $f(x)$ 在区间 $[a, b]$ 上的定积分，记为 $\int_a^b f(x)\mathrm{d}x$，即

$$\int_a^b f(x)\mathrm{d}x = I = \lim_{\lambda \to 0} \sum_{i=1}^{n} f(\xi_i)\Delta x_i \tag{5.1.2}$$

其中 $f(x)$ 称为被积函数，$f(x)\mathrm{d}x$ 称为被积表达式，$x$ 为积分变量，$[a, b]$ 称为积分区间，$a$ 称为积分下限，$b$ 称为积分上限，$S_n$ 称为 $f(x)$ 在 $[a, b]$ 上的积分和.

从定积分的定义可以看出：

（1）定积分 $\int_a^b f(x)\mathrm{d}x$ 是和式 $S_n$ 的极限值，它是一个确定的数，与不定积分是函数有本质区别.

（2）定积分的值只与被积函数和积分区间有关，而与积分变量无关，即

$$\int_a^b f(x)\mathrm{d}x = \int_a^b f(t)\mathrm{d}t = \int_a^b f(u)\mathrm{d}u$$

（3）在定积分的定义中，实际上假设了 $a<b$，若 $b<a$，则规定

$$\int_a^b f(x)\mathrm{d}x = -\int_b^a f(x)\mathrm{d}x$$

特别地，当 $a=b$ 时，有

$$\int_a^a f(x)\mathrm{d}x = 0$$

至此，对任何实数 $a, b$，定积分 $\int_a^b f(x)\mathrm{d}x$ 均有意义.

利用定积分的定义，前面两个引例可以分别表述如下：

曲线 $y=f(x)$ $(f(x)\geqslant 0)$，$x$ 轴和直线 $x=a$，$x=b$ 所围成的曲边梯形的面积 $A$ 等于函数 $f(x)$ 在$[a, b]$上的定积分，即

$$A = \int_a^b f(x)\mathrm{d}x$$

物体以变速 $v=v(t)$ $(v(t)\geqslant 0)$ 做直线运动，从 $T_1$ 时刻到 $T_2$ 时刻经过的路程 $s$ 等于函数 $v(t)$ 在时间区间$[T_1, T_2]$上的定积分，即

$$s = \int_{T_1}^{T_2} v(t)\mathrm{d}t$$

如果函数 $f(x)$ 在$[a, b]$上的定积分存在，就称 $f(x)$ 在$[a, b]$上可积.

函数 $f(x)$ 在$[a, b]$上满足怎样的条件时，才在$[a, b]$上可积？关于这个问题，不深入讨论，只给出以下两个充分条件：

**定理 5.1.1**　若 $f(x)$ 在$[a, b]$上连续，则 $f(x)$ 在$[a, b]$上可积.

**定理 5.1.2**　若 $f(x)$ 在$[a, b]$上有界，且只有有限个间断点，则 $f(x)$ 在$[a, b]$上可积.

若 $f(x)$ 在区间$[a, b]$上可积，则意味着对区间$[a, b]$的任何分法及对 $\xi_i$ 在$[x_{i-1}, x_i]$上的任何取法和式 $S_n$ 的极限（当 $\lambda\to 0$ 时）总是存在的. 因此可将区间$[a, b]$进行特殊分割，取 $\xi_i$ 为$[x_{i-1}, x_i]$上的特殊点，对 $\int_a^b f(x)\mathrm{d}x$ 进行计算.

**例 5.1.1**　利用定积分的定义计算 $\int_0^1 x^2\mathrm{d}x$.

**解**　因为被积函数 $f(x)=x^2$ 在$[0, 1]$上连续，所以 $x^2$ 在$[0, 1]$上可积，从而定积分 $\int_0^1 x^2\mathrm{d}x$ 的值与区间$[0, 1]$的分法及点 $\xi_i$ 的取法无关. 为了便于计算，不妨将区间$[0, 1]n$ 等分，分点为 $x_i=\dfrac{i}{n}(i=1,2,\cdots,n-1)$，这样，每个小区间的长度 $\Delta x_i=\dfrac{1}{n}(i=1,2,\cdots,n)$，取 $\xi_i=x_i(i=1,2,\cdots,n)$，于是得到积分和

$$S_n = \sum_{i=1}^n f(\xi_i)\Delta x_i = \sum_{i=1}^n \xi_i^2\Delta x_i = \sum_{i=1}^n x_i^2\Delta x_i = \sum_{i=1}^n\left(\frac{i}{n}\right)^2\cdot\frac{1}{n} = \frac{1}{n^3}\sum_{i=1}^n i^2$$

$$= \frac{1}{n^3}\cdot\frac{1}{6}n(n+1)(2n+1) = \frac{1}{6}\left(1+\frac{1}{n}\right)\cdot\left(2+\frac{1}{n}\right)$$

当 $\lambda = \dfrac{1}{n} \to 0$，即 $n \to \infty$ 时，取极限得

$$\int_0^1 x^2\,\mathrm{d}x = \lim_{\lambda \to 0}\sum_{i=1}^{n} f(\xi_i)\Delta x_i = \lim_{n \to \infty}\frac{1}{6}\left(1+\frac{1}{n}\right)\left(2+\frac{1}{n}\right) = \frac{1}{3}$$

### 5.1.3 定积分的几何意义

若定义在区间 $[a, b]$ 上的连续函数 $f(x) \geqslant 0$，则由定义知，定积分 $\displaystyle\int_a^b f(x)\mathrm{d}x$ 在几何上表示由曲线 $y = f(x)$，$x$ 轴和直线 $x = a$，$x = b$ 所围成的曲边梯形的面积（图 5.1.3），即

$$A = \int_a^b f(x)\mathrm{d}x$$

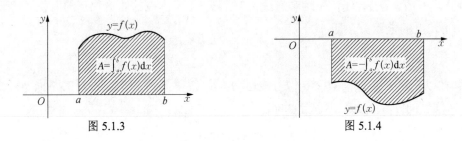

图 5.1.3　　　　　　　　　　　　图 5.1.4

若定义在 $[a, b]$ 上的连续函数 $f(x) < 0$，则将区间 $[a, b]$ 分割后，每一个小矩形的高为 $|f(\xi_i)| = -f(\xi_i)$，经过求和取极限，得到曲边梯形的面积为（图 5.1.4）

$$A = -\int_a^b f(x)\mathrm{d}x$$

即定积分 $\displaystyle\int_a^b f(x)\mathrm{d}x$ 在几何上表示由曲线 $y = f(x)$，$x$ 轴和直线 $x = a$，$x = b$ 所围成的曲边梯形面积的负值.

若 $f(x)$ 在 $[a, b]$ 上有正有负，则曲线 $y = f(x)$ 某些部分在 $x$ 轴上方，而其余部分在 $x$ 轴下方，故定积分 $\displaystyle\int_a^b f(x)\mathrm{d}x$ 在几何上表示由曲线 $y = f(x)$，直线 $x = a$，$x = b$ 和 $x$ 轴所围成的几块图形中，在 $x$ 轴上方的各图形面积之和减去在 $x$ 轴下方的各图形面积之和（图 5.1.5）. 于是有

$$\int_a^b f(x)\mathrm{d}x = A_1 + A_2 - A_3$$

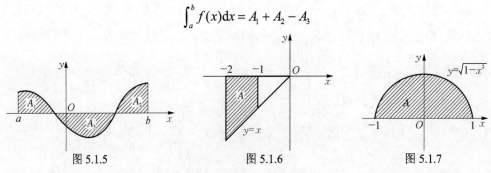

图 5.1.5　　　　　　　图 5.1.6　　　　　　　图 5.1.7

利用定积分的几何意义，可以求某些定积分的值.

**例 5.1.2**  利用定积分的几何意义计算:

(1) $\int_{-2}^{-1} x\, \mathrm{d}x$ ;            (2) $\int_{-1}^{1}\sqrt{1-x^2}\,\mathrm{d}x$ .

**解**  (1) 在 $[-2,-1]$ 上 $f(x)=x<0$,所以定积分 $\int_{-2}^{-1} x\,\mathrm{d}x$ 在几何上表示直线 $y=x$,$x=-2$,$x=-1$ 和 $x$ 轴所围成图形面积的负值(图 5.1.6),故

$$\int_{-2}^{-1} x\,\mathrm{d}x = -\frac{3}{2}$$

(2) 在 $[-1,1]$ 上 $f(x)=\sqrt{1-x^2}\geq 0$,所以定积分 $\int_{-1}^{1}\sqrt{1-x^2}\,\mathrm{d}x$ 在几何上表示半圆 $y=\sqrt{1-x^2}$,直线 $x=-1$,$x=1$ 和 $x$ 轴所围成图形(上半圆)的面积(图 5.1.7),故

$$\int_{-1}^{1}\sqrt{1-x^2}\,\mathrm{d}x = \frac{\pi}{2}$$

# 习 题  5.1

## (A)

**1.** 利用定积分的定义计算下列定积分:

(1) $\int_{0}^{1}(x+1)\,\mathrm{d}x$ ;            (2) $\int_{0}^{1}\mathrm{e}^x\,\mathrm{d}x$ .

**2.** 利用定积分的几何意义,证明下列等式:

(1) $\int_{1}^{2} 2x\,\mathrm{d}x = 3$ ;            (2) $\int_{0}^{a}\sqrt{a^2-x^2}\,\mathrm{d}x = \frac{1}{4}\pi a^2$ ;

(3) $\int_{-\pi}^{\pi}\sin x\,\mathrm{d}x = 0$ ;            (4) $\int_{-\frac{\pi}{2}}^{\frac{\pi}{2}}\cos x\,\mathrm{d}x = 2\int_{0}^{\frac{\pi}{2}}\cos x\,\mathrm{d}x$ .

## (B)

**1.** 利用定积分的定义计算由抛物线 $y=x^2$,直线 $x=1$,$x=2$ 和 $x$ 轴所围成图形的面积.

**2.** 某商品的价格 $P$ 是销售量 $x$ 的连续函数 $P=P(x)$,试用定积分表示当销售量从 $a$ 变化到 $b$ 时的收入 $R$.

**3.** 讨论狄利克雷函数

$$D(x) = \begin{cases} 1, & x\text{为有理数} \\ 0, & x\text{为无理数} \end{cases}$$

在区间 $[0,1]$ 上的可积性.

**4.** 将下列极限表示成定积分:

(1) $\lim\limits_{n\to\infty}\left(\dfrac{1}{n+1}+\dfrac{1}{n+2}+\cdots+\dfrac{1}{n+n}\right)$ ;            (2) $\lim\limits_{n\to\infty}\dfrac{1}{n^2}(\sqrt{n}+\sqrt{2n}+\cdots+\sqrt{n^2})$ ;

(3) $\lim\limits_{n\to\infty}\left(\dfrac{1}{n+\dfrac{1}{n}}+\dfrac{1}{n+\dfrac{4}{n}}+\cdots+\dfrac{1}{n+\dfrac{n^2}{n}}\right)$ .

# 5.2 定积分的性质

在下面的讨论中，假定各性质中所列出的定积分都存在；如不特别指明，各定积分的上、下限均不加限制.

利用定积分的定义及极限的运算法则，可以证明定积分具有下列性质：

**性质 5.2.1** 函数的和（差）的定积分等于它们的定积分的和（差），即

$$\int_a^b [f(x) \pm g(x)]\mathrm{d}x = \int_a^b f(x)\,\mathrm{d}x \pm \int_a^b g(x)\mathrm{d}x$$

**性质 5.2.2** 被积函数的常数因子可以提到积分号外面，即

$$\int_a^b k f(x)\mathrm{d}x = k \int_a^b f(x)\mathrm{d}x \quad （k \text{ 为常数}）$$

**性质 5.2.3** 不论 $a, b, c$ 的相对位置如何，总有

$$\int_a^b f(x)\mathrm{d}x = \int_a^c f(x)\mathrm{d}x + \int_c^b f(x)\mathrm{d}x$$

该性质表明定积分对于积分区间具有可加性. 也常将该性质称为定积分的可加性.

**性质 5.2.4** 若在区间 $[a, b]$ 上，$f(x) \equiv 1$，则

$$\int_a^b 1 \cdot \mathrm{d}x = \int_a^b \mathrm{d}x = b - a$$

**性质 5.2.5** 若在区间 $[a, b]$ 上，$f(x) \geqslant 0$，则

$$\int_a^b f(x)\mathrm{d}x \geqslant 0 \quad (a < b)$$

**推论 5.2.1** 若在 $[a, b]$ 上，$f(x) \leqslant g(x)$，则

$$\int_a^b f(x)\mathrm{d}x \leqslant \int_a^b g(x)\mathrm{d}x \quad (a < b)$$

**推论 5.2.2**

$$\left| \int_a^b f(x)\mathrm{d}x \right| \leqslant \int_a^b |f(x)|\,\mathrm{d}x \quad (a < b)$$

利用该推论可以比较定积分的大小.

**性质 5.2.6** 设 $M$ 和 $m$ 分别是函数 $f(x)$ 在区间 $[a, b]$ 上的最大值和最小值，则

$$m(b-a) \leqslant \int_a^b f(x)\mathrm{d}x \leqslant M(b-a) \quad (a < b)$$

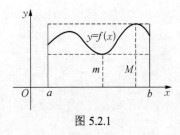

图 5.2.1

其几何意义是：由曲线 $y = f(x)$，直线 $x = a$，$x = b$ 和 $x$ 轴所围成的曲边梯形的面积，介于以区间 $[a, b]$ 为底、以最小纵坐标 $m$ 为高的矩形面积与以最大纵坐标 $M$ 为高的矩形面积之间，如图 5.2.1 所示.

利用该性质，可以估计定积分值的范围. 这个性质也称为定积分的估值定理.

**性质 5.2.7** 若函数 $f(x)$ 在区间 $[a, b]$ 上连续，则在 $[a, b]$ 上至少存在一点 $\xi$，使得

$$\int_a^b f(x)\mathrm{d}x = f(\xi)(b-a) \quad (a \leqslant \xi \leqslant b)$$

**证**　将性质 5.2.6 中的不等式除以区间长度 $b-a$ 得

$$m \leqslant \frac{1}{b-a}\int_a^b f(x)\mathrm{d}x \leqslant M$$

这表明数值 $\dfrac{1}{b-a}\displaystyle\int_a^b f(x)\mathrm{d}x$ 介于 $f(x)$ 的最小值与最大值之间. 由闭区间上连续函数的介值定理知, 在区间 $[a, b]$ 上至少存在一点 $\xi$, 使得

$$\frac{1}{b-a}\int_a^b f(x)\mathrm{d}x = f(\xi)$$

即

$$\int_a^b f(x)\mathrm{d}x = f(\xi)(b-a) \quad (a \leqslant \xi \leqslant b)$$

上述公式称为积分中值公式, 该性质也称为积分中值定理. 显然, 积分中值公式不论对 $a<b$ 或 $a>b$ 都成立.

其几何意义是: 由曲线 $y=f(x)$, 直线 $x=a$, $x=b$ 和 $x$ 轴所围成的曲边梯形的面积, 等于以 $[a, b]$ 为底、$[a, b]$ 上某一点 $\xi$ 处的函数值为高的矩形面积 (图 5.2.2).

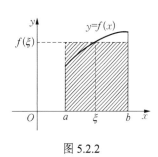

图 5.2.2

由上述几何解释易见, 数值 $\dfrac{1}{b-a}\displaystyle\int_a^b f(x)\mathrm{d}x$ 表示曲线 $y=f(x)$ 在 $[a, b]$ 上的平均高度, 设其为函数 $f(x)$ 在 $[a, b]$ 上的平均值, 它是有限个数的平均值概念的推广.

**例 5.2.1**　比较积分的大小:

(1) $\displaystyle\int_0^1 \mathrm{e}^x\mathrm{d}x$ 与 $\displaystyle\int_0^1 \mathrm{e}^{x^2}\mathrm{d}x$;　　　　　(2) $\displaystyle\int_1^2 \mathrm{e}^x\mathrm{d}x$ 与 $\displaystyle\int_1^2 \mathrm{e}^{x^2}\mathrm{d}x$.

**解**　(1) 在区间 $[0, 1]$ 上, $x \geqslant x^2$, 故 $\mathrm{e}^x \geqslant \mathrm{e}^{x^2}$, 由性质知

$$\int_0^1 \mathrm{e}^x\mathrm{d}x \geqslant \int_0^1 \mathrm{e}^{x^2}\mathrm{d}x$$

(1) 在区间 $[1, 2]$ 上, $x \leqslant x^2$, 故 $\mathrm{e}^x \leqslant \mathrm{e}^{x^2}$, 由性质知

$$\int_1^2 \mathrm{e}^x\mathrm{d}x \leqslant \int_1^2 \mathrm{e}^{x^2}\mathrm{d}x$$

**例 5.2.2**　估计定积分 $\displaystyle\int_0^1 \mathrm{e}^x\mathrm{d}x$ 的值.

**解**　函数 $f(x) = \mathrm{e}^x$ 在 $[0, 1]$ 上的最大值为 $f(1) = \mathrm{e}$, 最小值为 $f(0) = 1$, 由性质知

$$1 \leqslant \int_0^1 \mathrm{e}^x\mathrm{d}x \leqslant \mathrm{e}$$

**例 5.2.3**　设 $0 < b < \dfrac{\pi}{2}$, 求 $\displaystyle\lim_{n\to\infty}\int_0^b \sin^n x\,\mathrm{d}x$.

**解**　由于函数 $f(x) = \sin^n x$ 在 $[0, b]$ 上连续, 由积分中值定理知, 存在 $\xi \in [0, b] \subset \left[0, \dfrac{\pi}{2}\right]$, 使得

$$\int_0^b \sin^n x\,\mathrm{d}x = b\sin^n \xi \quad \left(0 \leqslant \xi < \frac{\pi}{2}\right)$$

从而 
$$\lim_{n\to\infty}\int_0^b \sin^n x \mathrm{d}x = \lim_{n\to\infty}(b\sin^n\xi) = b\lim_{n\to\infty}\sin^n\xi = b\cdot 0 = 0$$

## 习 题 5.2

### （A）

**1.** 利用性质，比较下列各组积分值的大小：

（1） $I_1 = \int_0^1 x^2 \mathrm{d}x$ 与 $I_2 = \int_0^1 x^3 \mathrm{d}x$ ；　　（2） $I_1 = \int_1^2 x^2 \mathrm{d}x$ 与 $I_2 = \int_1^2 x^3 \mathrm{d}x$ ；

（3） $I_1 = \int_0^{\frac{\pi}{2}} x \mathrm{d}x$ 与 $I_2 = \int_0^{\frac{\pi}{2}} \sin x \mathrm{d}x$ ；　　（4） $I_1 = \int_4^3 \ln^2 x \mathrm{d}x$ 与 $I_2 = \int_4^3 \ln^3 x \mathrm{d}x$ ；

（5） $I_1 = \int_{-\frac{\pi}{2}}^0 \sin x \mathrm{d}x$ 与 $I_2 = \int_0^{\frac{\pi}{2}} \sin x \mathrm{d}x$ .

**2.** 利用性质，估计下列定积分的值：

（1） $I = \int_1^4 (x^2+1)\mathrm{d}x$ ；　　（2） $I = \int_{\frac{\pi}{4}}^{\frac{5\pi}{4}} (1+\sin^2 x)\mathrm{d}x$ .

（3） $I = \int_{\frac{1}{\sqrt{3}}}^{\sqrt{3}} x\arctan x \mathrm{d}x$ ；　　（4） $I = \int_{-a}^a \mathrm{e}^{-x^2}\mathrm{d}x\, (a>0)$ ；

（5） $I = \int_0^2 \mathrm{e}^{x^2-x}\mathrm{d}x$ .

**3.** 证明： $\dfrac{2}{\mathrm{e}^4} \leqslant \int_0^2 \mathrm{e}^{-x^2}\mathrm{d}x \leqslant 2$ .

### （B）

**1.** 设 $f(x)$ 和 $g(x)$ 在 $[a,b]$ 上连续，证明：

（1）若在 $[a,b]$ 上， $f(x)\geqslant 0$ ，且 $\int_a^b f(x)\mathrm{d}x = 0$ ，则在 $[a,b]$ 上 $f(x)\equiv 0$ ；

（2）若在 $[a,b]$ 上， $f(x)\geqslant 0$ ，且 $f(x)\not\equiv 0$ ，则 $\int_a^b f(x)\mathrm{d}x > 0$ ；

（3）若在 $[a,b]$ 上， $f(x)\leqslant g(x)$ ，且 $\int_a^b f(x)\mathrm{d}x = \int_a^b g(x)\mathrm{d}x$ ，则在 $[a,b]$ 上， $f(x)\equiv g(x)$ .

**2.** 设 $f(x)$ 在 $[1,+\infty)$ 上连续，且 $\lim\limits_{x\to+\infty} f(x) = 1$ ，求 $\lim\limits_{x\to+\infty}\int_x^{x+2} t\sin\dfrac{3}{t} f(t)\mathrm{d}t$ .

**3.** 设函数 $f(x),g(x)$ 在 $[a,b]$ 上连续，且 $g(x)>0$ ，证明：存在点 $\xi\in[a,b]$ ，使得

$$\int_a^b f(x)g(x)\mathrm{d}x = f(\xi)\int_a^b g(x)\mathrm{d}x$$

# 5.3　微积分基本公式

　　本章 5.1 节中举过用定积分定义求定积分的例子，从中可以看到，被积函数虽然为简单的二次幂函数，但计算其定积分已经不是件容易的事. 如果被积函数是其他更复杂的函数，计算就更复杂了，因此寻求一种计算定积分的有效方法便成为积分学发展的关键. 我们知道，不定积分作为原函数的概念与定积分作为积分和的极限的概念是完全不同的两个概念，但牛顿和莱布尼茨却发现了这两个概念之间存在着深刻的内在联系，即微积分基本

定理，并由此巧妙地开辟了求定积分的新途径——牛顿－莱布尼茨公式. 从而使积分学与微分学一起构成变量数学的基础学科——微积分学. 牛顿和莱布尼茨也因此作为微积分学的奠基人而载入史册.

已知物体以速度 $v = v(t)$ 做直线运动，从 5.1 节知，在时间区间 $[T_1, T_2]$ 上的路程为

$$\int_{T_1}^{T_2} v(t)\mathrm{d}t$$

若已知物体的运动规律 $s = s(t)$，则在时间区间 $[T_1, T_2]$ 上的路程为

$$s(T_2) - s(T_1)$$

从而有
$$\int_{T_1}^{T_2} v(t)\mathrm{d}t = s(T_2) - s(T_1) \tag{5.3.1}$$

又因为
$$s'(t) = v(t)$$

即 $s(t)$ 为 $v(t)$ 在区间 $[T_1, T_2]$ 上的原函数，所以式（5.3.1）表示：速度函数 $v(t)$ 在区间 $[T_1, T_2]$ 上的定积分等于速度函数 $v(t)$ 的原函数 $s(t)$ 在区间 $[T_1, T_2]$ 上的增量 $s(T_2) - s(T_1)$.

从这一特殊问题中得到的关系，是否具有一般性？回答是肯定的. 后面的讨论中将予以证明.

## 5.3.1　积分上限函数及其导数

设函数 $f(x)$ 在区间 $[a, b]$ 上连续，$x$ 为区间 $[a, b]$ 上的任意一点. 因为 $f(x)$ 在 $[a, b]$ 上连续，所以在 $[a, x]$ 上也连续，故定积分 $\int_a^x f(t)\mathrm{d}t$ 存在.

若上限 $x$ 在区间 $[a, b]$ 上任意变动，则对于每一个 $x$ 值，定积分有一个确定值与之对应，所以它在 $[a, b]$ 上定义了一个函数，记为

$$\Phi(x) = \int_a^x f(t)\mathrm{d}t \quad (a \leqslant x \leqslant b) \tag{5.3.2}$$

称为积分上限函数或变上限积分.

**定理 5.3.1**　若函数 $f(x)$ 在 $[a, b]$ 上连续，则积分上限函数

$$\Phi(x) = \int_a^x f(t)\mathrm{d}t$$

在 $[a, b]$ 上可导，且其导数

$$\Phi'(x) = \frac{\mathrm{d}}{\mathrm{d}x} \int_a^x f(t)\mathrm{d}t = f(x) \quad (a \leqslant x \leqslant b) \tag{5.3.3}$$

**证**　设 $x \in (a, b)$，在点 $x$ 有改变量 $\Delta x$，$x + \Delta x \in [a, b]$，则

$$\Phi(x + \Delta x) = \int_a^{x+\Delta x} f(t)\mathrm{d}t$$

由此得到函数的增量为（图 5.3.1）

$$\Delta\Phi = \Phi(x + \Delta x) - \Phi(x) = \int_a^{x+\Delta x} f(t)\mathrm{d}t - \int_a^x f(t)\mathrm{d}t$$

$$= \int_a^x f(t)\mathrm{d}t + \int_x^{x+\Delta x} f(t)\mathrm{d}t - \int_a^x f(t)\mathrm{d}t = \int_x^{x+\Delta x} f(t)\mathrm{d}t$$

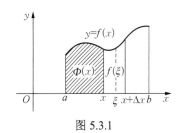

图 5.3.1

应用积分中值定理得

$$\Delta\Phi = f(\xi)\Delta x \quad (\xi\text{ 介于 }x\text{ 与 }x+\Delta x\text{ 之间})$$

所以

$$\Phi'(x) = \lim_{\Delta x \to 0}\frac{\Delta\Phi}{\Delta x} = \lim_{\Delta x \to 0}f(\xi) = f(x)$$

若 $x = a$，取 $\Delta x > 0$，$a + \Delta x \in (a, b)$，同上可证 $\Phi'_+(a) = f(a)$；

若 $x = b$，取 $\Delta x < 0$，$b + \Delta x \in (a, b)$，同上可证 $\Phi'_-(b) = f(b)$.

式（5.3.3）称为积分上限函数（变上限积分）的求导公式，它说明，积分上限函数的导数等于被积函数在上限处的值.

**推论 5.3.1** 设 $f(x)$ 是 $[a, b]$ 上的连续函数，则 $f(x)$ 必有原函数.

**推论 5.3.2** 设 $f(x)$ 是 $[a, b]$ 上的连续函数，$\varphi(x)$ 在 $[a, b]$ 上可导，则

$$\left[\int_a^{\varphi(x)}f(t)\mathrm{d}t\right]' = f[\varphi(x)]\cdot\varphi'(x) \tag{5.3.4}$$

**推论 5.3.3** 设 $f(x)$ 是 $[a, b]$ 上的连续函数，函数 $u(x)$，$v(x)$ 在 $[a, b]$ 上可导，且 $a \leq u(x)$，$v(x) \leq b$，则

$$\left[\int_{u(x)}^{v(x)}f(t)\mathrm{d}t\right]' = f[v(x)]\cdot v'(x) - f[u(x)]\cdot u'(x) \tag{5.3.5}$$

式（5.3.4）和式（5.3.5）称为变限积分函数的求导公式，它是式（5.3.3）的推广.

## 5.3.2 微积分基本公式（牛顿－莱布尼茨公式）

定理 5.3.1 揭示了原函数与定积分的内在联系. 由此可以导出一个重要定理，它给出了用原函数计算定积分的公式.

**定理 5.3.2** 若函数 $F(x)$ 是连续函数 $f(x)$ 在 $[a, b]$ 上的一个原函数，则

$$\int_a^b f(x)\mathrm{d}x = F(b) - F(a) = F(x)\Big|_a^b \tag{5.3.6}$$

其中 $F(x)\Big|_a^b$ 表示 $F(b) - F(a)$.

**证** 由已知假设及定理 5.3.1 知，$F(x)$ 和 $\Phi(x)$ 都是 $f(x)$ 的原函数，由原函数的性质得

$$F(x) - \Phi(x) = C, \quad x \in [a, b]$$

令 $x = a$，则

$$F(a) - \Phi(a) = C$$

而 $\Phi(a) = 0$，故

$$C = F(a)$$

令 $x = b$，则

$$F(b) - \Phi(b) = F(a)$$

而 $\Phi(b) = \int_a^b f(t)\mathrm{d}t$，故

$$\int_a^b f(x)\mathrm{d}x = F(b) - F(a)$$

公式（5.3.6）称为**微积分基本公式**或**牛顿－莱布尼茨公式**. 它表明，一个连续函数在

区间 $[a, b]$ 上的定积分等于其任意一个原函数在区间 $[a, b]$ 上的改变量. 这个公式进一步揭示了定积分与被积函数的原函数或不定积分之间的联系, 给定积分提供了一个有效而简便的计算方法.

**例 5.3.1**　计算 $\int_0^1 x^2 \, dx$ .

**解**　因为 $\left(\dfrac{1}{3} x^3\right)' = x^2$ , 所以

$$\int_0^1 x^2 \, dx = \frac{1}{3} x^3 \Big|_0^1 = \frac{1}{3}$$

**例 5.3.2**　计算 $\int_0^\pi \sin x \, dx$ .

**解**　因为 $(-\cos x)' = \sin x$ , 所以

$$\int_0^\pi \sin x \, dx = (-\cos x)\Big|_0^\pi = 2$$

**例 5.3.3**　计算 $\int_{-2}^{-1} \dfrac{1}{x} \, dx$ .

**解**　因为 $(\ln |x|)' = \dfrac{1}{x} \, (x < 0)$ , 所以

$$\int_{-2}^{-1} \frac{1}{x} \, dx = \ln |x| \Big|_{-2}^{-1} = -\ln 2$$

**\*例 5.3.4**　求极限 $\lim\limits_{n \to \infty} \left(\dfrac{1}{n+1} + \dfrac{1}{n+2} + \cdots + \dfrac{1}{n+n}\right)$ .

**解**　由定积分的定义, 有

$$S_n = \frac{1}{n+1} + \frac{1}{n+2} + \cdots + \frac{1}{n+n} = \frac{1}{n}\left(\frac{1}{1+\frac{1}{n}} + \frac{1}{1+\frac{2}{n}} + \cdots + \frac{1}{1+\frac{n}{n}}\right)$$

恰好是函数 $f(x) = \dfrac{1}{1+x}$ 在 $[0, 1]$ 上的积分和, 而 $f(x)$ 的原函数是 $\ln(1+x)$ , 故

$$\lim_{n \to \infty} S_n = \int_0^1 \frac{1}{1+x} \, dx = \ln(1+x)\Big|_0^1 = \ln 2$$

即

$$\lim_{n \to \infty}\left(\frac{1}{n+1} + \frac{1}{n+2} + \cdots + \frac{1}{n+n}\right) = \ln 2$$

**例 5.3.5**　计算 $\int_0^\pi |\cos x| \, dx$ .

**解**　因为

$$|\cos x| = \begin{cases} \cos x, & 0 \leqslant x \leqslant \dfrac{\pi}{2} \\ -\cos x, & \dfrac{\pi}{2} < x \leqslant \pi \end{cases}$$

所以 $\int_0^\pi |\cos x| \, dx = \int_0^{\frac{\pi}{2}} |\cos x| \, dx + \int_{\frac{\pi}{2}}^\pi |\cos x| \, dx = \int_0^{\frac{\pi}{2}} \cos x \, dx - \int_{\frac{\pi}{2}}^\pi \cos x \, dx = \sin x \Big|_0^{\frac{\pi}{2}} - \sin x \Big|_{\frac{\pi}{2}}^\pi = 2$

**例 5.3.6** 计算 $d\int_0^x \sqrt{1+t^2}\,dt$.

**解**
$$d\int_0^x \sqrt{1+t^2}\,dt = \left(\int_0^x \sqrt{1+t^2}\,dt\right)'dx = \sqrt{1+x^2}\,dx$$

**例 5.3.7** 计算 $\int_x^{x^2} \ln(1+t^2)\,dt$ 的导数.

**解**
$$\frac{d}{dx}\int_x^{x^2} \ln(1+t^2)\,dt = \left[\int_x^{x^2} \ln(1+t^2)\,dt\right]' = \ln[1+(x^2)^2](x^2)' - \ln(1+x^2)x'$$
$$= 2x\ln(1+x^4) - \ln(1+x^2)$$

**例 5.3.8** 计算 $\displaystyle\lim_{x\to 0}\frac{\displaystyle\int_{\cos x}^1 e^{-t^2}\,dt}{x^2}$.

**解**
$$\lim_{x\to 0}\frac{\displaystyle\int_{\cos x}^1 e^{-t^2}\,dt}{x^2} = \lim_{x\to 0}\frac{e^{-\cos^2 x}\cdot \sin x}{2x} = \frac{1}{2e}$$

**例 5.3.9** 设 $\varPhi(x) = \int_a^x (x-t)^2 f(t)\,dt$，证明：$\varPhi'(x) = 2\int_a^x (x-t)f(t)\,dt$.

**证** 变量 $x$ 对定积分来说是常量，故
$$\varPhi(x) = \int_a^x (x^2-2xt+t^2)f(t)\,dt = x^2\int_a^x f(t)\,dt - 2x\int_a^x tf(t)\,dt + \int_a^x t^2 f(t)\,dt$$

所以
$$\varPhi'(x) = 2x\int_a^x f(t)\,dt + x^2 f(x) - 2\int_a^x tf(t)\,dt - 2x\cdot xf(x) + x^2 f(x)$$
$$= 2\int_a^x xf(t)\,dt - 2\int_a^x tf(t)\,dt = 2\int_a^x (x-t)f(t)\,dt$$

# 习 题 5.3

## （A）

**1.** 设 $y = \int_0^x \sin t\,dt$，求 $y'(0)$，$y'\left(\dfrac{\pi}{4}\right)$.

**2.** 设 $y = \int_{x^2}^{x^3} e^t\,dt$，求 $y'$.

**3.** 求下列极限：

（1）$\displaystyle\lim_{x\to 0}\frac{1}{x^3}\int_0^x \sin t^2\,dt$；

（2）$\displaystyle\lim_{x\to 0}\frac{\displaystyle\int_0^{x^2}\sqrt{1+t^2}\,dt}{x^2}$；

（3）$\displaystyle\lim_{x\to 0}\frac{\left(\displaystyle\int_0^x e^{t^2}\,dt\right)^2}{\displaystyle\int_0^x te^{2t^2}\,dt}$.

**4.** 求由方程 $\displaystyle\int_0^y e^t\,dt + \int_0^x \cos t\,dt = 0$ 所确定的隐函数 $y = y(x)$ 的导数.

**5.** 计算下列各题：

（1）$\displaystyle\int_1^2 \left(x^2+\frac{1}{x^2}\right)dx$；

（2）$\displaystyle\int_0^{\sqrt{3}} \frac{1}{1+x^2}\,dx$；

（3）$\int_0^{2\pi}|\sin x|\,\mathrm{d}x$ ；

（4）$\int_{\frac{1}{2}}^{\frac{1}{2}}\dfrac{1}{\sqrt{1-x^2}}\,\mathrm{d}x$ ；

（5）$\int_4^9\sqrt{x}(1+\sqrt{x})\mathrm{d}x$ ；

（6）$\int_{-1}^2|x^2-x|\mathrm{d}x$ ；

（7）设 $f(x)=\begin{cases}x, & 0\leqslant x\leqslant\dfrac{\pi}{2},\\[2mm] \sin x, & \dfrac{\pi}{2}\leqslant x\leqslant\pi;\end{cases}$ 求 $\int_0^\pi f(x)\,\mathrm{d}x$ ；

（8）$\int_0^3\sqrt{(2-x)^2}\mathrm{d}x$ .

**（B）**

1. 设 $\int_0^{x^2}\sin\sqrt{t}\mathrm{d}t$ 与 $x^a$ 是当 $x\to0$ 时的同阶无穷小，求 $\alpha$.

2. 设 $\int_0^x(x-t)f(t)\mathrm{d}t=1-\cos x$ ，证明：$\int_0^{\frac{\pi}{2}}f(x)\mathrm{d}x=1$ .

3. 设
$$f(x)=\begin{cases}2x+1, & |x|\leqslant2\\ 1+x^2, & 2<x\leqslant4\end{cases}$$
求 $k$ 的值，使 $\int_k^3 f(x)\mathrm{d}x=\dfrac{40}{3}$ .

4. 设函数 $f(x)$ 不为常数，且 $[f(x)]^2=\int_0^x(t+1)f(t)\mathrm{d}t$ ，求 $f(x)$.

5. 设函数 $f(x)$ 在 $[0,1]$ 上连续，且 $f(x)=\dfrac{1}{1+x^2}+x^3\int_0^1 f(x)\mathrm{d}x$ ，求 $f(x)$.

6. 设 $f(x)=\int_0^x\left[\int_0^t\sin(1+u^2)\mathrm{d}u\right]\mathrm{d}t$ ，求 $f''(x)$.

7. 设函数 $f(x)$ 在 $[a,b]$ 上连续，在 $(a,b)$ 内可导，$f'(x)\leqslant0$ ，$F(x)=\dfrac{1}{x-a}\int_a^x f(t)\mathrm{d}t$ . 证明：在 $(a,b)$ 内有 $F'(x)\leqslant0$ .

# 5.4 定积分的计算

由牛顿-莱布尼茨公式知道，计算定积分 $\int_a^b f(x)\mathrm{d}x$ 的有效、简便的方法是将它转化为求被积函数 $f(x)$ 的原函数在区间 $[a,b]$ 上的增量，从而不定积分求原函数的换元积分法和分部积分法在求定积分时仍然适用. 本节将讨论定积分的换元积分法和分部积分法，一定要注意其与不定积分的不同之处.

## 5.4.1 定积分的换元积分法

**定理 5.4.1** 设 $f(x)$ 在 $[a,b]$ 上连续，函数 $x=\varphi(t)$ 满足下列条件：

（i）$\varphi(\alpha)=a$ ，$\varphi(\beta)=b$ ，且 $a\leqslant\varphi(t)\leqslant b$ ；

（ii）$\varphi(t)$ 在 $[\alpha,\beta]$（或 $[\beta,\alpha]$）上具有连续导数.

则有
$$\int_a^b f(x)\mathrm{d}x=\int_\alpha^\beta f[\varphi(t)]\varphi'(t)\mathrm{d}t \tag{5.4.1}$$

证　设 $F(x)$ 是 $f(x)$ 的一个原函数，则有

$$\int_a^b f(x)\mathrm{d}x = F(b) - F(a)$$

又 $F[\varphi(t)]$ 是 $f[\varphi(t)]\varphi'(t)$ 的一个原函数，故

$$\int_\alpha^\beta f[\varphi(t)]\varphi'(t)\mathrm{d}t = F[\varphi(t)]\Big|_\alpha^\beta = F[\varphi(\beta)] - F[\varphi(\alpha)] = F(b) - F(a)$$

于是公式（5.4.1）成立.

公式（5.4.1）称为定积分的换元公式. 应用换元公式时要注意以下几点：

（1）用 $x = \varphi(t)$ 作换元变换时，不仅要将被积表达式变换，积分上、下限也要随之变换，且上限对应上限，下限对应下限.

（2）求得 $f[\varphi(t)]\varphi'(t)$ 的一个原函数 $\Phi(t)$ 后，不必将 $\Phi(t)$ 变成原来变量 $x$ 的函数，直接计算 $\Phi(\beta) - \Phi(\alpha)$ 即可.

（3）能用凑微分法计算的定积分不需换元，可省去换元、换限的麻烦.

**例 5.4.1**　计算下列各题：

（1）$\displaystyle\int_1^2 \frac{\mathrm{e}^{\frac{1}{x}}}{x^2}\mathrm{d}x$；
　　　　　　　　　　　（2）$\displaystyle\int_{-\frac{\pi}{2}}^{\frac{\pi}{2}} \sqrt{\cos x - \cos^3 x}\,\mathrm{d}x$.

解　（1）$\displaystyle\int_1^2 \frac{\mathrm{e}^{\frac{1}{x}}}{x^2}\mathrm{d}x = -\int_1^2 \mathrm{e}^{\frac{1}{x}}\mathrm{d}\left(\frac{1}{x}\right) = -\mathrm{e}^{\frac{1}{x}}\Big|_1^2 = \mathrm{e} - \sqrt{\mathrm{e}}$

（2）$\displaystyle\int_{-\frac{\pi}{2}}^{\frac{\pi}{2}} \sqrt{\cos x - \cos^3 x}\,\mathrm{d}x = \int_{-\frac{\pi}{2}}^{\frac{\pi}{2}} \sqrt{\cos x}\,|\sin x|\,\mathrm{d}x = -\int_{-\frac{\pi}{2}}^0 \sqrt{\cos x}\,\sin x\,\mathrm{d}x + \int_0^{\frac{\pi}{2}} \sqrt{\cos x}\,\sin x\,\mathrm{d}x$

$$= \frac{2}{3}(\cos x)^{\frac{3}{2}}\Big|_{-\frac{\pi}{2}}^0 - \frac{2}{3}(\cos x)^{\frac{3}{2}}\Big|_0^{\frac{\pi}{2}} = \frac{4}{3}$$

**例 5.4.2**　计算下列各题：

（1）$\displaystyle\int_0^4 \frac{1}{1 + \sqrt{2x+1}}\mathrm{d}x$；
　　　　　　　　　（2）$\displaystyle\int_0^{\ln 2} \sqrt{\mathrm{e}^x - 1}\,\mathrm{d}x$.

解　（1）令 $\sqrt{2x+1} = t$，则 $x = \dfrac{1}{2}(t^2 - 1)$，$\mathrm{d}x = t\mathrm{d}t$. 当 $x = 0$ 时，$t = 1$；当 $x = 4$ 时，$t = 3$. 所以

$$\int_0^4 \frac{1}{1 + \sqrt{2x+1}}\mathrm{d}x = \int_1^3 \frac{t}{1+t}\mathrm{d}t = \int_1^3\left(1 - \frac{1}{1+t}\right)\mathrm{d}t = [t - \ln(1+t)]\Big|_1^3 = 2 - \ln 2$$

（2）令 $\sqrt{\mathrm{e}^x - 1} = t$，则 $x = \ln(1+t^2)$，$\mathrm{d}x = \dfrac{2t}{1+t^2}\mathrm{d}t$. 当 $x = 0$ 时，$t = 0$；当 $x = \ln 2$ 时，$t = 1$. 所以

$$\int_0^{\ln 2} \sqrt{\mathrm{e}^x - 1}\,\mathrm{d}x = \int_0^1 \frac{2t^2}{1+t^2}\mathrm{d}t = 2\int_0^1\left(1 - \frac{1}{1+t^2}\right)\mathrm{d}t = 2(t - \arctan t)\Big|_0^1 = 2 - \frac{\pi}{2}$$

**例 5.4.3** 计算 $\int_0^3 \sqrt{9-x^2}\mathrm{d}x$ .

**解** 令 $x=3\sin t$，则 $\mathrm{d}x=3\cos t\mathrm{d}t$. 当 $x=0$ 时，$t=0$；当 $x=3$ 时，$t=\dfrac{\pi}{2}$. 且 $\sqrt{9-x^2}=3\cos t$ . 于是

$$\int_0^3 \sqrt{9-x^2}\mathrm{d}x=9\int_0^{\frac{\pi}{2}}\cos^2 t\mathrm{d}t=\frac{9}{2}\int_0^{\frac{\pi}{2}}(1+\cos 2t)\mathrm{d}t=\frac{9}{2}\left(t+\frac{1}{2}\sin 2t\right)\Big|_0^{\frac{\pi}{2}}=\frac{9}{4}\pi$$

**例 5.4.4** 设 $f(x)$ 在 $[-a,a]$ 上连续，证明：

（1）若 $f(x)$ 为偶函数，则 $\int_{-a}^a f(x)\mathrm{d}x=2\int_0^a f(x)\mathrm{d}x$ ；

（2）若 $f(x)$ 为奇函数，则 $\int_{-a}^a f(x)\mathrm{d}x=0$ .

**证** 因为

$$\int_{-a}^a f(x)\mathrm{d}x=\int_{-a}^0 f(x)\mathrm{d}x+\int_0^a f(x)\mathrm{d}x$$

而

$$\int_{-a}^0 f(x)\mathrm{d}x\xlongequal{x=-t}-\int_a^0 f(-t)\mathrm{d}t=\int_0^a f(-x)\mathrm{d}x$$

所以

$$\int_{-a}^a f(x)\mathrm{d}x=\int_0^a [f(x)+f(-x)]\mathrm{d}x$$

（1）若 $f(x)$ 为偶函数，则

$$f(x)+f(-x)=2f(x)$$

从而

$$\int_{-a}^a f(x)\mathrm{d}x=2\int_0^a f(x)\mathrm{d}x$$

（2）若 $f(x)$ 为奇函数，则

$$f(x)+f(-x)=0$$

从而

$$\int_{-a}^a f(x)\mathrm{d}x=0$$

利用本例的结论可简化奇（偶）函数在对称区间上定积分的计算（见习题 5.4 第 2 题 2）.

**例 5.4.5** 设 $f(x)$ 在 $(-\infty,+\infty)$ 内连续，且是周期为 $T$ 的周期函数，证明：

$$\int_a^{a+T} f(x)\mathrm{d}x=\int_0^T f(x)\mathrm{d}x$$

并由此计算 $\int_0^{50\pi}\sqrt{1-\cos^2 x}\mathrm{d}x$ .

**证**

$$\int_a^{a+T} f(x)\mathrm{d}x=\int_a^T f(x)\mathrm{d}x+\int_T^{a+T} f(x)\mathrm{d}x$$

而

$$\int_T^{a+T} f(x)\mathrm{d}x\xlongequal{x=u+T}\int_0^a f(u+T)\mathrm{d}u=\int_0^a f(u)\mathrm{d}u=\int_0^a f(x)\mathrm{d}x$$

故

$$\int_a^{a+T} f(x)\mathrm{d}x=\int_a^T f(x)\mathrm{d}x+\int_0^a f(x)\mathrm{d}x=\int_0^T f(x)\mathrm{d}x$$

而 $\sqrt{1-\cos^2 x}=|\sin x|$ 是周期为 $\pi$ 的周期函数，所以

$$\int_0^{50\pi}\sqrt{1-\cos^2 x}\mathrm{d}x=\int_0^{50\pi}|\sin x|\mathrm{d}x=\int_0^{\pi}|\sin x|\mathrm{d}x+\int_{\pi}^{2\pi}|\sin x|\mathrm{d}x+\cdots+\int_{49\pi}^{50\pi}|\sin x|\mathrm{d}x$$

$$=50\int_0^{\pi}|\sin x|\mathrm{d}x=50\int_0^{\pi}\sin x\mathrm{d}x=100$$

**例 5.4.6** 若 $f(x)$ 在 $[0, 1]$ 上连续，证明：

（1） $\int_0^{\frac{\pi}{2}} f(\sin x)\mathrm{d}x = \int_0^{\frac{\pi}{2}} f(\cos x)\mathrm{d}x$ ；

（2） $\int_0^{\pi} xf(\sin x)\mathrm{d}x = \frac{\pi}{2}\int_0^{\pi} f(\sin x)\mathrm{d}x$ ，并由此计算 $\int_0^{\pi}\dfrac{x\sin x}{1+\cos^2 x}\mathrm{d}x$ .

**证** (1)设 $x = \dfrac{\pi}{2} - t$ ，则 $\mathrm{d}x = -\mathrm{d}t$ . 当 $x=0$ 时， $t = \dfrac{\pi}{2}$ ； $x = \dfrac{\pi}{2}$ 时， $t=0$ . 于是

$$\int_0^{\frac{\pi}{2}} f(\sin x)\mathrm{d}x = -\int_{\frac{\pi}{2}}^0 f\left[\sin\left(\frac{\pi}{2}-t\right)\right]\mathrm{d}t = \int_0^{\frac{\pi}{2}} f(\cos t)\mathrm{d}t = \int_0^{\frac{\pi}{2}} f(\cos x)\mathrm{d}x$$

（2）设 $x = \pi - t$ ，则 $\mathrm{d}x = -\mathrm{d}t$ . 当 $x=0$ 时， $t=\pi$ ； $x=\pi$ 时， $t=0$ . 于是

$$\int_0^{\pi} xf(\sin x)\mathrm{d}x = -\int_{\pi}^0 (\pi-t)f[\sin(\pi-t)]\mathrm{d}t = \int_0^{\pi}(\pi-t)f(\sin t)\mathrm{d}t$$
$$= \pi\int_0^{\pi} f(\sin x)\mathrm{d}x - \int_0^{\pi} xf(\sin x)\mathrm{d}x$$

所以
$$\int_0^{\pi} xf(\sin x)\mathrm{d}x = \frac{\pi}{2}\int_0^{\pi} f(\sin x)\mathrm{d}x$$

利用上述结论得

$$\int_0^{\pi}\frac{x\sin x}{1+\cos^2 x}\mathrm{d}x = \frac{\pi}{2}\int_0^{\pi}\frac{\sin x}{1+\cos^2 x}\mathrm{d}x = -\frac{\pi}{2}\int_0^{\pi}\frac{\mathrm{d}\cos x}{1+\cos^2 x}$$
$$= -\frac{\pi}{2}[\arctan(\cos x)]\Big|_0^{\pi} = -\frac{\pi}{2}\left(-\frac{\pi}{4}-\frac{\pi}{4}\right) = \frac{\pi^2}{4}$$

**例 5.4.7** 设

$$f(x) = \begin{cases} \sin(x+1), & x \leqslant 0 \\ \mathrm{e}^x, & x > 0 \end{cases}$$

求 $\int_{-2}^3 f(x+1)\mathrm{d}x$ .

**解** 设 $t = x+1$ ，则 $\mathrm{d}x = \mathrm{d}t$ . 当 $x=-2$ 时， $t=-1$ ；当 $x=3$ 时， $t=4$ . 于是
$$\int_{-2}^3 f(x+1)\mathrm{d}x = \int_{-1}^4 f(t)\mathrm{d}t = \int_{-1}^0 f(t)\mathrm{d}t + \int_0^4 f(t)\mathrm{d}t = \int_{-1}^0 \sin(t+1)\mathrm{d}t + \int_0^4 \mathrm{e}^t\mathrm{d}t$$
$$= -\cos(t+1)\Big|_{-1}^0 + \mathrm{e}^t\Big|_0^4 = \mathrm{e}^4 - \cos 1$$

## 5.4.2 定积分的分部积分法

由微分公式
$$\mathrm{d}(u\cdot v) = u\mathrm{d}v + v\mathrm{d}u \quad 或 \quad u\mathrm{d}v = \mathrm{d}(uv) - v\mathrm{d}u$$

得
$$\int_a^b u\mathrm{d}v = \int_a^b [\mathrm{d}(uv) - v\mathrm{d}u] = \int_a^b \mathrm{d}(uv) - \int_a^b v\mathrm{d}u$$

所以
$$\int_a^b u\mathrm{d}v = uv\Big|_a^b - \int_a^b v\mathrm{d}u \tag{5.4.2}$$

式（5.4.2）称为定积分的分部积分公式.

**例 5.4.8** 计算 $\int_0^1 \ln(1+x)\mathrm{d}x$.

**解**
$$\int_0^1 \ln(1+x)\mathrm{d}x = x\ln(1+x)\Big|_0^1 - \int_0^1 x\cdot\frac{1}{1+x}\mathrm{d}x = \ln 2 - \int_0^1\left(1-\frac{1}{1+x}\right)\mathrm{d}x$$
$$= \ln 2 - [x-\ln(1+x)]\Big|_0^1 = 2\ln 2 - 1$$

**例 5.4.9** 求定积分 $\int_{\frac{1}{2}}^1 \mathrm{e}^{-\sqrt{2x-1}}\mathrm{d}x$.

**解** 令 $t=\sqrt{2x-1}$，即 $x=\dfrac{t^2+1}{2}$，则 $t\mathrm{d}t=\mathrm{d}x$. 当 $x=\dfrac{1}{2}$ 时，$t=0$；当 $x=1$ 时，$t=1$.
于是
$$\int_{\frac{1}{2}}^1 \mathrm{e}^{-\sqrt{2x-1}}\mathrm{d}x = \int_0^1 t\mathrm{e}^{-t}\mathrm{d}t$$

再使用分部积分法得
$$\int_0^1 t\mathrm{e}^{-t}\mathrm{d}t = -\int_0^1 t\mathrm{d}\mathrm{e}^{-t} = -t\mathrm{e}^{-t}\Big|_0^1 + \int_0^1 \mathrm{e}^{-t}\mathrm{d}t = -\frac{1}{\mathrm{e}} - (\mathrm{e}^{-t})\Big|_0^1 = 1-\frac{2}{\mathrm{e}}$$

**例 5.4.10** 计算 $\int_0^{\frac{\pi}{2}} \dfrac{x}{1+\cos x}\mathrm{d}x$.

**解**
$$\int_0^{\frac{\pi}{2}} \frac{x}{1+\cos x}\mathrm{d}x = \int_0^{\frac{\pi}{2}} x\cdot\frac{1}{2\cos^2\frac{x}{2}}\mathrm{d}x = \int_0^{\frac{\pi}{2}} x\mathrm{d}\tan\frac{x}{2} = x\cdot\tan\frac{x}{2}\Big|_0^{\frac{\pi}{2}} - \int_0^{\frac{\pi}{2}}\tan\frac{x}{2}\mathrm{d}x$$
$$= \frac{\pi}{2} + 2\ln\cos\frac{x}{2}\Big|_0^{\frac{\pi}{2}} = \frac{\pi}{2} - \ln 2$$

**例 5.4.11** 证明定积分公式：
$$I_n = \int_0^{\frac{\pi}{2}} \sin^n x\mathrm{d}x \left(=\int_0^{\frac{\pi}{2}} \cos^n x\mathrm{d}x\right) = \begin{cases} \dfrac{n-1}{n}\cdot\dfrac{n-3}{n-2}\cdots\dfrac{3}{4}\cdot\dfrac{1}{2}\cdot\dfrac{\pi}{2}, & n\text{为正偶数} \\ \dfrac{n-1}{n}\cdot\dfrac{n-3}{n-2}\cdots\dfrac{4}{5}\cdot\dfrac{2}{3}, & n\text{为大于1的正奇数} \end{cases}$$

**证**
$$I_n = \int_0^{\frac{\pi}{2}} \sin^n x\mathrm{d}x = -\int_0^{\frac{\pi}{2}} \sin^{n-1}x\mathrm{d}\cos x$$
$$= -\cos x\cdot\sin^{n-1}x\Big|_0^{\frac{\pi}{2}} + \int_0^{\frac{\pi}{2}}\cos x\cdot(n-1)\sin^{n-2}x\cdot\cos x\mathrm{d}x$$
$$= (n-1)\int_0^{\frac{\pi}{2}}\sin^{n-2}x(1-\sin^2 x)\mathrm{d}x = (n-1)I_{n-2} - (n-1)I_n.$$

所以
$$I_n = \frac{n-1}{n}I_{n-2}$$

当 $n=2m$ 时，有
$$I_{2m} = \frac{2m-1}{2m}I_{2m-2} = \frac{2m-1}{2m}\cdot\frac{2m-3}{2m-2}I_{2m-4} = \cdots = \frac{2m-1}{2m}\cdot\frac{2m-3}{2m-2}\cdots\frac{3}{4}\cdot\frac{1}{2}\cdot I_0$$

当 $n=2m+1$ 时，有
$$I_{2m+1} = \frac{2m}{2m+1}I_{2m-1} = \frac{2m}{2m+1}\cdot\frac{2m-2}{2m-1}I_{2m-3} = \cdots = \frac{2m}{2m+1}\cdot\frac{2m-2}{2m-1}\cdots\frac{4}{5}\cdot\frac{2}{3}\cdot I_1$$

而
$$I_1 = \int_0^{\frac{\pi}{2}} \sin x \mathrm{d}x = 1, \qquad I_0 = \int_0^{\frac{\pi}{2}} \mathrm{d}x = \frac{\pi}{2}$$

所以
$$I_n = \begin{cases} \dfrac{n-1}{n} \cdot \dfrac{n-3}{n-2} \cdots \dfrac{3}{4} \cdot \dfrac{1}{2} \cdot \dfrac{\pi}{2}, & n\text{为正偶数} \\[4mm] \dfrac{n-1}{n} \cdot \dfrac{n-3}{n-2} \cdots \dfrac{4}{5} \cdot \dfrac{2}{3}, & n\text{为大于1的正奇数} \end{cases}$$

由例 5.4.6 知 $\int_0^{\frac{\pi}{2}} \sin^n x \mathrm{d}x = \int_0^{\frac{\pi}{2}} \cos^n x \mathrm{d}x$，利用本题结论易得

$$\int_0^{\frac{\pi}{2}} \sin^3 x \mathrm{d}x = \frac{2}{3}, \qquad \int_0^{\frac{\pi}{2}} \cos^4 x \mathrm{d}x = \frac{3}{16}\pi, \qquad \int_0^{\pi} \sin^5 \frac{x}{2} \mathrm{d}x = \frac{16}{15}$$

# 习 题 5.4

## （A）

**1.** 计算下列定积分：

(1) $\displaystyle\int_0^1 t e^{-t^2} \mathrm{d}t$；

(2) $\displaystyle\int_{-2}^1 \frac{\mathrm{d}x}{(11+5x)^2}$；

(3) $\displaystyle\int_0^1 \frac{1}{e^x + e^{-x}} \mathrm{d}x$；

(4) $\displaystyle\int_1^e \frac{1+\ln x}{x} \mathrm{d}x$；

(5) $\displaystyle\int_{-1}^1 \frac{x}{1+x^2} \mathrm{d}x$；

(6) $\displaystyle\int_{-1}^0 \frac{1}{1+\sqrt{x+1}} \mathrm{d}x$；

(7) $\displaystyle\int_0^{\pi} \sqrt{1+\cos 2x}\, \mathrm{d}x$；

(8) $\displaystyle\int_{-\sqrt{2}}^{\sqrt{2}} \sqrt{4-x^2}\, \mathrm{d}x$；

(9) $\displaystyle\int_1^2 \frac{\sqrt{x^2-1}}{x} \mathrm{d}x$；

(10) $\displaystyle\int_0^{\ln 3} \frac{1}{\sqrt{1+e^x}} \mathrm{d}x$；

(11) $\displaystyle\int_0^1 x e^{-x} \mathrm{d}x$；

(12) $\displaystyle\int_0^{e-1} x \ln(1+x) \mathrm{d}x$；

(13) $\displaystyle\int_0^{\frac{\sqrt{3}}{2}} \arccos x \mathrm{d}x$；

(14) $\displaystyle\int_1^e (\ln x)^2 \mathrm{d}x$；

(15) $\displaystyle\int_0^{\frac{\pi}{2}} x \sin x \mathrm{d}x$；

(16) $\displaystyle\int_0^{\frac{\pi}{2}} e^x \sin x \mathrm{d}x$；

(17) $\displaystyle\int_1^4 \frac{\ln x}{\sqrt{x}} \mathrm{d}x$；

(18) $\displaystyle\int_{\frac{\pi}{4}}^{\frac{\pi}{3}} \frac{x}{\sin^2 x} \mathrm{d}x$；

(19) $\displaystyle\int_0^{\pi} (x\sin x)^2 \mathrm{d}x$；

(20) $\displaystyle\int_1^e \sin(\ln x) \mathrm{d}x$.

**2.** 利用奇偶性计算下列定积分：

(1) $\displaystyle\int_{-\pi}^{\pi} x^3 \cos^2 x \mathrm{d}x$；

(2) $\displaystyle\int_{-\frac{\pi}{2}}^{\frac{\pi}{2}} 2\cos^4 x \mathrm{d}x$；

(3) $\displaystyle\int_{-1}^1 \frac{x^2 \sin x}{x^4 + x^2 + 1} \mathrm{d}x$；

(4) $\displaystyle\int_{-\frac{1}{2}}^{\frac{1}{2}} \frac{(\arcsin x)^2}{\sqrt{1-x^2}} \mathrm{d}x$；

(5) $\displaystyle\int_{-3}^3 \ln(x+\sqrt{1+x^2}) \mathrm{d}x$；

(6) $\displaystyle\int_{-\frac{1}{2}}^{\frac{1}{2}} x \arcsin x \mathrm{d}x$.

**3.** 解下列各题：

（1）设 $\int_1^b \ln x \mathrm{d}x = 1$，求 $b$；

（2）设 $\int_0^x f(t)\mathrm{d}t = \dfrac{x^2}{2}$，求 $\int_0^4 \dfrac{1}{\sqrt{x}} f(\sqrt{x})\mathrm{d}x$.

**4.** 证明下列各题：

（1）$\int_0^\pi \sin^n x \mathrm{d}x = 2\int_0^{\frac{\pi}{2}} \sin^n x \mathrm{d}x$；

（2）$\int_0^1 x^m (1-x)^n \mathrm{d}x = \int_0^1 x^n (1-x)^m \mathrm{d}x$；

（3）$\int_{-a}^a \varphi(x^2)\mathrm{d}x = 2\int_0^a \varphi(x^2)\mathrm{d}x$（$\varphi(x)$ 为连续函数）.

（B）

**1.** 计算下列各定积分：

（1）$\int_{-1}^1 \dfrac{x+|x|}{1+x^2}\mathrm{d}x$；

（2）$\int_0^\pi \cos\dfrac{x}{2}\mathrm{d}x$；

（3）$\int_{\frac{1}{e}}^{e} |\ln x|\,\mathrm{d}x$；

（4）$\int_0^1 \sqrt{2x-x^2}\,\mathrm{d}x$；

（5）$\int_1^2 x\ln\sqrt{x}\,\mathrm{d}x$；

（6）$\int_{\frac{\pi}{6}}^{\frac{\pi}{3}} \dfrac{x}{\cos^2 x}\mathrm{d}x$；

（7）$\int_0^{\frac{\pi}{4}} \dfrac{\mathrm{d}x}{1+2\cos^2 x}$；

（8）$\int_0^{\frac{\pi}{2}} \dfrac{x+\sin x}{1+\cos x}\mathrm{d}x$；

（9）$\int_0^{\ln 2} \sqrt{1-e^{-2x}}\,\mathrm{d}x$；

（10）$\int_0^{\frac{\pi}{4}} \ln(1+\tan x)\mathrm{d}x$.

**2.** 设 $f''(x)$ 在 $[0,\pi]$ 上连续，$f(0)=2$，$f(\pi)=1$，求 $\int_0^\pi [f(x)+f''(x)]\sin x \mathrm{d}x$.

**3.** 设 $f(x)$ 为连续函数，证明：

$$\int_0^x (x-t)f(t)\mathrm{d}t = \int_0^x \left[\int_0^t f(u)\mathrm{d}u\right]\mathrm{d}t$$

**4.** 设 $f(x)$ 为连续函数，证明：

（1）若 $f(x)$ 为奇（偶）函数，则 $\varPhi(x)=\int_0^x f(t)\mathrm{d}t$ 为偶（奇）函数；

（2）若 $f(x)$ 为偶函数，则 $G(x)=\int_0^x (x-2t)f(t)\mathrm{d}t$ 为偶函数.

# 5.5 广 义 积 分

　　前面讨论的定积分要求被积函数在闭区间上有界，即有两个最基本的约束条件：积分区间的有限性和被积函数的有界性. 但在一些实际问题中，常常会突破这些约束条件，即积分区间为无限区间，或者被积函数为无界函数. 因此，在定积分的计算中，还要研究无限区间上的积分和无界函数的积分. 这两类积分统称为**广义积分**或**反常积分**. 相应地，前面的定积分称为**常义积分**或**正常积分**.

## 5.5.1　无限区间上的广义积分

**定义 5.5.1**　设函数 $f(x)$ 在区间 $[a,+\infty)$ 上连续，若极限 $\lim\limits_{b\to+\infty}\int_a^b f(x)\mathrm{d}x\,(a<b)$ 存在，则设此极限值为 $f(x)$ 在 $[a,+\infty)$ 上的广义积分，记为

$$\int_a^{+\infty} f(x)\mathrm{d}x = \lim_{b\to+\infty}\int_a^b f(x)\mathrm{d}x \tag{5.5.1}$$

这时称广义积分 $\int_a^{+\infty} f(x)\mathrm{d}x$ 存在或收敛，否则称广义积分 $\int_a^{+\infty} f(x)\mathrm{d}x$ 不存在或发散.

类似地，可以定义 $f(x)$ 在 $(-\infty,b]$ 上和 $(-\infty,+\infty)$ 内的广义积分：

$$\int_{-\infty}^b f(x)\mathrm{d}x = \lim_{a\to-\infty}\int_a^b f(x)\mathrm{d}x \tag{5.5.2}$$

$$\int_{-\infty}^{+\infty} f(x)\mathrm{d}x = \int_{-\infty}^c f(x)\mathrm{d}x + \int_c^{+\infty} f(x)\mathrm{d}x \tag{5.5.3}$$

其中 $c$ 为任意实数.

广义积分 $\int_{-\infty}^{+\infty} f(x)\mathrm{d}x$ 收敛的充要条件是：$\int_{-\infty}^c f(x)\mathrm{d}x$ 和 $\int_c^{+\infty} f(x)\mathrm{d}x$ 都收敛.

上述广义积分统称为无限区间上的广义积分. 从广义积分的定义，可得广义积分的计算步骤：

（1）计算正常积分 $\int_a^b f(x)\mathrm{d}x$ ；

（2）计算极限

$$\lim_{b\to+\infty}\int_a^b f(x)\mathrm{d}x \quad \text{或} \quad \lim_{a\to-\infty}\int_a^b f(x)\mathrm{d}x$$

如果记

$$F(+\infty) = \lim_{x\to+\infty}F(x), \qquad F(-\infty) = \lim_{x\to-\infty}F(x)$$

那么广义积分表示为（极限存在时）

$$\int_a^{+\infty} f(x)\mathrm{d}x = F(x)\Big|_a^{+\infty} = F(+\infty) - F(a)$$

$$\int_{-\infty}^b f(x)\mathrm{d}x = F(x)\Big|_{-\infty}^b = F(b) - F(-\infty)$$

$$\int_{-\infty}^{+\infty} f(x)\mathrm{d}x = F(x)\Big|_{-\infty}^{+\infty} = F(+\infty) - F(-\infty)$$

其中 $F(x)$ 为 $f(x)$ 的一个原函数.

**例 5.5.1**　计算广义积分 $\int_{-\infty}^{+\infty}\dfrac{1}{1+x^2}\mathrm{d}x$ .

**解**　$\displaystyle\int_{-\infty}^{+\infty}\frac{1}{1+x^2}\mathrm{d}x = \arctan x\Big|_{-\infty}^{+\infty} = \lim_{x\to+\infty}\arctan x - \lim_{x\to-\infty}\arctan x = \frac{\pi}{2} - \left(-\frac{\pi}{2}\right) = \pi$

**例 5.5.2**　计算广义积分 $\int_0^{+\infty} x\mathrm{e}^{-x}\mathrm{d}x$

**解**　$\displaystyle\int_0^{+\infty} x\mathrm{e}^{-x}\mathrm{d}x = \int_0^{+\infty} x\mathrm{d}(-\mathrm{e}^{-x}) = -x\mathrm{e}^{-x}\Big|_0^{+\infty} + \int_0^{+\infty}\mathrm{e}^{-x}\mathrm{d}x$

$$= -\lim_{x\to+\infty}\frac{x}{\mathrm{e}^x} + 0 - \mathrm{e}^{-x}\Big|_0^{+\infty} = 1 - \lim_{x\to+\infty}\frac{1}{\mathrm{e}^x} = 1$$

**例 5.5.3**　讨论广义积分 $\int_a^{+\infty} \dfrac{1}{x^p}\mathrm{d}x\,(a>0)$ 的敛散性.

**解**　当 $p=1$ 时，有

$$\int_a^{+\infty} \frac{1}{x}\mathrm{d}x = \ln x\Big|_a^{+\infty} = \lim_{x\to+\infty}\ln x - \ln a = +\infty$$

此时广义积分发散.

当 $p\neq 1$ 时，有

$$\int_a^{+\infty} \frac{1}{x^p}\mathrm{d}x = \frac{x^{1-p}}{1-p}\Big|_a^{+\infty} = \begin{cases} +\infty, & p<1 \\ \dfrac{a^{1-p}}{p-1}, & p>1 \end{cases}$$

所以，当 $p>1$ 时，广义积分 $\int_a^{+\infty}\dfrac{1}{x^p}\mathrm{d}x$ 收敛于 $\dfrac{a^{1-p}}{p-1}$；当 $p\leqslant 1$ 时，广义积分 $\int_a^{+\infty}\dfrac{1}{x^p}\mathrm{d}x$ 发散.

## 5.5.2　无界函数的广义积分

**定义 5.5.2**　设函数 $f(x)$ 在 $(a, b]$ 上连续，而在点 $a$ 的右邻域内无界，取 $\varepsilon>0$，若极限 $\lim\limits_{\varepsilon\to 0^+}\int_{a+\varepsilon}^b f(x)\mathrm{d}x$ 存在，则称此极限值为 $f(x)$ 在区间 $[a, b]$ 上的广义积分，记为

$$\int_a^b f(x)\mathrm{d}x = \lim_{\varepsilon\to 0^+}\int_{a+\varepsilon}^b f(x)\mathrm{d}x \tag{5.5.4}$$

这时称广义积分 $\int_a^b f(x)\mathrm{d}x$ 存在或收敛，否则称广义积分 $\int_a^b f(x)\mathrm{d}x$ 不存在或发散. 此时，点 $x=a$ 称为函数 $f(x)$ 的瑕点.

设函数 $f(x)$ 在区间 $[a, b)$ 上连续，而在点 $b$ 的左邻域内无界，类似地可定义函数 $f(x)$ 在区间 $[a, b]$ 上的广义积分：

$$\int_a^b f(x)\mathrm{d}x = \lim_{\varepsilon\to 0^+}\int_a^{b-\varepsilon} f(x)\mathrm{d}x \tag{5.5.5}$$

设 $f(x)$ 在 $[a, b]$ 上除点 $c\,(a<c<b)$ 外连续，而在点 $c$ 的邻域内无界，类似地可定义函数 $f(x)$ 在区间 $[a, b]$ 上的广义积分：

$$\int_a^b f(x)\mathrm{d}x = \int_a^c f(x)\mathrm{d}x + \int_c^b f(x)\mathrm{d}x = \lim_{\varepsilon_1\to 0^+}\int_a^{c-\varepsilon_1} f(x)\mathrm{d}x + \lim_{\varepsilon_2\to 0^+}\int_{c+\varepsilon_2}^b f(x)\mathrm{d}x \tag{5.5.6}$$

此时广义积分 $\int_a^b f(x)\mathrm{d}x$ 收敛的充要条件是：广义积分 $\int_a^c f(x)\mathrm{d}x$ 和 $\int_c^b f(x)\mathrm{d}x$ 都收敛.

上述广义积分统称为无界函数的广义积分，也称为瑕积分. 定义中函数 $f(x)$ 的无界间断点称为瑕点.

设 $F(x)$ 是 $f(x)$ 在 $(a, b]$ 上的一个原函数，记号 $F(x)\big|_a^b$ 表示 $F(b)-F(a+0)$，这样式 (5.5.4) 可以写为

$$\int_a^b f(x)\mathrm{d}x = F(x)\Big|_a^b = F(b)-F(a+0)$$

类似地，式（5.5.5）可以写为

$$\int_a^b f(x)\mathrm{d}x = F(x)\Big|_a^b = F(b-0) - F(a)$$

其中
$$F(a+0) = \lim_{x \to a^+} F(x), \qquad F(b-0) = \lim_{x \to b^-} F(x)$$

**例 5.5.4** 计算广义积分 $\int_0^a \dfrac{\mathrm{d}x}{\sqrt{a^2-x^2}}\,(a>0)$.

**解** 因为 $\lim\limits_{x \to a^-} \dfrac{1}{\sqrt{a^2-x^2}} = \infty$，所以点 $x=a$ 是瑕点. 于是

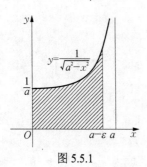

图 5.5.1

$$\int_0^a \frac{\mathrm{d}x}{\sqrt{a^2-x^2}} = \lim_{\varepsilon \to 0^+} \int_0^{a-\varepsilon} \frac{\mathrm{d}x}{\sqrt{a^2-x^2}} = \lim_{\varepsilon \to 0^+} \arcsin \frac{x}{a}\Big|_0^{a-\varepsilon}$$

$$= \lim_{\varepsilon \to 0^+}\left( \arcsin \frac{a-\varepsilon}{a} - 0 \right) = \frac{\pi}{2}$$

该广义积分值的几何意义是：曲线 $y = \dfrac{1}{\sqrt{a^2-x^2}}$，直线 $y=0$，$x=a$ 和 $x$ 轴所围成的"开口"曲边梯形的面积（图 5.5.1）.

**例 5.5.5** 计算 $\int_{-1}^1 \dfrac{1}{x^2}\mathrm{d}x$.

**解** 因 $\lim\limits_{x \to 0} \dfrac{1}{x^2} = \infty$，故点 $x=0$ 是瑕点，所以

$$\int_{-1}^1 \frac{1}{x^2}\mathrm{d}x = \int_{-1}^0 \frac{1}{x^2}\mathrm{d}x + \int_0^1 \frac{1}{x^2}\mathrm{d}x = \lim_{\varepsilon_1 \to 0^+} \int_{-1}^{0-\varepsilon_1} \frac{1}{x^2}\mathrm{d}x + \lim_{\varepsilon_2 \to 0^+} \int_{\varepsilon_2}^1 \frac{1}{x^2}\mathrm{d}x$$

$$= \lim_{\varepsilon_1 \to 0^+}\left( -\frac{1}{x} \right)\Big|_{-1}^{-\varepsilon_1} + \lim_{\varepsilon_2 \to 0^+}\left( -\frac{1}{x} \right)\Big|_{\varepsilon_2}^1$$

而极限 $\lim\limits_{\varepsilon_1 \to 0^+}\left( -\dfrac{1}{x} \right)\Big|_{-1}^{-\varepsilon_1} = +\infty$，故广义积分 $\int_{-1}^1 \dfrac{1}{x^2}\mathrm{d}x$ 发散.

**例 5.5.6** 讨论广义积分 $\int_0^a \dfrac{1}{x^q}\mathrm{d}x\,(a>0, q>0)$ 的敛散性.

**解** 因 $\lim\limits_{x \to 0^+} \dfrac{1}{x^q} = +\infty\,(q>0)$，故点 $x=0$ 为瑕点.

当 $q=1$ 时，有

$$\int_0^a \frac{1}{x}\mathrm{d}x = \lim_{\varepsilon \to 0^+} \int_\varepsilon^a \frac{1}{x}\mathrm{d}x = \lim_{\varepsilon \to 0^+} \ln x\Big|_\varepsilon^a = +\infty$$

当 $q \neq 1$ 时，有

$$\int_0^a \frac{1}{x^q}\mathrm{d}x = \lim_{\varepsilon \to 0^+} \int_\varepsilon^a x^{-q}\mathrm{d}x = \lim_{\varepsilon \to 0^+} \frac{x^{1-q}}{1-q}\Big|_\varepsilon^a = \frac{a^{1-q}}{1-q} - \frac{1}{1-q}\lim_{\varepsilon \to 0^+} \varepsilon^{1-q} = \begin{cases} \dfrac{a^{1-q}}{1-q}, & q<1 \\ +\infty, & q>1 \end{cases}$$

因此，当 $0<q<1$ 时，广义积分收敛，其值为 $\dfrac{a^{1-q}}{1-q}$；当 $q \geqslant 1$ 时，广义积分发散.

## 5.5.3　Γ 函数

Γ 函数是一个常用的广义积分，数理统计中的许多重要分布可以用它表示. 下面主要介绍 Γ 函数的定义及性质.

**定义 5.5.3**　含参变量 $r\,(r>0)$ 的广义积分

$$\Gamma(r)=\int_0^{+\infty}x^{r-1}\mathrm{e}^{-x}\mathrm{d}x\quad(r>0)\tag{5.5.7}$$

称为 Γ 函数.

可以证明 Γ 函数是收敛的，且有如下性质：

$$\Gamma(r+1)=r\Gamma(r)\tag{5.5.8}$$

这是因为

$$\Gamma(r+1)=\int_0^{+\infty}x^r\mathrm{e}^{-x}\mathrm{d}x=-x^r\mathrm{e}^{-x}\Big|_0^{+\infty}+r\int_0^{+\infty}x^{r-1}\mathrm{e}^{-x}\mathrm{d}x=r\int_0^{+\infty}x^{r-1}\mathrm{e}^{-x}\mathrm{d}x=r\Gamma(r)$$

特别地，当 $r$ 为正整数时，有

$$\Gamma(n+1)=n\Gamma(n)=n(n-1)\Gamma(n-1)=\cdots=n!\Gamma(1)$$

而

$$\Gamma(1)=\int_0^{+\infty}\mathrm{e}^{-x}\mathrm{d}x=-\mathrm{e}^{-x}\Big|_0^{+\infty}=1$$

所以

$$\Gamma(n+1)=n!\tag{5.5.9}$$

**例 5.5.7**　计算下列各值：

（1）$\dfrac{\Gamma(6)}{4\Gamma(3)}$；

（2）$\dfrac{\Gamma\left(\dfrac{5}{2}\right)}{\Gamma\left(\dfrac{1}{2}\right)}$.

**解**　（1）

$$\frac{\Gamma(6)}{4\Gamma(3)}=\frac{5!}{4\cdot2!}=15$$

（2）

$$\frac{\Gamma\left(\dfrac{5}{2}\right)}{\Gamma\left(\dfrac{1}{2}\right)}=\frac{\dfrac{3}{2}\Gamma\left(\dfrac{3}{2}\right)}{\Gamma\left(\dfrac{1}{2}\right)}=\frac{\dfrac{3}{2}\cdot\dfrac{1}{2}\Gamma\left(\dfrac{1}{2}\right)}{\Gamma\left(\dfrac{1}{2}\right)}=\frac{3}{4}$$

**例 5.5.8**　计算下列积分：

（1）$\displaystyle\int_0^{+\infty}x^4\mathrm{e}^{-x}\mathrm{d}x$；

（3）$\displaystyle\int_0^{+\infty}x^9\mathrm{e}^{-x^2}\mathrm{d}x$；

（3）$\displaystyle\int_0^{+\infty}x^{-\frac{1}{2}}\mathrm{e}^{-x}\mathrm{d}x$.

**解**　（1）

$$\int_0^{+\infty}x^4\mathrm{e}^{-x}\mathrm{d}x=\Gamma(5)=4!=24$$

（2）

$$\int_0^{+\infty}x^9\mathrm{e}^{-x^2}\mathrm{d}x=\frac{1}{2}\int_0^{+\infty}x^8\mathrm{e}^{-x^2}\mathrm{d}x^2\xrightarrow{\,\diamondsuit\,x^2=t\,}\frac{1}{2}\int_0^{+\infty}t^4\mathrm{e}^{-t}\mathrm{d}t=\frac{1}{2}\Gamma(5)=\frac{1}{2}\cdot4!=12$$

（3）

$$\int_0^{+\infty}x^{-\frac{1}{2}}\mathrm{e}^{-x}\mathrm{d}x\xrightarrow{\,\diamondsuit\,x=t^2\,}\int_0^{+\infty}t^{-1}\mathrm{e}^{-t^2}\cdot2t\mathrm{d}t=2\int_0^{+\infty}\mathrm{e}^{-x^2}\mathrm{d}x=\int_{-\infty}^{+\infty}\mathrm{e}^{-x^2}\mathrm{d}x$$

即
$$\Gamma\left(\frac{1}{2}\right)=\int_{-\infty}^{+\infty}e^{-x^2}dx\,(=\sqrt{\pi})$$

这个积分是概率论中的一个重要积分，需要用二重积分来计算，计算过程将在后面给出.

# 习 题 5.5

## （A）

**1.** 判别下列广义积分的敛散性. 若收敛，计算广义积分的值：

（1）$\displaystyle\int_{1}^{+\infty}\frac{1}{x^3}dx$ ；

（2）$\displaystyle\int_{1}^{+\infty}\frac{1}{\sqrt{x}}dx$ ；

（3）$\displaystyle\int_{0}^{+\infty}e^{-x}\sin xdx$ ；

（4）$\displaystyle\int_{-\infty}^{+\infty}\frac{1}{x^2+2x+2}dx$ ；

（5）$\displaystyle\int_{0}^{1}\frac{x}{\sqrt{1-x^2}}dx$ ；

（6）$\displaystyle\int_{1}^{2}\frac{x}{\sqrt{x-1}}dx$ ；

（7）$\displaystyle\int_{1}^{e}\frac{1}{x\sqrt{1-\ln^2 x}}dx$ ；

（8）$\displaystyle\int_{0}^{1}\frac{1}{\sqrt{x}}dx$ ；

（9）$\displaystyle\int_{0}^{+\infty}e^{-x}dx$ ；

（10）$\displaystyle\int_{0}^{+\infty}\sin xdx$ ；

（11）$\displaystyle\int_{0}^{2}\frac{dx}{(1-x)^3}$ ；

（12）$\displaystyle\int_{-1}^{1}\frac{dx}{\sqrt{1-x^2}}$ .

**2.** 用 $\Gamma$ 函数计算下列积分$\left(\text{已知 }\Gamma\left(\frac{1}{2}\right)=\sqrt{\pi}\right)$：

（1）$\displaystyle\int_{0}^{+\infty}x^n e^{-x}dx$ ；

（2）$\displaystyle\int_{0}^{+\infty}\sqrt{x}\cdot e^{-x}dx$ ；

（3）$\displaystyle\int_{0}^{+\infty}x^3 e^{-2x}dx$ ；

（4）$\displaystyle\int_{0}^{+\infty}x^5 e^{-x^2}dx$ .

**3.** 当 $k$ 为何值时，广义积分 $\displaystyle\int_{2}^{+\infty}\frac{1}{x(\ln x)^k}dx$ 收敛、发散？当 $k$ 为何值时，广义积分取得最小值？

## （B）

**1.** 判别下列广义积分的敛散性. 若收敛，计算广义积分的值：

（1）$\displaystyle\int_{0}^{+\infty}\left(\ln\frac{1}{x}\right)^4 dx$ ；

（2）$\displaystyle\int_{0}^{+\infty}\frac{1}{\sqrt{x(x+1)^3}}dx$ ；

（3）$\displaystyle\int_{1}^{+\infty}\frac{x\ln x}{(1+x^2)^2}dx$ ；

（4）$\displaystyle\int_{0}^{1}\frac{1}{(2-x)\sqrt{1-x}}dx$ ；

（5）$\displaystyle\int_{0}^{\frac{\pi}{2}}\ln\sin xdx$ ；

（6）$\displaystyle\int_{-\frac{\pi}{2}}^{\frac{\pi}{2}}\frac{1}{1-\cos x}dx$ .

**2.** 证明：
$$\int_{0}^{+\infty}x^n e^{-x^2}dx=\frac{n-1}{2}\int_{0}^{+\infty}x^{n-2}e^{-x^2}dx\quad(n>1)$$

并用它证明：
$$\int_{0}^{+\infty}x^{2n+1}e^{-x^2}dx=\frac{1}{2}\Gamma(n+1)$$

**3.** 证明：
$$\int_{0}^{+\infty}\frac{1}{1+x^4}dx=\int_{0}^{+\infty}\frac{x^2}{1+x^4}dx=\frac{\pi}{2\sqrt{2}}$$

# 5.6  定积分的应用

定积分是求某种总量的数学模型，它在几何学、物理学、经济学等方面有着广泛的应用，也正是这些广泛的应用，推动着积分学的不断发展与完善. 学习中不仅要掌握计算公式、方法，更重要的是，还要领会定积分解决问题的思想和方法，不断积累与提高应用数学的能力.

## 5.6.1  微元法

在定积分的应用中，经常采用微元法. 为了说明这种方法，首先回顾曲边梯形面积的求解过程.

设函数 $f(x)$ 在区间 $[a, b]$ 上连续，且 $f(x) \geqslant 0$，求以曲线 $y = f(x)$ 为曲边、$[a, b]$ 为底的曲边梯形的面积 $A$，并将面积 $A$ 表示为定积分 $A = \int_a^b f(x)\mathrm{d}x$ 的步骤如下：

（1）用任意一组分点将区间 $[a, b]$ 分成长度为 $\Delta x_i (i = 1, 2, \cdots, n)$ 的 $n$ 个小区间，相应地将曲边梯形分成 $n$ 个窄曲边梯形，第 $i$ 个窄曲边梯形的面积为 $\Delta A_i$，于是有

$$A = \sum_{i=1}^n \Delta A_i$$

（2）计算 $\Delta A_i$ 的近似值为

$$\Delta A_i \approx f(\xi_i)\Delta x_i \quad (x_{i-1} \leqslant \xi_i \leqslant x_i)$$

（3）求和，得 $A$ 的近似值为

$$A \approx \sum_{i=1}^n f(\xi_i)\Delta x_i$$

（4）求极限，得

$$A = \lim_{\lambda \to 0} \sum_{i=1}^n f(\xi_i)\Delta x_i$$

其中
$$\lambda = \max\{\Delta x_1, \Delta x_2, \cdots, \Delta x_n\}$$

在导出曲边梯形面积 $A$ 的积分表达式的 4 个步骤中，主要是步骤（2）——确定 $\Delta A_i$ 的近似值 $f(\xi_i)\Delta x$，使得

$$A = \lim_{\lambda \to 0} \sum_{i=1}^n f(\xi_i)\Delta x_i = \int_a^b f(x)\mathrm{d}x$$

在实际应用中，为了方便，常省略下标 $i$，用 $\Delta A$ 表示任一小区间 $[x, x+\mathrm{d}x]$ 上的窄曲边梯形的面积，这样

$$A = \sum \Delta A$$

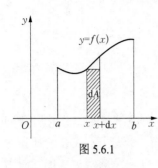

图 5.6.1

取 $[x, x+\mathrm{d}x]$ 的左端点 $x$ 为 $\xi$，以点 $x$ 处的函数值 $f(x)$ 为高、$\mathrm{d}x$ 为底的矩形面积 $f(x)\mathrm{d}x$ 为 $\Delta A$ 的近似值，如图 5.6.1 所示，即

$$\Delta A \approx f(x)\mathrm{d}x$$

上式右边 $f(x)\mathrm{d}x$ 称为面积元素，记为 $\mathrm{d}A$，即 $\mathrm{d}A = f(x)\mathrm{d}x$，于是

$$A \approx \sum f(x)\mathrm{d}x$$

从而

$$A = \lim \sum f(x)\mathrm{d}x = \int_a^b f(x)\mathrm{d}x$$

一般地，如果某一问题中所求量 $U$ 符合下列条件：

（i）$U$ 是与某个变量（如 $x$）的变化区间 $[a, b]$ 有关的量；

（ii）$U$ 对于区间具有可加性，即若将区间 $[a, b]$ 分成许多部分区间，则 $U$ 相应地分成许多部分量，而 $U$ 等于所有部分量的和；

（iii）部分量 $\Delta U_i$ 的近似值可表示为 $f(\xi_i)\Delta x_i$. 那么，所求量 $U$ 就可以用定积分表示.

具体步骤如下：

（1）选取某个变量（如 $x$）为积分变量，并确定其变化区间 $[a, b]$；

（2）将 $[a, b]$ 分成 $n$ 个小区间，取其中任一小区间记为 $[x, x+\mathrm{d}x]$，求出相应于这个小区间的部分量 $\Delta U$ 的近似值 $\mathrm{d}U = f(x)\mathrm{d}x$，其中 $f(x)$ 在点 $x$ 处连续，且称 $\mathrm{d}U = f(x)\mathrm{d}x$ 为所求量 $U$ 的微元.

（3）以所求量 $U$ 的微元 $\mathrm{d}U = f(x)\mathrm{d}x$ 为被积表达式，在 $[a, b]$ 上作定积分，得

$$U = \int_a^b f(x)\mathrm{d}x$$

这就是所求量 $U$ 的积分表达式.

上述方法通常称为微元法，也称为元素法.

**例 5.6.1** 求高为 $h$、底面半径为 $r$ 的正圆锥体的体积.

**解** 如图 5.6.2 所示，正圆锥体可以看成是由直线 $y = \dfrac{r}{h}x$，$y = 0$，$x = h$ 所围成的直角三角形绕 $x$ 轴旋转一周而成的立体.

取 $x$ 为自变量，则 $x \in [0, h]$，任取其上的一个小区间 $[x, x+\mathrm{d}x]$，相应的体积微元为

$$\mathrm{d}V = \pi y^2 \mathrm{d}x = \pi \left( \frac{r}{h}x \right)^2 \mathrm{d}x$$

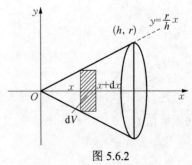

图 5.6.2

从而

$$V = \int_0^h \mathrm{d}V = \int_0^h \pi \left( \frac{r}{h}x \right)^2 \mathrm{d}x = \frac{\pi r^2}{h^2} \int_0^h x^2 \mathrm{d}x = \frac{1}{3}\pi r^2 h$$

## 5.6.2　平面图形的面积

### 1. 直角坐标系中平面图形的面积

由定积分的几何意义知，当 $f(x) \geqslant 0$ 时，定积分 $\int_a^b f(x)\mathrm{d}x$ 表示由曲线 $y = f(x)$，直线 $x = a, x = b$ 和 $x$ 轴所围成曲边梯形的面积. 被积表达式 $f(x)\mathrm{d}x$ 就是面积微元 $\mathrm{d}A = f(x)\mathrm{d}x$（图 5.6.1）.

一般地，由曲线 $y = f(x), y = g(x)$ $(g(x) \leqslant f(x))$ 和直线 $x = a, x = b$ 所围成的如图 5.6.3 所示图形的面积可用微元法计算.

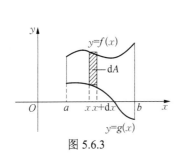

图 5.6.3

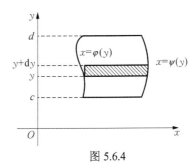

图 5.6.4

取 $x$ 为积分变量，则 $x \in [a, b]$，任取其上的一个小区间 $[x, x+\mathrm{d}x]$，其相应的面积元素为
$$\mathrm{d}A = [f(x) - g(x)]\mathrm{d}x, \quad x \in [a, b]$$
从而所求面积为
$$A = \int_a^b \mathrm{d}A = \int_a^b [f(x) - g(x)]\mathrm{d}x$$

类似地，若平面图形由连续曲线 $x = \varphi(y)$，$x = \psi(y)$ $(\varphi(y) \leqslant \psi(y))$ 和直线 $y = c$，$y = d (c < d)$ 所围成（图 5.6.4），取 $y$ 作积分变量，则其面积 $A$ 为
$$A = \int_c^d [\psi(y) - \varphi(y)]\mathrm{d}y$$

更一般地，由任意曲线所围成的图形，可以用平行于坐标轴的直线将其分成几个部分，使每一部分都可用微元法计算（图 5.6.5）.

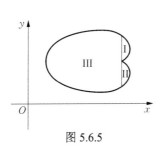

图 5.6.5

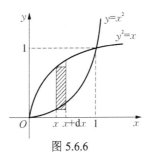

图 5.6.6

**例 5.6.2**　求由曲线 $y^2 = x$，$y = x^2$ 所围成图形的面积.

**解**　画出草图（图 5.6.6），并由方程组 $\begin{cases} y^2 = x \\ y = x \end{cases}$ 求得它们的交点为 $(0,0)$, $(1,1)$.

选取 $x$ 为积分变量，则 $x\in[0,1]$；任取其上的一个小区间 $[x,x+\mathrm{d}x]$，相应的面积微元为

$$\mathrm{d}A=(\sqrt{x}-x^2)\mathrm{d}x,\quad x\in[0,1]$$

从而所求面积为

$$A=\int_0^1(\sqrt{x}-x^2)\,\mathrm{d}x=\left(\frac{2}{3}x^{\frac{3}{2}}-\frac{1}{3}x^3\right)\Bigg|_0^1=\frac{1}{3}$$

**例 5.6.3** 求 $y^2=2x$，$y=x-4$ 所围成图形的面积.

**解** 画出草图（图 5.6.7），并由方程组 $\begin{cases}y^2=2x\\y=x-4\end{cases}$ 求得它们的交点为 $(2,-2),(8,4)$.

例 5.6.3
其他解法

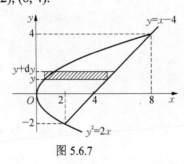

图 5.6.7

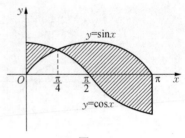

图 5.6.8

选取 $y$ 为积分变量，则 $y\in[-2,4]$，任取其上的一个小区间 $[y,y+\mathrm{d}y]$，相应的面积微元为

$$\mathrm{d}A=\left(y+4-\frac{1}{2}y^2\right)\mathrm{d}y,\quad y\in[-2,4]$$

从而所求面积为

$$A=\int_{-2}^4\left(y+4-\frac{1}{2}y^2\right)\mathrm{d}y=18$$

**例 5.6.4** 求由曲线 $y=\sin x$，$y=\cos x$ 和直线 $x=0$，$x=\pi$ 所围成图形的面积.

**解** 画出草图（图 5.6.8），并由方程组 $\begin{cases}y=\sin x\\y=\cos x\end{cases}$ 求得它们的交点为 $\left(\dfrac{\pi}{4},\dfrac{\sqrt{2}}{2}\right)$. 选取 $x$ 为积分变量，则 $x\in[0,\pi]$，任取其上的一个小区间 $[x,x+\mathrm{d}x]$，相应的面积微元为

$$\mathrm{d}A=\begin{cases}(\cos x-\sin x)\mathrm{d}x,&x\in\left[0,\dfrac{\pi}{4}\right]\\[2mm](\sin x-\cos x)\mathrm{d}x,&x\in\left[\dfrac{\pi}{4},\pi\right]\end{cases}$$

从而所求面积为

$$A=\int_0^{\frac{\pi}{4}}(\cos x-\sin x)\mathrm{d}x+\int_{\frac{\pi}{4}}^{\pi}(\sin x-\cos x)\mathrm{d}x=2\sqrt{2}$$

**例 5.6.5**　求椭圆 $\dfrac{x^2}{a^2}+\dfrac{y^2}{b^2}=1\,(a>0,b>0)$ 的面积.

**解**　椭圆关于两个坐标轴都对称（图 5.6.9），所以椭圆的面积为

$$A=4A_1$$

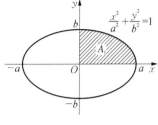

图 5.6.9

其中 $A_1$ 为椭圆在第一象限部分与坐标轴所围成的面积. 选取 $x$ 为积分变量，则 $x\in[0,a]$，且

$$\mathrm{d}A_1=y\mathrm{d}x=\frac{b}{a}\sqrt{a^2-x^2}\mathrm{d}x,\quad x\in[0,a]$$

于是所求面积为

$$A=4A_1=\frac{4b}{a}\int_0^a\sqrt{a^2-x^2}\mathrm{d}x=\frac{4b}{a}\left(\frac{a^2}{2}\arcsin\frac{x}{a}+\frac{x}{2}\sqrt{a^2-x^2}\right)\bigg|_0^a=ab\pi$$

当 $a=b=R$ 时，得到熟知的圆面积公式

$$A=\pi R^2$$

**2. 极坐标系中平面图形的面积**

设曲线的方程由极坐标形式给出：

$$r=r(\theta)\quad(\alpha\leqslant\theta\leqslant\beta)$$

现在要求由曲线 $r=r(\theta)$ 和射线 $\theta=\alpha$，$\theta=\beta$ 所围成的曲边扇形的面积 $A$（图 5.6.10）.

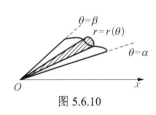

图 5.6.10

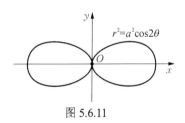

图 5.6.11

选取 $\theta$ 为积分变量，则 $\theta\in[\alpha,\beta]$，任取其上的一个小区间 $[\theta,\theta+\mathrm{d}\theta]$，则相应于小区间 $[\theta,\theta+\mathrm{d}\theta]$ 上的小曲边扇形的面积可以用半径为 $r(\theta)$、中心角为 $\mathrm{d}\theta$ 的扇形的面积近似代替，从而面积微元为

$$\mathrm{d}A=\frac{1}{2}[r(\theta)]^2\mathrm{d}\theta,\quad\theta\in[\alpha,\beta]$$

故所求曲边扇形的面积为

$$A=\int_\alpha^\beta\mathrm{d}A=\frac{1}{2}\int_\alpha^\beta[r(\theta)]^2\mathrm{d}\theta$$

**例 5.6.6**　求双纽线 $r^2=a^2\cos 2\theta$ 所围成图形的面积.

**解**　由 $r^2\geqslant0$ 得 $\theta$ 的变化范围为 $\left[-\dfrac{\pi}{4},\dfrac{\pi}{4}\right]$，$\left[\dfrac{3\pi}{4},\dfrac{5\pi}{4}\right]$.如图 5.6.11 所示，双纽线关于极点和极轴均对称. 因此，只要计算 $\left[0,\dfrac{\pi}{4}\right]$ 上的图形面积再乘以 4 倍即可.

在 $\left[0,\dfrac{\pi}{4}\right]$ 上应用公式得

$$A = 4\int_0^{\frac{\pi}{4}} \frac{1}{2}r^2(\theta)\mathrm{d}\theta = 4\int_0^{\frac{\pi}{4}} \frac{1}{2}a^2\cos 2\theta\,\mathrm{d}\theta = a^2\sin 2\theta\Big|_0^{\frac{\pi}{4}} = a^2$$

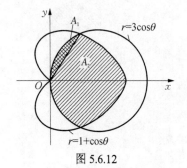

图 5.6.12

**例 5.6.7** 求曲线 $r = 3\cos\theta$，$r = 1+\cos\theta$ 所围成图形的面积（图 5.6.12 中阴影部分）.

**解** 由方程组 $\begin{cases} r = 1+\cos\theta \\ r = 3\cos\theta \end{cases}$ 求得交点坐标为 $\left(\dfrac{3}{2}, \pm\dfrac{\pi}{3}\right)$.

由于所求面积图形关于极轴对称，只要计算极轴上方图形的面积再乘以 2 倍即可，即

$$A = 2A_1 + 2A_2$$

应用公式得

$$A = 2\int_{\frac{\pi}{3}}^{\frac{\pi}{2}} \frac{1}{2}(3\cos\theta)^2\mathrm{d}\theta + 2\int_0^{\frac{\pi}{3}} \frac{1}{2}(1+\cos\theta)^2\mathrm{d}\theta = \int_0^{\frac{\pi}{3}}(1+\cos\theta)^2\mathrm{d}\theta + 9\int_{\frac{\pi}{3}}^{\frac{\pi}{2}}\cos\theta^2\mathrm{d}\theta$$

$$= \left(\frac{3}{2}\theta + 2\sin\theta + \frac{1}{4}\sin 2\theta\right)\Big|_0^{\frac{\pi}{3}} + \frac{9}{2}\left(\theta + \frac{1}{2}\sin 2\theta\right)\Big|_{\frac{\pi}{3}}^{\frac{\pi}{2}} = \frac{\pi}{2} + \frac{9}{8}\sqrt{3} + \frac{3}{4}\pi - \frac{9}{8}\sqrt{3} = \frac{5}{4}\pi$$

## 5.6.3 体积

### 1. 旋转体的体积

旋转体是指一个平面图形绕这个平面内一条直线旋转一周而成的立体. 该直线称为旋转轴. 例如，圆柱、圆锥、圆台、球体都是旋转体.

求由连续曲线 $y = f(x)$，直线 $x = a$，$x = b\ (a<b)$ 和 $x$ 轴所围成的曲边梯形绕 $x$ 轴旋转一周的立体体积（图 5.6.13）.

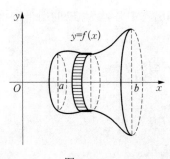

图 5.6.13

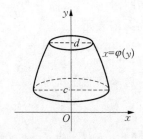

图 5.6.14

选取 $x$ 为积分变量，则 $x\in[a,b]$，任取其上的一个小区间 $[x, x+\mathrm{d}x]$，相对应的体积微元为

$$\mathrm{d}V = \pi f^2(x)\mathrm{d}x$$

从而所求体积为

$$V_x = \pi \int_a^b f^2(x)\mathrm{d}x$$

类似地，由连续曲线 $x = \varphi(y)$，直线 $y = c$，$y = d\,(c<d)$ 和 $y$ 轴所围成的曲边梯形绕 $y$ 轴旋转一周的立体体积（图 5.6.14）为

$$V_y = \pi \int_c^d \varphi^2(y)\mathrm{d}y$$

**例 5.6.8** 求椭圆 $\dfrac{x^2}{a^2} + \dfrac{y^2}{b^2} = 1$ 绕 $x$ 轴旋转而成的立体体积.

**解** 该旋转体可视为上半椭圆 $y = \dfrac{b}{a}\sqrt{a^2 - x^2}$ 和 $x$ 轴所围成图形绕 $x$ 轴旋转而成的旋转体（图 5.6.15），从而

$$V_x = \pi \int_{-a}^a \left(\frac{b}{a}\sqrt{a^2 - x^2}\right)^2 \mathrm{d}x = \frac{b^2\pi}{a^2} \int_{-a}^a (a^2 - x^2)\mathrm{d}x = \frac{\pi b^2}{a^2}\left(a^2 x - \frac{1}{3}x^3\right)\Big|_{-a}^a = \frac{4}{3}\pi ab^2$$

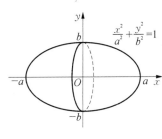

图 5.6.15

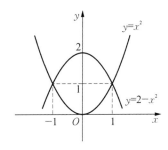

图 5.6.16

特别地，当 $a = b = R$ 时，就得到所熟知的球体的体积公式 $V = \dfrac{4}{3}\pi R^3$.

**例 5.6.9** 求曲线 $y = x^2$，$y = 2 - x^2$ 所围成图形分别绕 $x$ 轴、$y$ 轴旋转而成的立体体积.

**解** 画出平面图形（图 5.6.16），并由方程组 $\begin{cases} y = x^2 \\ y = 2 - x^2 \end{cases}$ 求得交点坐标为 $(1, 1)$，$(-1, 1)$. 于是

$$V_x = \pi \int_{-1}^1 (2 - x^2)^2 \mathrm{d}x - \pi \int_{-1}^1 (x^2)^2 \mathrm{d}x = \pi \int_{-1}^1 [(2 - x^2)^2 - x^4]\mathrm{d}x = 4\pi \int_{-1}^1 (1 - x^2)\mathrm{d}x = \frac{16}{3}\pi$$

$$V_y = \pi \int_0^1 (\sqrt{y})^2 \mathrm{d}y + \pi \int_1^2 (\sqrt{2 - y})^2 \mathrm{d}y = \frac{1}{2}\pi y^2 \Big|_0^1 + \pi\left(2y - \frac{1}{2}y^2\right)\Big|_1^2 = \pi$$

**例 5.6.10** 计算由 $y = \sin x\,(0 \leqslant x \leqslant \pi)$ 和 $x$ 轴所围成的图形绕 $y$ 轴旋转一周的立体体积.

**解** 如图 5.6.17 所示，有

$$V = \pi \int_0^1 [(\pi - \arcsin y)^2 - (\arcsin y)^2]\mathrm{d}y$$

$$= \pi^3 - 2\pi^2 \int_0^1 \arcsin y\,\mathrm{d}y$$

$$= \pi^3 - 2\pi^2 y \arcsin y \Big|_0^1 + 2\pi^2 \int_0^1 \frac{y}{\sqrt{1 - y^2}}\mathrm{d}y = 2\pi^2$$

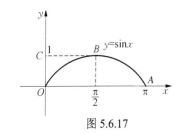

图 5.6.17

**注** 该立体体积可转化为曲边梯形 *OABC* 与曲边三角形 *OBC* 分别绕 *y* 轴旋转一周的立体体积之差.

### 2. 平行截面面积已知的立体体积

如果一个立体不是旋转体，但知道该立体上垂直于一条定直线的各个截面的面积，那么这个立体的体积可用定积分计算.

如图 5.6.18 所示，取上述定直线为 *x* 轴，并设该立体位于过点 $x=a$，$x=b$ 且垂直于 *x* 轴的两平行平面之间，以 $A(x)$ 表示过点 *x* 且垂直于 *x* 轴的截面面积，其中 $A(x)$ 为 *x* 的连续函数，则该立体体积可用微元法计算.

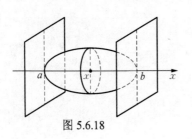

图 5.6.18

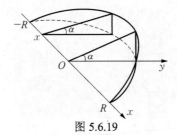

图 5.6.19

选取 *x* 为积分变量，则 $x\in[a, b]$，任取其上的一个小区间 $[x, x+\mathrm{d}x]$，则相应的体积微元为

$$\mathrm{d}V = A(x)\mathrm{d}x$$

从而所求体积为

$$V = \int_a^b \mathrm{d}V = \int_a^b A(x)\mathrm{d}x$$

**例 5.6.11** 一平面经过半径为 *R* 的圆柱体的底圆中心，并与底面交角为 $\alpha$（图 5.6.19），求平面截圆柱体所得立体的体积.

**解** 取该平面与圆柱体底面的交线为 *x* 轴，底面上过圆心且垂直于 *x* 轴的直线为 *y* 轴，则底圆方程为

$$x^2 + y^2 = R^2$$

该立体中过点 *x*（$-R \leqslant x \leqslant R$）且垂直于 *x* 轴的截面是直角三角形，其两直角边分别为 *y* 和 $y\tan\alpha$，即 $\sqrt{R^2-x^2}$ 和 $\sqrt{R^2-x^2}\tan\alpha$，因此截面面积为

$$A(x) = \frac{1}{2}(R^2-x^2)\tan\alpha \quad (-R \leqslant x \leqslant R)$$

从而所求立体体积为

$$V = \int_{-R}^{R} A(x)\mathrm{d}x = \frac{1}{2}\tan\alpha \int_{-R}^{R}(R^2-x^2)\mathrm{d}x = \frac{2}{3}R^3\tan\alpha$$

## 5.6.4 定积分在经济中的应用

### 1. 由变化率（边际函数）求总量

若已知某经济函数的变化率（边际函数）$F'(x)$，则经济函数 $F(x)$ 从点 $x=a$ 到点 $x=b$

的变动值（或增量）为

$$\Delta F = F(b) - F(a) = \int_a^b F'(x)\mathrm{d}x$$

特别地，假设某产品的固定成本为 $C_0$，边际成本函数为 $C'(Q)$，边际收益函数为 $R'(Q)$，其中 $Q$ 为产量，并假定该产品处于产销平衡状态，则根据经济学的有关理论及上面的增量公式有

总成本函数 $C(Q) = \int_0^Q C'(Q)\mathrm{d}Q + C_0$；

总收益函数 $R(Q) = \int_0^Q R'(Q)\mathrm{d}Q$；

总利润函数 $L(Q) = R(Q) - C(Q) = \int_0^Q [R'(Q) - C'(Q)]\mathrm{d}Q - C_0$.

**例 5.6.12**　生产某产品的边际成本为 $c'(x) = 150 - 0.2x$，当产量由 200 增加到 300 时，需追加多少成本？

**解**　追加的成本为

$$\Delta c = \int_{200}^{300} c'(x)\mathrm{d}x = \int_{200}^{300}(150 - 0.2x)\mathrm{d}x = 10\,000$$

### 2. 资本现值与投资问题

设有 $P$ 元货币，若年利率为 $r$，按连续复利计算，$t$ 年后的价值为 $P\mathrm{e}^{rt}$ 元；反之，$t$ 年后要有货币 $B$ 元，现在应存入银行 $B\mathrm{e}^{-rt}$ 元，称此为资本现值.

设在时间区间 $[0, T]$ 上 $t$ 时刻的单位时间收入为 $f(t)$，称为收入率. 若年利率为 $r$，按连续复利计算，则在时间区间 $[t, t+\mathrm{d}t]$ 上的收入现值为 $f(t)\mathrm{e}^{-rt}\mathrm{d}t$. 按照定积分微元法的思想方法，在 $[0, T]$ 上的总收入现值为

$$R = \int_0^T f(t)\mathrm{e}^{-rt}\mathrm{d}t \tag{5.6.1}$$

若收入率 $f(t) = a$ 为常数，年利率 $r$ 也为常数，则总收入的现值为

$$R = \int_0^T a\mathrm{e}^{-rt}\mathrm{d}t = \frac{a}{r}(1 - \mathrm{e}^{-rT}) \tag{5.6.2}$$

**例 5.6.13**　某企业进行某项投资，金额为 $A$ 元，经测算，该企业在 $T$ 年中可以按每年 $a$ 元的均匀收入率获得收入. 若年利率为 $r$，按连续复利计算，试求：

（1）该项投资的纯收入现值；

（2）收回该笔投资的时间.

**解**　（1）由公式（5.6.2）知，投资后 $T$ 年中获得的总收入现值为

$$R = \int_0^T a\mathrm{e}^{-rt}\mathrm{d}t = \frac{a}{r}(1 - \mathrm{e}^{-rT})$$

从而纯收入现值为

$$W = R - A = \frac{a}{r}(1 - \mathrm{e}^{-rT}) - A$$

（2）收回投资，即总收入的现值等于投资，故有

$$\frac{a}{r}(1-\mathrm{e}^{-rT})=A$$

因此得

$$T=\frac{1}{r}\ln\frac{a}{a-Ar}$$

即为收回投资的时间.

例如，某个企业投资 1 000 万元，年利率为 5%，设在 10 年中的均匀收入率为 $a=200$ 万元/年，则总收入的现值为

$$R=\frac{200}{0.05}(1-\mathrm{e}^{-0.05\times10})\approx1\,573.88\,(万元)$$

纯收入现值为

$$W=R-A\approx573.88\,(万元)$$

收回投资期为

$$T=\frac{1}{0.05}\ln\frac{200}{200-1\,000\times0.05}=20\ln\frac{4}{3}\approx5.8\,(年)$$

# 习 题 5.6

## （A）

**1.** 用定积分表示下列各图中阴影部分的面积：

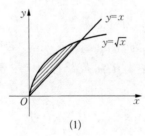

(1)

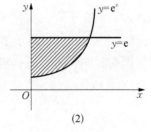

(2)

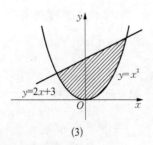

(3)

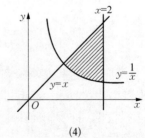

(4)

**2.** 求下列各曲线所围成图形的面积：

（1）$y=a-x^2\,(a>0)$，$x$ 轴；

（2）$y=\frac{1}{x}$，$y=x$，$y=2$；

（3）$y=\mathrm{e}^x$，$y=\mathrm{e}$，$x=0$；

（4）$y=\ln x$，$x=0$，$y=\ln a$，$y=\ln b\,(b>a>0)$；

（5）$y=x^2$，$y=x$，$y=2x$；

（6）$y^2 = x$，$y = x - 2$；

（7）$y = e^x$，$y = e^{-x}$，$x = 1$；

（8）$y = \sin x \left( 0 \leqslant x \leqslant \dfrac{\pi}{2} \right)$，$x = 0$，$y = 1$.

**3.** 求下列平面图形分别绕 $x$ 轴和 $y$ 轴旋转一周的立体体积：

（1）$y = \sqrt{x}$，$x = 1$，$x = 4$，$y = 0$；

（2）$y = \sin x$，$x = \dfrac{\pi}{2}$，$y = 0$；

（3）$y = x^3$，$x = 2$，$y = 0$.

**4.** 求由下列曲线所围成的平面图形绕指定坐标轴旋转而成的旋转体的体积：

（1）$y = x^2$，$x = y^2$，绕 $y$ 轴；

（2）$(x - 5)^2 + y^2 = 1$，绕 $y$ 轴.

**5.** 设某企业边际成本是产量 $Q$（单位）的函数 $C'(Q) = 2e^{0.2Q}$（万元/单位），其固定成本为 $C_0 = 90$（万元），求总成本函数.

**6.** 设某产品的边际收益是产量 $Q$（单位）的函数 $R'(Q) = 15 - 2Q$（元/单位），试求总收益函数和需求函数.

**7.** 已知某产品产量的变化率是时间 $t$（单位：月）的函数 $f(t) = 2t + 5$（$t \geqslant 0$），问第一个 5 月和第二个 5 月的总产量各是多少？

**8.** 某厂生产某产品 $Q$（百台）的总成本 $C(Q)$（万元）的变化率为 $C'(Q) = 2$（设固定成本为 0），总收益 $R(Q)$（万元）的变化率为产量 $Q$（百台）的函数 $R'(Q) = 7 - 2Q$.

（1）生产量为多少时，总利润最大？最大利润为多少？

（2）在利润最大的基础上又多生产了 50 台，总利润减少了多少？

**（B）**

**1.** 求 $c$（$c > 0$）的值，使曲线 $y = x^2$，$y = cx^3$ 所围成图形的面积为 $\dfrac{2}{3}$.

**2.** 求 $y = \dfrac{1}{2}x^2$，$x^2 + y^2 = 8$ 所围成图形中较小一块的面积.

**3.** 求抛物线 $y = -x^2 + 4x - 3$ 及其在点 $(0, -3)$ 和 $(3, 0)$ 处的切线所围图形的面积.

**4.** 求位于曲线 $y = e^x$ 下方，该曲线过原点的切线的左方，以及 $x$ 轴上方之间图形的面积.

**5.** 计算下列各立体的体积：

（1）以半径为 $R$ 的圆为底、平行且等于底圆直径的线段为顶、高为 $H$ 的正劈锥体（题 5 图（a））；

（2）半径为 $R$ 的球体中高为 $H$（$H < R$）的球缺（题 5 图（b））.

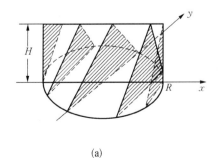

(a)          (b)

题 5 图

定积分的
近似计算

利用 MATLAB
计算定积分

**6.** 求抛物线 $y^2 = 2px$ 及其在点 $\left(\dfrac{p}{2}, p\right)$ 处的法线所围成的平面图形的面积.

**7.** 设某产品的边际成本为 $C'(Q) = 2 - Q$ (万元/台)，其中 $Q$ 为产量，固定成本 $C_0 = 22$ (万元)，边际收益 $R'(Q) = 20 - 4Q$ (万元/台). 试求：

（1）总成本函数和总收益函数；

（2）获得最大利润时的产量；

（3）比最大利润时的产量又生产了 4 台，总利润的变化.

小　结

## 一、基本思想和概念

定积分主要源自两类问题的研究需要：一类是计算平面图形的面积；另一类是已知物体做直线运动的速度，求其在某个时间段内的路程. 它们都是关于函数整体性质的问题，处理这类问题的基本方法是无限逼近，即先将整体分割成许多小部分，对每个小部分简化，求出近似值，然后求和、取极限. 其中关键的一步是求小部分的近似值，即定积分应用中的微元法.

通过学习，不仅要掌握本章的概念、计算公式，更重要的是学会在实际中利用这种思想方法分析并解决问题.

本章的基本概念有：

（1）定积分；

（2）积分上（下）限函数；

（3）广义积分（无限区间、无界函数）.

## 二、重要的公式、定理、方法

（1）定积分的性质；

（2）奇（偶）函数、周期函数的积分性质；

（3）积分上（下）限函数的导数；

（4）微积分基本定理；

（5）定积分计算的方法（换元积分法、分部积分法）

（6）广义积分敛散性的判别及收敛时的计算；

（7）定积分的微元法；

（8）平面图形面积、旋转体的体积的计算.

# 总 习 题 5

**1.** 填空题：

（1）$\dfrac{\mathrm{d}}{\mathrm{d}x}\displaystyle\int_{x^2}^{0} x\cos t^2\mathrm{d}t=$ _____．

（2）设函数 $f(x)$ 连续，$F(x)=\displaystyle\int_{0}^{x^2} xf(t^2)\mathrm{d}t$，则 $F'(x)=$ _____．

（3）$\dfrac{\mathrm{d}}{\mathrm{d}x}\displaystyle\int_{0}^{x}\sin(x-t)^2\mathrm{d}t=$ _____．

（4）设函数 $f(x)$ 连续，则 $\dfrac{\mathrm{d}}{\mathrm{d}x}\displaystyle\int_{0}^{x} tf(x^2-t^2)\mathrm{d}t=$ _____．

（5）设函数 $f(x)=\displaystyle\int_{0}^{x}\dfrac{\cos t}{1+\sin^2 t}\mathrm{d}t$，则 $\displaystyle\int_{0}^{\frac{\pi}{2}}\dfrac{f'(x)}{1+f^2(x)}\mathrm{d}x=$ _____．

（6）设函数 $f(x)$ 连续，且 $f(x)=x+2\displaystyle\int_{0}^{1} f(x)\mathrm{d}x$，则 $f(x)=$ _____．

（7）设函数 $f(x)$ 连续，且 $\displaystyle\int_{0}^{x} tf(x-t)\mathrm{d}t=1-\cos x$，则 $\displaystyle\int_{0}^{\frac{\pi}{2}} f(x)\mathrm{d}x=$ _____．

（8）$\displaystyle\int_{e}^{+\infty}\dfrac{\mathrm{d}x}{x\ln^2 x}=$ _____．

**2.** 计算下列定积分：

（1）$\displaystyle\int_{-1}^{1} x(1+x^{2013})(e^x-e^{-x})\mathrm{d}x$；

（2）$\displaystyle\int_{0}^{\frac{\pi}{2}}\dfrac{x+\sin x}{1+\cos x}\mathrm{d}x$；

（3）$\displaystyle\int_{-2}^{2}\max\{1,x^2\}\mathrm{d}x$；

（4）$\displaystyle\int_{\frac{1}{2}}^{\frac{3}{2}}\sqrt{|x-x^2|}\mathrm{d}x$；

（5）$\displaystyle\int_{a}^{b}\sqrt{(x-a)(b-x)}\mathrm{d}x$；

（6）$\displaystyle\int_{0}^{\pi}\dfrac{\sin 2nx}{\sin x}\mathrm{d}x$；

（7）$\displaystyle\int_{0}^{\frac{\pi}{4}}\dfrac{x\sin x}{\cos^3 x}\mathrm{d}x$；

（8）$\displaystyle\int_{0}^{a}\arctan\sqrt{\dfrac{a-x}{a+x}}\mathrm{d}x$；

（9）$\displaystyle\int_{0}^{1}\dfrac{e^{\frac{x}{2}}}{\sqrt{1+e^{-x}}}\mathrm{d}x$；

（10）$\displaystyle\int_{0}^{\frac{a}{2}}\dfrac{\mathrm{d}x}{(a^2-x^2)^{\frac{3}{2}}}\mathrm{d}x$．

**3.** 计算下列积分：

（1）$\displaystyle\int_{3}^{+\infty}\dfrac{1}{x^2-x-2}\mathrm{d}x$；

（2）$\displaystyle\int_{1}^{+\infty}\dfrac{1}{e^x+e^{2-x}}\mathrm{d}x$；

（3）$\displaystyle\int_{2}^{+\infty}\dfrac{1}{(x+7)\sqrt{x-2}}\mathrm{d}x$；

（4）$\displaystyle\int_{0}^{2}\dfrac{1}{\sqrt{x(2-x)}}\mathrm{d}x$；

（5）$\displaystyle\int_{0}^{\frac{\pi}{2}}\dfrac{1}{1+\cos^2 x}\mathrm{d}x$；

（6）$\displaystyle\int_{1}^{2}\left[\dfrac{1}{x\ln^2 x}-\dfrac{1}{(x-1)^2}\right]\mathrm{d}x$．

**4.** 设
$$f(x)=\begin{cases}\dfrac{1}{1+e^x}, & x<0\\[2mm]\dfrac{1}{1+x}, & x\geqslant 0\end{cases}$$

求 $\displaystyle\int_{0}^{2} f(x-1)\mathrm{d}x$．

**5.** 设 $f(x) = \int_0^x \dfrac{\sin t}{\pi - t}\mathrm{d}t$，计算 $\int_0^\pi f(x)\mathrm{d}x$．

**6.** 证明下列各题：

（1）$\displaystyle\int_0^4 \mathrm{e}^{x(4-x)}\mathrm{d}x = 2\int_0^2 \mathrm{e}^{x(4-x)}\mathrm{d}x$；

（2）$\displaystyle\int_x^1 \dfrac{\mathrm{d}x}{1+x^2} = \int_1^{\frac{1}{x}} \dfrac{\mathrm{d}x}{1+x^2}(x > 0)$．

**7.** 设 $f(x)$ 在 $[a, b]$ 上连续，且 $f(x) > 0$，$F(x) = \displaystyle\int_a^x f(t)\mathrm{d}t + \int_b^x \dfrac{1}{f(t)}\mathrm{d}t, x \in [a, b]$．证明：

（1）$F'(x) \geqslant 2$；

（2）方程 $F(x) = 0$ 在 $(a, b)$ 内有且仅有一个根．

**8.** 设 $f(x) = \dfrac{1}{1+x^2} + x^3 \displaystyle\int_0^1 f(x)\mathrm{d}x$，求 $\displaystyle\int_0^1 f(x)\mathrm{d}x$．

**9.** 设 $f(x) = \displaystyle\int_1^{x^2} \dfrac{\sin t}{t}\mathrm{d}t$，求 $\displaystyle\int_0^1 xf(x)\mathrm{d}x$．

**10.** 设连续函数 $f(x)$ 满足 $f(2x) = 2f(x)$，证明：$\displaystyle\int_1^2 xf(x)\mathrm{d}x = 7\int_0^1 xf(x)\mathrm{d}x$．

**11.** 求函数 $f(x) = \displaystyle\int_0^{x^2} (1-t)\mathrm{e}^{-t}\mathrm{d}t$ 的极值．

**12.** 求曲线 $y = \sqrt{x}$ 和直线 $x = 1$，$y = 0$ 所围成图形绕直线 $x = 2$ 旋转一周的立体体积．

**13.** 求曲线 $y = x^2 - 2x$ 和直线 $y = 0$，$x = 1$，$x = 3$ 所围成图形的面积，并求该平面图形绕 $y$ 轴旋转一周的立体体积．

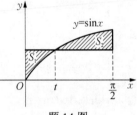

**14.** 设 $y = \sin x\left(0 \leqslant x \leqslant \dfrac{\pi}{2}\right)$．问 $t$ 取何值时，题 14 图中阴影部分的面积 $S_1$ 与 $S_2$ 之和最小、最大？

题 14 图

**15.** 由曲线 $y = 1 - x^2$ $(0 \leqslant x \leqslant 1)$ 和 $x$ 轴、$y$ 轴所围成的区域，被曲线 $y = ax^2$ $(a > 0)$ 分为面积相等的两部分，求 $a$ 的值．

**16.** 已知直线 $y = ax + b$ 过点 $(0, 1)$，当直线 $y = ax + b$ 和抛物线 $y = x^2$ 所围成图形面积最小时，$a$，$b$ 取何值？

**17.** 计算 $y = \mathrm{e}^{-x}$ 和直线 $y = 0$ 之间位于第一象限内的平面图形绕 $x$ 轴旋转所成旋转体的体积．

**18.** 设抛物线 $y = ax^2 + bx + c$ 过原点 $(0, 0)$，且当 $x \in [0, 1]$ 时，$y \geqslant 0$，试确定 $a, b, c$ 的值，使得抛物线 $y = ax^2 + bx + c$ 与和直线 $x = 1$，$y = 0$ 所围成图形的面积为 $\dfrac{4}{9}$，且该图形绕 $x$ 轴旋转而成的体积最小．

**19.** 某产品的总成本 $C$（万元）的变化率 $C'(x) = 1$，总收益 $R$（万元）的变化率（边际收益）$R'$ 为生产量 $x$（百台）的函数 $R'(x) = 5 - x$．

（1）产量为多少时，利润最大？

（2）比最大利润的生产量又多生产了 100 台，总利润减少多少？

# 参 考 答 案

## 习 题 1.1

### (A)

**1.** 2，1，2.

**2.** $x^2+2x+3$，$\dfrac{1}{x^2}-\dfrac{2}{x}+3$.

**3.** (1) 不同；　(2) 不同；　(3) 相同；　(4) 不同.

**4.** (1) $(1,+\infty)$；　(2) $[-1,3]$；　(3) $\left[-\dfrac{1}{2},1\right)$；　(4) $(-\infty,0)\cup(0,2]$.

**5.** (1) 无界；　(2) 有界；　(3) 无界；　(4) 有界.（提示：$(x-1)^2\geqslant 0$ 得 $x^2+1\geqslant 2x$）

**6.** (1) 当 $x\in(-\infty,1)$ 时函数单调减少，当 $x\in(1,+\infty)$ 时函数单调减少；

　　(2) 当 $x\in(0,+\infty)$ 时函数单调增加.

**7.** (1) 偶函数；　(2) 既非奇函数又非偶函数；　(3) 奇函数；　(4) 奇函数.

**8.** (1) 周期为 $\dfrac{2}{3}\pi$；　(2) 周期为 $\dfrac{\pi}{4}$；　(3) 周期为 $\pi$；　(4) 周期为 $\pi$.

**9.** (1) $y=\dfrac{2(x+1)}{x-1}$；　(2) $y=10^{x-1}-2$；　(3) $y=1+\sqrt{1+x},D\in(-1,+\infty)$；　(4) $y=\lg(x-2)$；

　　(5) $y=x^3+2$；　(6) $y=\ln x-1,D=(0,+\infty)$.

**10.** (1) $y=\sin u$，$u=1-3x^2$；　(2) $y=5^u$，$u=v^2$，$v=\sin x$；

　　(3) $y=3\sqrt{u}$，$u=\log_5 v$，$v=\sqrt[4]{w}$，$w=1-x$；　(4) $y=2^u$，$u=\ln v$，$v=\sin x$.

**11.** (1) 是；　(2) 是；　(3) 不是；　(4) 是.

**12.** (1) $60,D(P_0)=S(P_0)=50$；　(2) 图略；　(3) 当 $P=10$ 时，表示价格低于 10 时，无人供货.

**13.** $L=(300-x)(x-30)$，$0\leqslant x\leqslant 300$.

**14.** $y=\begin{cases}150x, & 0\leqslant x<800, \\ 150\times 800+150\times 0.9\times(x-800), & 800\leqslant x\leqslant 2\,000.\end{cases}$

**15.** (1) $y=5\,000t+45\,000\ (t\in\mathbf{N})$；　(2) 60 000.

**16.** (1) 150；　(2) 亏损 2 500 元；　(3) 175.

### (B)

**1.** $x^2+2x+2$.

**2.** $1-\dfrac{1}{x}$.

**3.** 1.

**4.** $f[g(x)]=5^{x^4}$，$g[f(x)]=625^x$.

**5-8.** 略.

**9.** 当次数少于 100 时，选第二家；当次数在 100 次以上时，选择第一家.

**10.** $y=(50-x)(120+5x)-10(50-x)$，当月租金 190 元时，利润最大，最大利润为 6 480 元，闲房 14 间.

**11.** $y = 40\ 000 \left( \dfrac{4}{5} \right)^t$.

**12.** 至少销售 18 000 本杂志才能保本，销售量达到 28 000 时，才能获利达 1 000 元.

# 习 题 1.2

## （A）

**1.**（1）0；　　（2）不存在；　　（3）1；　　（4）不存在；　　（5）不存在；　　（6）不存在；

（7）不存在；　（8）1；　　（9）0.

**2.** 都不正确.

**3.** $N=19$，$N=199$，$N=1\ 999$.

## （B）

**1.** 略.

**2.**（1）正确；　　（2）不正确；　　（3）正确；　　（4）不正确；　　（5）不正确；　　（6）正确.

**3.** 略.

# 习 题 1.3

## （A）

**1.**（1）不正确；　　（2）正确；　　（3）不正确.

**2.** 不存在.

**3.** 0.

**4.** D.

**5.** C.

**6.** A.

## （B）

**1.** 略.

**2.** $\lim\limits_{x\to 0^-} f(x) = -1$，$\lim\limits_{x\to 0^+} f(x) = 1$，$\lim\limits_{x\to 0} f(x)$ 不存在.

**3.** 略.

# 习 题 1.4

## （A）

**1-2.** 略.

**3.**（1）0；　　（2）0；　　（3）0.

## （B）

**1.** $\forall M > 0$，要使 $\left| \dfrac{1}{x-a} \right| > M$，只要 $|x-a| < \dfrac{1}{M}$，取 $\delta = \dfrac{1}{M}$，当 $0 < |x-a| < \delta = \dfrac{1}{M}$ 时，就有 $\left| \dfrac{1}{x-a} \right| > M$.

**2.** 取 $x_k = \dfrac{1}{2k\pi + \dfrac{\pi}{2}}$ $(k=0,1,2,\cdots)$，$y(x_k) = 2k\pi + \dfrac{\pi}{2}$，当 $k$ 充分大时，$y(x_k) > M$，无界；

取 $x_k = \dfrac{1}{2k\pi}$ $(k=0,1,2,\cdots)$，当 $k$ 充分大时，$x_k < \delta$，但 $y(x_k) = 2k\pi \sin 2k\pi = 0 < M$，不是无穷大.

**3.** 因为 $\lim\limits_{x \to \infty} \dfrac{x^2+5}{x^3} = 0$，所以 $\lim\limits_{x \to \infty} \dfrac{x^3}{x^2+5} = \infty$.

## 习 题 1.5

### （A）

**1.** (1) 9；　(2) 0；　(3) $\infty$；　(4) $-\dfrac{1}{2}$；　(5) $\dfrac{n}{2}$；　(6) $-\dfrac{1}{2}$；　(7) $-2$；　(8) $\dfrac{1}{2\sqrt{x}}$；

(9) 2；　(10) 3.

**2.** (1) 0；　(2) 1；　(3) $\dfrac{1}{5}$；　(4) $\infty$；　(5) $\dfrac{3^{20}2^{30}}{7^{50}}$；　(6) 0.

### （B）

**1.** (1) $\dfrac{1}{2}$；　(2) $\dfrac{1}{2}$；　(3) 1；　(4) 3；　(5) $\dfrac{3}{4}$；　(6) $-\dfrac{1}{2}$.

**2.** $a=-4$，$b=-2$.

**3.** $a=2$，$b=-2$.

**4.** $\dfrac{1}{1-x}$.

## 习 题 1.6

### （A）

**1.** (1) $\dfrac{3}{5}$；　(2) $-1$；　(3) $\pi$；　(4) 3；　(5) $-\sin x$；　(6) $\dfrac{1}{2}$；　(7) $\sqrt{2}$；　(8) $x$；

(9) $\dfrac{3}{2}$；　(10) $\dfrac{1}{2}$.

**2.** (1) $e^{-5}$；　(2) $e^6$；　(3) $e^3$；　(4) $e^{-2}$；　(5) e；　(6) 1.

**3.** (1) 1；　(2) 10.

**4.** 略.

**5.** (1) 不存在；　(2) 不存在.

### （B）

**1.** $-2$.

**2.** (1) $e^{-\frac{3}{2}}$；　(2) 1；　(3) $\dfrac{1}{8}$；　(4) $\dfrac{2}{\pi}$.

**3.** 1.

**4.** 2.

## 习 题 1.7

### （A）

**1.** $x^2-x^3$ 比 $2x-x^2$ 高价.

**2.** $1-x$ 与 $1-x^3$ 是同阶无穷小，$1-x$ 与 $\dfrac{1}{2}(1-x^2)$ 是等价无穷小.

**3.** 略.

**4.** （1）$\dfrac{1}{8}$；　　（2）$-\dfrac{1}{4}$；　　（3）$\dfrac{1}{2}$；　　（4）$\begin{cases} 1, & n=m, \\ 0, & n>m, \\ \infty, & n<m. \end{cases}$

（B）

**1.** $k=2$.

**2.** $a=6$.

**3.** （1）1；　　（2）3；　　（3）$\begin{cases} 1, & n=m, \\ 0, & n>m, \\ \infty, & n<m; \end{cases}$　　（4）$\dfrac{\pi^2}{2}$；　　（5）4；　　（6）1.

**4.** 略.

## 习 题 1.8

（A）

**1.** 略.

**2.** （1）$-3$；　　（2）$-2$；　　（3）6；　　（4）$-1$.

**3.** （1）点 $x=4$ 是无穷间断点，属第二类，点 $x=-1$ 是可去间断点，属第一类，应补充定义 $f(-1)=\dfrac{2}{5}$；

（2）点 $x=-1$ 是第一类间断点，也是可去间断点，应补充定义 $f(-1)=\dfrac{1}{3}$；

（3）点 $x=\pm 1$ 是无穷间断点，属第二类；

（4）点 $x=0$ 是可去间断点，属第一类，可补充定义 $f(0)=2$，$x=2k\pi$ $(k\neq 0)$ 是无穷间断点.

**4.** （1）0；　　（2）$\cos 2$；　　（3）e；　　（4）1；　　（5）$\mathrm{e}^a$；　　（6）$\mathrm{e}^2$.

（B）

**1.** （1）不存在；　　（2）点 $x=0$ 是间断点，是跳跃间断点，属第一类.

**2.** （1）$(-\infty,-2)\cup(-2,5)\cup(5,+\infty)$，$\lim\limits_{x\to 1}f(x)=-\dfrac{1}{2}$；　　（2）$(0,1]$，$\lim\limits_{x\to\frac{1}{2}}f(x)=\ln\dfrac{\pi}{6}$.

**3.** 1.

**4.** 1.

**5.** $(-\infty,1)\cup(1,+\infty)$.

## 习 题 1.9

略.

## 总 习 题 1

**1.** （1）B；　　（2）D；　　（3）A；　　（4）A；　　（5）D；　　（6）A；　　（7）C；　　（8）C；

（9）D；　　（10）A.

**2.** （1）2；　　（2）$x$；　　（3）0；　　（4）0；　　（5）$\dfrac{1}{5}$；　　（6）2；　　（7）$\dfrac{1}{5}$；　　（8）$-3$；

（9）2，e；　　（10）$x=1$.

**3.** (1) 1;    (2) e;    (3) $\dfrac{2}{3}$;    (4) $\dfrac{1}{4}$;    (5) $\dfrac{2\sqrt{2}}{3}$;    (6) $\dfrac{1}{2}$;    (7) 0;    (8) $\dfrac{1}{4}$;

     (9) $\dfrac{2^{20}}{3^{50}}$;    (10) $3x^2$;    (11) 0;    (12) $e^2$.

**4.** $-1$, 0.

**5.** 6阶.

**6.** (1) 点 $x=0$ 是可去间断点, 补充 $f(0)=\dfrac{1}{4}$;

     (2) 点 $x=1$ 是可去间断点, 补充 $f(1)=-2$, 点 $x=2$ 是无穷间断点;

     (3) 点 $x=-1$ 是第一类可去间断点, 补充 $f(-1)=\dfrac{\sin 1}{2}$, 点 $x=1$ 是第二类无穷间断点, 点 $x=0$ 是第一
         类跳跃间断点;

     (4) 点 $x=0$ 是第一类可去间断点, 补充 $f(0)=0$.

**7.** (1) 3;    (2) 1;    (3) $\dfrac{1}{1-2a}$;    (4) $\dfrac{1}{2}$;    (5) $\dfrac{1}{2\ln a}$;    (6) $5\ln a$.

**8.** $2^{\pi}$.

**9.** $a=0$, $b=e$.

**10.** $a=0$, $b=1$.

**11.** (1) $f(x)=\begin{cases} 1, & 0 < x \leqslant e, \\ \ln x, & x > e; \end{cases}$     (2) $f(x)$ 在 $(0, +\infty)$ 内连续.

**12.** $A \ln a$.

**13.** $e^2$.

**14.** 1.

**15.** 不存在.

**16.** $\sqrt[3]{abc}$.

**17.** (1) 1;    (2) 0;    (3) $e^2$.

**18-19.** 略.

## 习 题 2.1

### (A)

**1.** (1) $A$;    (2) $-f'(x_0)$, $2f'(x_0)$;    (3) 充分;    (4) 必要.

**2.** (1) $\dfrac{1}{2\sqrt{x}}$;    (2) $-\dfrac{2}{x_0^3}$.

**3.** $g(x_0)$.

**4.** $4x+y-4=0$, $2x-8y+15=0$.

**5.** 既连续又可导.

**6.** $a=1$, $b=0$.

**7.** $\dfrac{3}{20}$.

### (B)

**1.** 2.

**2.** $2A$.

**3.** $a=b=-1$.

**4.** $2012!$.

**5.** 函数在点 $x=0$ 处可导，且 $f'(0)=1$.

**6.** 函数在点 $x=0$ 处连续但不可导；函数在点 $x=1$ 处既连续又可导，且 $f'(1)=2$.

## 习 题 2.2

### （A）

**1.** （1） $\ln x+1-\sin x$ ； （2） $\dfrac{3}{2}x^{-\frac{1}{4}}$ ； （3） $\dfrac{\cos x-\sin x-1}{(1-\cos x)^2}$ ； （4） $\dfrac{x^2-4x-1}{(1+x^2)^2}$ ；

（5） $\left(\sec^2 x-\dfrac{1}{\sqrt{1-x^2}}\right)\arccos x-\dfrac{1}{\sqrt{1-x^2}}(\tan x-\arcsin x)$ ； （6） $\dfrac{1}{2\sqrt{x}}\operatorname{arccot} x+\dfrac{1-\sqrt{x}}{1+x^2}$ ；

（7） $3x^2+5x^{-\frac{7}{2}}-3x^{-4}$ ； （8） $\dfrac{\sin t}{2\sqrt{t}}+\sqrt{t}\cos t$ ； （9） $\dfrac{-2}{(x-1)^2}$ ； （10） $\dfrac{(x-1)^2\mathrm{e}^x}{(x^2+1)^2}$ .

**2.** （1） $9(3x+5)^2$ ； （2） $-2\mathrm{e}^{-2x}$ ； （3） $\dfrac{2x}{1+x^2}$ ； （4） $3\cos(3x+5)$ ； （5） $\dfrac{1}{\sqrt{a^2+x^2}}$ ；

（6） $\dfrac{2}{3x}\ln x(1+\ln^2 x)^{-\frac{2}{3}}$ ； （7） $\dfrac{2\mathrm{e}^{2x}}{1+\mathrm{e}^{4x}}$ ； （8） $10\sin^4 2x\cos 2x$ ；

（9） $\sec^2[\ln(1+x^2)]\dfrac{1}{1+x^2}(1+x^2)'=\dfrac{2x}{1+x^2}\sec^2[\ln(1+x^2)]$ ； （10） $\sqrt{a^2-x^2}$ .

**3.** （1） $\dfrac{1}{2}$ ； （2） $-3$ ； （3） $-2$ .

**4.** $(1,2)$ 或 $(-1,2)$ .

### （B）

**1.** （1） $\dfrac{f'(x)}{f(x)}$ ； （2） $f'(\sin^2 x)\sin 2x+2\sin f(x)\cos f(x)f'(x)$ ； （3） $2xf(\sin x)+x^2 f'(\sin x)\cos x$ .

**2.** $a=2,\ b=-3$ .

**3.** （1） $-f'(\csc x)\cdot\csc x\cdot\cot x$ ； （2） $\sec^2 x\cdot f'(\tan x)+\sec^2[f(x)]\cdot f'(x)$ .

## 习 题 2.3

### （A）

**1.** （1） $\dfrac{\mathrm{e}^{x+y}-y}{x-\mathrm{e}^{x+y}}$ ； （2） $\dfrac{x^2-y}{x-y^2}$ ； （3） $\dfrac{\mathrm{e}^y}{1-x\mathrm{e}^y}$ ； （4） $-\dfrac{y^2}{1+xy}$ ； （5） $\dfrac{x+y}{x-y}$ .

**2.** （1） $x^{\sin x}\left(\cos x\ln x+\dfrac{\sin x}{x}\right)$ ； （2） $(1+x^2)^{\tan x}\left[\sec^2 x\ln(1+x^2)+\tan x\dfrac{2x}{1+x^2}\right]$ ；

（3） $\dfrac{\sqrt{x+2}(x-3)^4}{(x+1)^5}\left[\dfrac{1}{2(x+2)}+\dfrac{4}{x-3}-\dfrac{5}{x+1}\right]$ ； （4） $\dfrac{\sqrt[5]{x-3}\sqrt[3]{3x-1}}{\sqrt{x+2}}\left[\dfrac{1}{5(x-3)}+\dfrac{1}{3x-1}-\dfrac{1}{2(x+2)}\right]$ .

**3.** （1） $\dfrac{3bt}{2a}$ ； （2） $\dfrac{\cos t-\sin t}{\cos t+\sin t}$ ； （3） $-1$ .

**4.** $2$ .

**5.** $3x-y-7=0$ .

（B）

1. $y-1=-\mathrm{e}x$ ， $y-1=\dfrac{1}{\mathrm{e}}x$ .

2. $y-\dfrac{\pi}{4}=\dfrac{1}{2}(x-\ln 2)$ ， $y-\dfrac{\pi}{4}=-2(x-\ln 2)$ .

3. $x+y-2=0$ ， $y=x$ .

4. （1） $\dfrac{-2t}{1-2t}$ ； （2） $-\tan\theta$ .

## 习 题 2.4

（A）

1. （1） $\dfrac{1}{x}$ ； （2） $\dfrac{2(1-x^2)}{(1+x^2)^2}$ ； （3） $(6x+4x^3)\mathrm{e}^{x^2}$ ； （4） $-2\mathrm{e}^x\sin x$ .

2. 19 440 ， $3^{10}\cdot 10!$ .

3. （1） $-2\csc^2(x+y)\cot^3(x+y)$ ； （2） $\dfrac{2\mathrm{e}^{2y}-x\mathrm{e}^{3y}}{(1-x\mathrm{e}^y)^3}$ ； （3） $\dfrac{4\sin y}{(\cos y-2)^3}$ .

4. $2\mathrm{e}^2$ .

5. （1） $\dfrac{\sin t\cos t-t}{\sin^3 t}$ ； （2） $-\dfrac{1+3t^2}{4t^3}$ ； （3） $\dfrac{1+t^2}{4t}$ ； （4） $-\dfrac{2}{\mathrm{e}^t(\sin t+\cos t)^3}$ .

6. （1） $a^x(\ln a)^n$ ； （2） $\dfrac{(-1)^{n-2}(n-2)!}{x^{n-1}}$ ； （3） $(-1)^n\cdot n!\left[\dfrac{2}{(x-2)^{n+1}}-\dfrac{1}{(x-1)^{n+1}}\right]$ .

7. $\mathrm{e}^{-x}(x^2-20x+90)$ .

（B）

1. （1） $6xf'(x^3)+9x^4 f''(x^3)$ ； （2） $\dfrac{f''(x)\cdot f(x)-[f'(x)]^2}{f^2(x)}$ ； （3） $\mathrm{e}^{f(x)}\{f''(x)+[f'(x)]^2\}$ .

2. $2g(a)$ .

3. $\dfrac{2-\ln x}{x(\ln x)^3}$ .

4. $\dfrac{f''(y)-[1-f'(y)]^2}{x^2[1-f'(y)]^3}$ .

5. （1） $\dfrac{2xy+2y\mathrm{e}^y-y^2\mathrm{e}^y}{(\mathrm{e}^y+x)^3}$ ； （2） $\dfrac{2(x^2+y^2)}{(x-y)^3}$ .

## 习 题 2.5

（A）

1. 0.030 2 ， 0.03 .

2. （1） $\dfrac{x}{\sqrt{1+x^2}}\mathrm{d}x$ ； （2） $\dfrac{1}{2\sqrt{x}(1+x)}\mathrm{d}x$ ； （3） $\ln x\,\mathrm{d}x$ ； （4） $(2x\cos 2x-2x^2\sin 2x)\mathrm{d}x$ ；

　　（5） $-6x(a^2-x^2)^2\mathrm{d}x$ ； （6） $8x\tan(1+2x^2)\sec^2(1+2x^2)\mathrm{d}x$ .

3. （1） $\dfrac{5}{2}x^2+C$ ； （2） $-\dfrac{1}{w}\cos wx+C$ ； （3） $-\dfrac{1}{2}\mathrm{e}^{-2x}+C$ ； （4） $\dfrac{1}{2}\tan 2x+C$ .

4. $\dfrac{\ln(x-y)+2}{\ln(x-y)+3}dx$ .

5. （1）0.99；　（2）1.00 67；　（3）1.05.

6. $\dfrac{25}{2}\pi$ .

（B）

1. $\dfrac{1}{x(1+\ln y)}dx$ .

2. $\varphi(0)dx$ .

3. $-9dx$ .

4. （1）$e^{3x}(3\cos x-\sin x)dx$ ；　（2）$\dfrac{2(x\cos 2x-\sin 2x)}{x^3}dx$ ；　（3）$-\dfrac{2xe^{-x^2}}{1+e^{-x^2}}dx$ ；　（4）$\dfrac{xdx}{(2+x^2)\sqrt{1+x^2}}$ .

（5）$\dfrac{3-3xy-y^3}{3x^2+xy^2-2y}dx$ 或 $\dfrac{3-ye^{xy}}{xe^{xy}-2y}dx$ ；（6）$-\dfrac{y^2+2xy}{x^2+2xy}dx$ .

习　题　2.6

（A）

1. （1）$2-x$；　（2）$x-1$.

2. （1）$x+3$；　（2）480，48，13.

3. （1）$-0.06x+5$，$-0.06x+4$；　（2）200，2，$-1$.

4. 50.

5. （1）$-\dfrac{P}{3}$；　（2）$-2$.

6. （1）$-6$；　（2）$-\dfrac{1}{2}$；　（3）$\dfrac{1}{2}$.

（B）

1. （1）$\dfrac{-P}{d-P}$；　（2）$Q=\dfrac{d}{2e}$ .

2. （1）$-12$；　（2）$-1.85$；　（3）1.69%.

3. 2 100，7，4.

4. （1）$-1.39P$；　（2）若价格 $P=10$ (元)时，价格上涨 1%，商品的需求量将减 13.9%，若价格降低 1%，商品的需求量将增加 13.9%.

总　习　题　2

1. $-2\,011!$.

2. $e^{\frac{f'(a)}{f(a)}}$ .

3. $5f'(x)$ .

4. $2C$.

5. $a=2$，$b=-1$.

6. 可导.

7. $9x-y+10=0$ 或 $9x-y-22=0$.

8. 不可导.

9. （1） $(3x+5)^2(5x+4)^4(120x+161)$ ； （2） $\arcsin\dfrac{x}{2}$ ； （3） $\dfrac{1}{2\sqrt{x+\sqrt{x}}}\left(1+\dfrac{1}{2\sqrt{x}}\right)$ ； （4） $\dfrac{2}{(1-u)^2}$ ；

（5） $\mathrm{e}^{\tan\frac{1}{x}}\cdot\sec^2\dfrac{1}{x}\cdot\left(-\dfrac{1}{x^2}\right)$ ； （6） $ax^{a-1}+a^x\ln a$ .

10. $2xf(\sin x)+x^2\cos xf'(\sin x)$ .

11. （1） $f'(\mathrm{e}^x+x^{\mathrm{e}})(\mathrm{e}^x+\mathrm{e}x^{\mathrm{e}-1})$ ； （2） $\mathrm{e}^{f(x)}[f'(\mathrm{e}^x)\mathrm{e}^x+f(\mathrm{e}^x)f'(x)]$ .

12. 1.

13. （1） $\dfrac{2}{x^3}f'\left(\dfrac{1}{x}\right)+\dfrac{1}{x^4}f''\left(\dfrac{1}{x}\right)$ ； （2） $\dfrac{f''(x)f(x)-[f'(x)]^2}{f^2(x)}$ ； （3） $\mathrm{e}^{-f(x)}\{[f'(x)]^2-f''(x)\}$ .

14. （1） $(x+n)\mathrm{e}^x$ ； （2） $(-1)^n\cdot\dfrac{n!}{(x+1)^{n+1}}$ ； （3） $\dfrac{(-1)^n\cdot n!}{3(x+2)^{n+1}}-\dfrac{(-1)^n\cdot n!}{3(x-1)^{n+1}}$ .

15. （1） $2\arctan x+\dfrac{2x}{1+x^2}$ ； （2） $-\dfrac{x}{(x^2+a^2)^{\frac{3}{2}}}$ .

16. $x+y-\dfrac{\sqrt{2}}{2}a=0$ .

17. $\dfrac{\mathrm{e}^{2t}}{1-t}$ , $\dfrac{\mathrm{e}^{3t}(3-2t)}{(1-t)^3}$ .

18. $\dfrac{1}{\mathrm{e}^2}$ .

19. $\left[\dfrac{\mathrm{e}^{f(x)}}{x}f'(\ln x)+f(\ln x)\mathrm{e}^{f(x)}f'(x)\right]\mathrm{d}x$ .

20. （1）10.001； （2）1.01.

21. $\dfrac{2x-y^2f'(x)-f(y)}{2yf(x)+xf'(y)}$ .

22. $\dfrac{1+t^2}{4t}$ .

23. （1）1 775，1.972； （2）1.583； （3）1.5，1.667.

24. 120，6，2.

25. （1） $-24$ ； （2） $-1.85$ ； （3）1.69%.

# 习　题　3.1

## （A）

1. 满足， $\xi=2$ .

2. 满足， $\xi=\dfrac{5-\sqrt{43}}{3}$ .

3. 满足， $\xi=\dfrac{14}{9}$ .

4. $(b-a)\mathrm{e}^{f(\xi)}f'(\xi)$ .

5-8. 略.

## （B）

略.

## 习 题 3.2

### （A）

**1.** （1）1；　（2）$\dfrac{5}{3}a^2$；　（3）$\dfrac{4}{e}$；　（4）2；　（5）$-\dfrac{1}{6}$；　（6）1；　（7）0；　（8）1；

（9）$+\infty$；　（10）$\dfrac{1}{2}$；　（11）$\dfrac{1}{2}$；　（12）e；　（13）e；　（14）1；　（15）$e^{-2}$；　（16）1.

### （B）

**1.** （1）1；　（2）$e^{\frac{1}{3}}$；　（3）$-\dfrac{1}{2}$；　（4）e；　（5）$-2$；　（6）1.

**2.** 略.

**3.** $e^{\frac{n+1}{2}}$.

## 习 题 3.3

### （A）

**1.** 略.

**2.** （1）在 $(-1,0)\bigcup(1,+\infty)$ 内单调增加，在 $(-\infty,-1)\bigcup(0,1)$ 内单调减少；

（2）在 $\left(0,\dfrac{1}{2}\right)$ 内单调减少，在 $\left(\dfrac{1}{2},+\infty\right)$ 内单调增加；

（3）在 $(-\infty,-2)\bigcup(0,+\infty)$ 内单调增加，在 $(-2,0)$ 内单调减少；

（4）在 $[0,+\infty)$ 上单调增加；

（5）在 $\left(-\infty,\dfrac{4}{3}\right)$ 内单调增加，在 $\left(\dfrac{4}{3},2\right)$ 内单调减少，在 $(2,+\infty)$ 内单调增加；

（6）在 $(-\infty,-2)$ 内单调增加，在 $(-2,-1)$ 内单调减少，在 $(-1,0)$ 内单调减少，在 $(0,+\infty)$ 内单调增加.

**3.** 略.

**4.** （1）极大值为 $y(\pm1)=7$，极小值为 $y(0)=6$；

（2）极小值为 $y\left(-\dfrac{\ln 2}{2}\right)=2\sqrt{2}$；

（3）极大值为 $y\left(\dfrac{3}{4}\right)=\dfrac{5}{4}$；

（4）极小值为 $y(3)=\dfrac{27}{4}$；

（5）极大值为 $y\left(\dfrac{\pi}{4}+2k\pi\right)=\dfrac{\sqrt{2}}{2}e^{\frac{\pi}{4}+2k\pi}$，极小值为 $y\left(\dfrac{5}{4}\pi+2k\pi\right)=-\dfrac{\sqrt{2}}{2}e^{\frac{5\pi}{4}+2k\pi}$ $(k=0,\pm1,\pm2,\cdots)$；

（6）极小值为 $y(1)=0$，极大值为 $y(e^2)=\dfrac{4}{e^2}$；

（7）极小值为 $f(-1)=-\dfrac{1}{2}$，极大值为 $f(1)=\dfrac{1}{2}$；

（8）极小值为 $f\left(\dfrac{1}{2}\right)=\dfrac{1}{2}+\ln 2$.

**5.** （1）在 $(-\infty,2)$ 内是凸弧，在 $(2,+\infty)$ 内是凹弧，拐点为 $(2,-10)$；

（2）在 $(-\infty,-1)$，$(1,+\infty)$ 内是凸弧，在 $(-1,1)$ 内是凹弧，拐点为 $(-1,\ln 2)$，$(1,\ln 2)$；

（3）在$(-\infty,2)$内是凸弧，在$(2,+\infty)$内是凹弧，拐点为$(2,2e^{-2})$；

（4）在$(-\infty,+\infty)$内是凹弧，无拐点；

（5）在$\left(-\infty,-\dfrac{1}{\sqrt{3}}\right],\left[\dfrac{1}{\sqrt{3}},+\infty\right)$上是凹弧，在$\left[-\dfrac{1}{\sqrt{3}},\dfrac{1}{\sqrt{3}}\right]$上是凸弧，拐点为$\left(-\dfrac{1}{\sqrt{3}},3\right)$，$\left(\dfrac{1}{\sqrt{3}},3\right)$；

（6）在$\left(-\dfrac{1}{5},0\right],[0,+\infty)$上是凹弧，在$\left(-\infty,-\dfrac{1}{5}\right]$上是凸弧，拐点为$\left(-\dfrac{1}{5},-\dfrac{6\sqrt[3]{5}}{25}\right)$.

**6.** （1）$y=1$，$x=0$；　（2）$x=0$，$x=-\dfrac{1}{e}$，$y=1$；　（3）$y=0$，$y=1$；　（4）$x=1$，$y=x+2$.

**7.** 略.

**8.** $a=2$，$x=\dfrac{\pi}{3}$是极大值点，极大值为$f\left(\dfrac{\pi}{3}\right)=2\sin\dfrac{\pi}{3}+\dfrac{1}{3}\sin\pi=\sqrt{3}$.

（B）

**1-2.** 略.

**3.** $a=1$，$b=-3$，$c=-24$，$d=16$.

**4.** 略.

**5.** 点$x=1$是零点，不是驻点，是极值点，点$(1,0)$是曲线$f(x)$的拐点.

# 习　题　3.4

**1.** （1）最大值$y(1)=-22$，最小值$y(3)=-54$；

（2）最大值$y\left(\dfrac{\pi}{4}\right)=\sqrt{2}$，最小值$y\left(\dfrac{5\pi}{4}\right)=-\sqrt{2}$；

（3）最大值$y\left(\dfrac{3}{4}\right)=\dfrac{5}{4}$，最小值$y(-5)=-5+\sqrt{6}$；

（4）最大值$y(2)=\ln 5$，最小值$y(0)=0$.

**2.** 有最大值，$y(1)=\dfrac{1}{2}$.

**3.** 当截去的小正方形的边长为$\dfrac{a}{6}$时，盒子容积最大.

**4.** 水下输油管建在离炼油厂11 km处.

**5.** （1）当$0<P<\dfrac{\sqrt{abc}}{c}-b$时相应收益随单价$P$的增加而增加，当$P>\dfrac{\sqrt{abc}}{c}-b$时相应收益随单价$P$的增加而减少；

（2）当$P=\dfrac{\sqrt{abc}}{c}-b$时，收益最大为$(\sqrt{a}-\sqrt{bc})^2$.

**6.** （1）收益为$R(x)=10xe^{-\frac{x}{2}}(0\leqslant x\leqslant 6)$，边际收益为$R'(x)=5(2-x)e^{-\frac{x}{2}}(0\leqslant x\leqslant 6)$；

（2）当产量$x=2$，价格$P=\dfrac{10}{e}$时，收益最大为$R(2)=\dfrac{20}{e}$.

**7.** 当生产1 000件产品时，平均成本最小.

**8.** 当日产量为50 t时可使平均成本最低，最低平均成本为300元/t.

**9.** 当$Q=15$时，日利润最大.

**10.** 当$x=140$台，$P=224$元时，利润最大，且最大利润为14 600元.

**11.** 分 5 批生产，可使生产准备费与库存费之和最小.

**12.** （1）当 $t=18$ 时，政府可得最大税收；　　（2）企业纳税后的最大利润为 $\dfrac{7}{2}$.

## 总 习 题 3

**1.** A.

**2.** C.

**3.** C.

**4.** A.

**5.** B.

**6.** D.

**7.** B.

**8-16.** 略.

**17.** $C=\dfrac{1}{2}$.

**18.** 略.

**19.** （1）$\mathrm{e}^2$；　　（2）$\mathrm{e}^{-\frac{1}{3}}$；　　（3）$a_1 a_2 \cdots a_n$；　　（4）1.

**20.** $a=-3$，$b=\dfrac{9}{2}$.

**21.** $f(0)=0$，$f'(0)=0$，$f''(0)=4$.

**22-23.** 略.

**24.** 4.975 百台.

**25.** $100^{\frac{1}{3}}$ t.

**26.** 每日 12 次，每次 6 只.

## 习 题 4.1

### （A）

**1.** （1）$\dfrac{2}{7}x^{\frac{7}{2}}+C$；　　（2）$-\dfrac{3}{\sqrt[3]{x}}+C$；　　（3）$\dfrac{2}{7}x^{\frac{7}{2}}-\dfrac{10}{3}x^{\frac{3}{2}}+C$；　　（4）$\dfrac{x^2}{6}-2x+4\ln|x|+\dfrac{8}{3x}+C$；

（5）$\ln|x|-3\arcsin x+C$；　　（6）$\mathrm{e}^x+x+C$；　　（7）$\arcsin x+C$；　　（8）$-\dfrac{1}{x}-\arctan x+C$；

（9）$x-\arctan x+C$；　　（10）$\mathrm{e}^x+2\sqrt{x}+C$；　　（11）$\dfrac{x-\sin x}{2}+C$；　　（12）$\tan x+\sec x+C$；

（13）$-4\cot x+C$；　　（14）$\dfrac{1}{2}\tan x+C$；　　（15）$-\cot x-\dfrac{1}{x}+C$；　　（16）$\sin x+\cos x+C$；

（17）$x-\cos x+C$；　　（18）$\dfrac{1}{2}\mathrm{e}^{2x}-\mathrm{e}^x+x+C$.

**2.** $y=\dfrac{2}{5}x^{\frac{5}{2}}+1$.

**3.** $2x^2+5x+20$.

**4.** （1） $f(x) = x + \dfrac{1}{4}x^4 + 1$；　　（2） $\cos x + C$；　　（3） $-\cos x$；　　（4） $Q(P) = 1\,000\left(\dfrac{1}{3}\right)^P$．

**（B）**

**1.** （1） $2x - \dfrac{7 \cdot 2^x}{3^x(\ln 2 - \ln 3)} + C$；　　（2） $\arctan x - \dfrac{1}{x} + C$；　　（3） $2\arcsin x + C$；

（4） $-\dfrac{1}{2}\csc x + C$；　　（5） $2\arcsin x + 6\sqrt{x} + C$；　　（6） $\dfrac{x^5}{5} - \dfrac{x^3}{3} + x - \arctan x + C$．

**2.** $y = \ln|x| + 3$．

**3.** $f(x) = \begin{cases} x, & -\infty < x \leqslant 0, \\ e^x - 1, & 0 < x < +\infty. \end{cases}$

# 习　题　4.2

**（A）**

**1.** （1） $-\dfrac{1}{3}\cos 3x + C$；　　（2） $-3e^{-\frac{x}{3}} + C$；　　（3） $\dfrac{1}{9}(5 + 3x)^3 + C$；　　（4） $-\dfrac{2}{3}\sqrt{5 - 3x} + C$；

（5） $-\dfrac{1}{4}e^{-2x^2} + C$；　　（6） $2e^{\sqrt{x}} + C$；　　（7） $\dfrac{3}{4}\ln(1 + x^4) + C$；　　（8） $\dfrac{1}{2}\sin x^2 + C$；

（9） $\dfrac{1}{8}\ln\left|\dfrac{x-4}{x+4}\right| + C$；　　（10） $\dfrac{\sqrt{2}}{2}\arctan\sqrt{2}x + C$；　　（11） $\ln\left|\dfrac{x+2}{x+3}\right| + C$；　　（12） $\dfrac{1}{3}(3 + 2\ln x)^{\frac{3}{2}} + C$；

（13） $\arctan e^x + C$；　　（14） $\dfrac{1}{2(\arccos x)^2} + C$；　　（15） $-\dfrac{1}{2}\ln|1 + 2\cos x| + C$；　　（16） $\ln|x - \cos x| + C$；

（17） $-\dfrac{3}{2}(\sin x + \cos x)^{\frac{2}{3}} + C$；　　（18） $\dfrac{x}{2} + \dfrac{1}{4}\sin 2x + C$；　　（19） $\dfrac{\cos^3 x}{3} - \cos x + C$；

（20） $\dfrac{1}{20}\sin 10x + \dfrac{1}{8}\sin 4x + C$；　　（21） $\ln|\csc 2x - \cot 2x| + C$；　　（22） $\dfrac{1}{5}\tan^5 x + C$；

（23） $\arcsin x - \dfrac{1 - \sqrt{1 - x^2}}{x} + C$；　　（24） $\dfrac{9}{2}\arcsin\dfrac{x+2}{3} + \dfrac{x+2}{2}\sqrt{5 - 4x - x^2} + C$；　　（25） $\arcsin\dfrac{2x-1}{\sqrt{5}} + C$；

（26） $\dfrac{x}{\sqrt{1 + x^2}} + C$；　　（27） $\arccos\dfrac{1}{|x|} + C$；　　（28） $2\sqrt{x - 1} - 2\arctan\sqrt{x - 1} + C$；

（29） $\sqrt{2x} - \ln(1 + \sqrt{2x}) + C$；　　（30） $\dfrac{3}{2}\sqrt[3]{(1 + x)^2} - 3\sqrt[3]{1 + x} + 3\ln|1 + \sqrt[3]{1 + x}| + C$；

（31） $\dfrac{2}{5}(x - 2)^{\frac{5}{2}} + \dfrac{4}{3}(x - 2)^{\frac{3}{2}} + C$；　　（32） $12\left(\dfrac{1}{7}x^{\frac{7}{6}} - \dfrac{1}{5}x^{\frac{5}{6}} + \dfrac{1}{3}x^{\frac{1}{2}} - x^{\frac{1}{6}} + \arctan x^{\frac{1}{6}}\right) + C$；

（33） $2\sqrt{x} - 4\sqrt[4]{x} + 4\ln(\sqrt[4]{x} + 1) + C$；　　（34） $-6\ln|1 - \sqrt[6]{x}| + C$．

**2.** $2\sqrt{x + 1} - 1$．

**3.** （1） $\arccos\dfrac{1}{x} + C$；　　（2） $-\arcsin\dfrac{1}{x} + C$；　　（3） $\arctan\sqrt{x^2 - 1} + C$；　　（4） $-\arcsin\dfrac{1}{x} + C$．

**4.** 提示：$f(x) = \ln x$．

**（B）**

**1.** （1） $\dfrac{x + 1}{\sqrt{1 - x^2}} + C$；　　（2） $\ln(\sqrt{1 + e^{2x}} - 1) - x + C$；　　（3） $\dfrac{1}{47}(1 - x)^{-47} - \dfrac{1}{24}(1 - x)^{-48} + \dfrac{1}{49}(1 - x)^{-49} + C$；

（4） $-\dfrac{1}{x\ln x} + C$；　　（5） $\tan x - \sec x + C$；　　（6） $-\ln|\ln\cos x| + C$；　　（7） $\dfrac{1}{5}(x^3 + 1)^{\frac{5}{3}} - \dfrac{1}{2}(x^3 + 1)^{\frac{2}{3}} + C$；

(8) $\dfrac{1}{2}\ln(x^2+2x+5)+2\arctan\dfrac{x+1}{2}+C$；　(9) $x+\ln|5\cos x+2\sin x|+C$；　(10) $2\arcsin\dfrac{\sqrt{x}}{3}+C$；

(11) $\dfrac{1}{8}\arctan x^4-\dfrac{x^4}{8(x^8+1)}+C$；　(12) $\dfrac{1}{22}(x+2)^{22}-\dfrac{2}{21}(x+2)^{21}+C$；　(13) $\sqrt{1+2\tan x}+C$；

(14) $\dfrac{1}{2}\arcsin\dfrac{2}{3}x+\dfrac{1}{4}\sqrt{9-4x^2}+C$.

**\*2.** $x+4\ln|x-1|-\dfrac{4}{x-1}+C$.

## 习　题　4.3

### （A）

**1.** (1) $-x\cos x+\sin x+C$；　(2) $\dfrac{x^2}{2}\ln x-\dfrac{x^2}{4}+C$；　(3) $x^2\sin x+2x\cos x-2\sin x+C$；　(4) $x\ln x-x+C$；

(5) $x\ln(x^2+1)-2x+2\arctan x+C$；　(6) $-\dfrac{1}{4}(2x+1)\mathrm{e}^{-2x}+C$；　(7) $\dfrac{1}{2}\mathrm{e}^{-x}(\sin x-\cos x)+C$；

(8) $x\,\mathrm{arccot}\,x+\dfrac{1}{2}\ln(1+x^2)+C$；　(9) $\dfrac{1}{4}[(2x^2-1)\arcsin x+x\sqrt{1-x^2}]+C$；　(10) $\dfrac{x^3}{3}\ln x-\dfrac{x^3}{9}+C$；

(11) $x\tan x+\ln|\cos x|-\dfrac{1}{2}x^2+C$；　(12) $2\sqrt{x}\arcsin\sqrt{x}+2\sqrt{1-x}+C$；　(13) $-\dfrac{1}{4}x\cos 2x+\dfrac{1}{8}\sin 2x+C$；

(14) $\dfrac{1}{41}\mathrm{e}^{5x}(5\sin 4x-4\cos 4x)+C$.

**2.** $\dfrac{x(\cos x-\sin x)-\sin x}{\mathrm{e}^x}+C$.

### （B）

**1.** (1) $\dfrac{x}{2}[-\cos(\ln x)+\sin(\ln x)]+C$；　(2) $\dfrac{x^3}{3}\arctan x-\dfrac{x^2}{6}+\dfrac{1}{6}\ln(1+x^2)+C$；　(3) $2\sqrt{x+1}\arcsin x+4\sqrt{1-x}+C$；

(4) $-\dfrac{x}{8}\csc^2\dfrac{x}{2}-\dfrac{1}{4}\cot\dfrac{x}{2}+C$；　(5) $\dfrac{\mathrm{e}^x}{10}(5+\cos 2x+2\sin 2x)+C$；　(6) $3\mathrm{e}^{\sqrt[3]{x}}(\sqrt[3]{x^2}-2\sqrt[3]{x}+2)+C$；

(7) $x(\arcsin x)^2+2\sqrt{1-x^2}\arcsin x-2x+C$；　(8) $-\dfrac{1}{x}(\ln^3 x+3\ln^2 x+6\ln x+6)+C$.

**2.** $-\mathrm{e}^{-x}\ln(1+\mathrm{e}^x)+x-\ln(1+\mathrm{e}^x)+C$.

## 习　题　4.4

### （A）

**1.** (1) $-5\ln|x-2|+6\ln|x-3|+C$；　(2) $\ln|x|-\ln|x-1|-\dfrac{1}{x-1}+C$；

(3) $\dfrac{1}{2}\ln(x^2+2x+3)-\dfrac{3}{\sqrt{2}}\arctan\dfrac{x+1}{\sqrt{2}}+C$；　(4) $\dfrac{1}{3}x^3-x^2+4x-8\ln|x+2|+C$；

(5) $\ln|x-2|+2\ln|x+5|+C$；　(6) $\dfrac{x^2}{2}-x+3\ln|x+1|+C$；

(7) $\dfrac{1}{3}\ln\dfrac{|x-1|}{\sqrt{x^2+x+1}}+\dfrac{\sqrt{3}}{3}\arctan\dfrac{\sqrt{3}(2x+1)}{3}+C$；　(8) $\dfrac{2}{5}\ln|1+2x|-\dfrac{1}{5}\ln(1+x^2)+\dfrac{1}{5}\arctan x+C$.

（B）

1. （1） $-2\ln|x+2|+2\ln|x+3|-\dfrac{3}{x+3}+C$ ; （2） $\arctan x+\dfrac{1}{3}\arctan x^3+C$ ;

（3） $-\dfrac{4}{x-2}-\dfrac{11}{2}\cdot\dfrac{1}{(x-2)^2}+C$ ; （4） $\dfrac{1}{2}\ln|x^2-1|+C$ .

# 总 习 题 4

1. （1） $\dfrac{1}{4}x^4+C$ ; （2） $f(x)=-\dfrac{x^2}{2}-\ln|1-x|$ ; （3） $f(x)=\dfrac{9}{5}x^{\frac{5}{3}}+C$ ; （4） $-\ln x+C$ ; （5） $-\dfrac{1}{3}(1-x^2)^{\frac{3}{2}}+C$ ;

（6） $\dfrac{1}{4}\cos 2x-\dfrac{1}{4x}\sin 2x+C$ ; （7） $x\ln x+C$ ; （8） $f(x)=x\cos x\ln x+\sin x-(1+\sin x)\ln x+C$ .

2. （1） $\dfrac{1}{3}(x^2-3)^{\frac{3}{2}}+C$ ; （2） $\sin x-\dfrac{1}{3}\sin^3 x+C$ ; （3） $\dfrac{2}{3}(x+6)(x-3)^{\frac{1}{2}}+C$ ;

（4） $3\sqrt[3]{x}-6\sqrt[6]{x}+6\ln(\sqrt[6]{x}+1)+C$ ; （5） $5\ln|x-3|-3\ln|x-2|+C$ ; （6） $\dfrac{3}{4}x^{\frac{4}{3}}-2\sqrt{x}+C$ ;

（7） $-e^{\frac{1}{x}}+C$ ; （8） $\dfrac{(\ln x)^3}{3}+C$ ; （9） $\dfrac{3}{8}x-\dfrac{1}{4}\sin 2x+\dfrac{1}{32}\sin 4x+C$ ; （10） $\dfrac{1}{3}\tan^3 x-\tan x+x+C$ ;

（11） $-\cot x-\dfrac{1}{3}\cot^3 x+C$ ; （12） $\dfrac{1}{3}\sin^3 x-\dfrac{2}{5}\sin^5 x+\dfrac{1}{7}\sin^7 x+C$ ; （13） $-\dfrac{1}{8}\ln\left(1+\dfrac{1}{x^8}\right)+C$ ;

（14） $\dfrac{3}{2}(x+1)^{\frac{2}{3}}-3\sqrt[3]{x+1}+3\ln|\sqrt[3]{x+1}+1|+C$ ; （15） $(\arctan\sqrt{x})^2+C$ ; （16） $\sqrt{x^2-9}-3\arccos\dfrac{3}{|x|}+C$ ;

（17） $-\dfrac{2}{17}e^{-2x}\left(\cos\dfrac{x}{2}+4\sin\dfrac{x}{2}\right)+C$ ; （18） $\dfrac{1}{2}(x^2-1)\ln(x-1)-\dfrac{1}{4}x^2-\dfrac{1}{2}x+C$ ;

（19） $-\dfrac{e^{-x}}{2}\left(1+\dfrac{2}{5}\sin 2x-\dfrac{1}{5}\cos 2x\right)+C$ ; （20） $-\dfrac{1}{x}(\ln^2 x+2\ln x+2)+C$ ;

（21） $x\ln(x+\sqrt{1+x^2})+\sqrt{1+x^2}+C$ ; （22） $x(\arcsin x)^2+2\sqrt{1-x^2}\arcsin x-2x+C$ ;

（23） $\dfrac{1}{6}\ln|\sin(2x^3)|+C$ ; （24） $\dfrac{x}{2}[\cos(\ln x)+\sin(\ln x)]+C$ ; （25） $-\arctan\sqrt{1-x^2}+C$ ;

（26） $\dfrac{1}{8}\ln(4x^2+4x+3)+\dfrac{3}{4\sqrt{2}}\arctan\dfrac{2x+1}{\sqrt{2}}+C$ ; （27） $\dfrac{1}{2}e^{2x}-e^x+x+C$ ; （28） $-6\ln|1-\sqrt[6]{x}|+C$ ;

（29） $(\arcsin\sqrt{x})^2+C$ ; （30） $\dfrac{1}{2}\ln(x^2-4x+8)+\dfrac{5}{2}\arctan\dfrac{x-2}{2}+C$ ;

（31） $-\dfrac{1}{97}(x-1)^{-97}-\dfrac{1}{49}(x-1)^{-98}-\dfrac{1}{99}(x-1)^{-99}+C$ ; （32） $-\dfrac{1}{3}\sqrt{1-x^2}(x^2+2)\arccos x-\dfrac{1}{9}x(x^2+6)+C$ ;

（33） $-e^{-x}\ln(e^x+1)-\ln(e^{-x}+1)+C$ ; （34） $\dfrac{\sqrt{x^2-1}}{x}-\arcsin\dfrac{1}{x}+C$ .

3. $Q=1000\cdot\left(\dfrac{1}{3}\right)^P$ .

4. $f(x)=\dfrac{xe^{\frac{x}{2}}}{2(1+x)^{\frac{3}{2}}}$ .

5. $\dfrac{-x\sin x-2\cos x}{x}+C$ .

**6.** $-\dfrac{(x-2)^3}{3}-\dfrac{1}{x-2}+C$ .

**7.** $-2\sqrt{1-x}\arcsin\sqrt{x}+2\sqrt{x}+C$ .

**8.** $\int f(x)\mathrm{d}x=\begin{cases}-\dfrac{1}{2}\cos 2x+C, & x\leqslant 0,\\[2mm] x\ln(2x+1)-x+\dfrac{1}{2}\ln(2x+1)+C, & x>0.\end{cases}$

**9.** $I_1=\dfrac{1}{a^2+b^2}(bx-a\ln|a\cos x+b\sin x|)+C$ , $I_2=\dfrac{1}{a^2+b^2}(ax+b\ln|a\cos x+b\sin x|)+C$ .

**10.** 提示： $I_1=\displaystyle\int\dfrac{1+x}{x(1+xe^x)}\mathrm{d}x=\int\dfrac{(1+x)e^x}{xe^x(1+xe^x)}\mathrm{d}x=\int\dfrac{\mathrm{d}xe^x}{xe^x(1+xe^x)}\xlongequal{xe^x=u}\int\dfrac{\mathrm{d}u}{u(1+u)}=I_2$ .

## 习　题　5.1

### （A）

**1.** （1） $\dfrac{3}{2}$ ；　（2） $\mathrm{e}-1$ .

**2.** 略.

### （B）

**1.** $\dfrac{7}{3}$ .

**2.** $\displaystyle\int_a^b P(x)\mathrm{d}x$ .

**3.** 不可积

**4.** （1） $\displaystyle\int_0^1\dfrac{1}{1+x}\mathrm{d}x$ ；　（2） $\displaystyle\int_0^1\sqrt{x}\,\mathrm{d}x$ ；　（3） $\displaystyle\int_0^1\dfrac{1}{1+x^2}\mathrm{d}x$ .

## 习　题　5.2

### （A）

**1.** （1） $I_1>I_2$ ；　（2） $I_1<I_2$ ；　（3） $I_1>I_2$ ；　（4） $I_1>I_2$ ；　（5） $I_1<I_2$ .

**2.** （1） $6\leqslant I\leqslant 51$ ；　（2） $\pi\leqslant I\leqslant 2\pi$ ；　（3） $\dfrac{\pi}{9}\leqslant I\leqslant\dfrac{2\pi}{3}$ ；　（4） $2a\mathrm{e}^{-a^2}\leqslant I\leqslant 2a$ ；　（5） $2\mathrm{e}^{-\frac{1}{4}}\leqslant I\leqslant 2\mathrm{e}^2$ .

**3.** 略.

### （B）

**1.** 略.

**2.** 6.

**3.** 略.

## 习　题　5.3

### （A）

**1.** $0,\ \dfrac{\sqrt{2}}{2}$ .

**2.** $\mathrm{e}^{x^3}\cdot 3x^2-\mathrm{e}^{x^2}\cdot 2x$ .

**3.** （1） $\dfrac{1}{3}$ ；　（2） 1；　（3） 2.

**4.** $\dfrac{\cos x}{\sin x - 1}$.

**5.** （1）$\dfrac{17}{6}$；　（2）$\dfrac{\pi}{3}$；　（3）4；　（4）$\dfrac{\pi}{3}$；　（5）$45\dfrac{1}{6}$；　（6）$\dfrac{11}{6}$；　（7）$1+\dfrac{\pi^2}{8}$；　（8）$\dfrac{5}{2}$.

**（B）**

**1.** 3.

**2.** 略.

**3.** $k=0$或$-1$.

**4.** $f(x)=\dfrac{1}{4}(x^2+2x)$.

**5.** $f(x)=\dfrac{1}{1+x^2}+\dfrac{\pi}{3}x^3$.

**6.** $\sin(1+x^2)$.

**7.** 略.

## 习 题 5.4

**（A）**

**1.** （1）$\dfrac{1}{2}\left(1-\dfrac{1}{e}\right)$；　（2）$\dfrac{3}{16}$；　（3）$\arctan e-\dfrac{\pi}{4}$；　（4）$\dfrac{3}{2}$；　（5）0；　（6）$2-2\ln 2$；

（7）$2\sqrt{2}$；　（8）$\pi+2$；　（9）$\sqrt{3}-\dfrac{\pi}{3}$；　（10）$2\ln(1+\sqrt{2})-\ln 3$；　（11）$1-\dfrac{2}{e}$；

（12）$\dfrac{1}{4}(e^2-3)$；　（13）$\dfrac{1}{2}+\dfrac{\sqrt{3}}{12}\pi$；　（14）$e-2$；　（15）1；　（16）$\dfrac{1}{2}(e^{\frac{\pi}{2}}+1)$；

（17）$8\ln 2-4$；　（18）$\left(\dfrac{1}{4}-\dfrac{\sqrt{3}}{9}\right)\pi+\dfrac{1}{2}\ln\dfrac{3}{2}$；　（19）$\dfrac{\pi^3}{6}-\dfrac{\pi}{4}$；　（20）$\dfrac{1}{2}(e\sin 1-e\cos 1+1)$.

**2.** （1）0；　（2）$\dfrac{3}{4}\pi$；　（3）0；　（4）$\dfrac{\pi^3}{324}$；　（5）0；　（6）$\dfrac{\sqrt{3}}{8}-\dfrac{\pi}{24}$.

**3.** （1）e；　（2）4.

**4.** 略.

**（B）**

**1.** （1）$\ln 2$；　（2）2；　（3）$2\left(1-\dfrac{1}{e}\right)$；　（4）$\dfrac{\pi}{4}$；　（5）$\ln 2-\dfrac{3}{8}$；　（6）$\dfrac{5\sqrt{3}}{18}\pi-\dfrac{1}{2}\ln 3$；

（7）$\dfrac{\pi}{6\sqrt{3}}$；　（8）$\dfrac{\pi}{2}$；　（9）$\ln(2+\sqrt{3})-\dfrac{\sqrt{3}}{2}$；　（10）$\dfrac{\pi}{8}\ln 2$.

**2.** 3

**3-4.** 略.

## 习 题 5.5

**（A）**

**1.** （1）$\dfrac{1}{2}$；　（2）发散；　（3）$\dfrac{1}{2}$；　（4）$\pi$；　（5）1；　（6）$2\dfrac{2}{3}$；　（7）$\dfrac{\pi}{2}$；　（8）2；

（9）1； （10）发散； （11）发散； （12）$\pi$.

**2.** （1）$n!$； （2）$\dfrac{1}{2}\sqrt{\pi}$； （3）$\dfrac{3}{8}$； （4）1.

**3.** 当$k>1$时收敛于$\dfrac{(\ln 2)^{1-k}}{k-1}$；当$k\leqslant 1$时发散；当$k=1-\dfrac{1}{\ln\ln 2}$时取得最小值.

**（B）**

**1.** （1）发散； （2）2； （3）$\dfrac{1}{4}\ln 2$； （4）$\dfrac{\pi}{2}$； （5）$-\dfrac{\pi}{2}\ln 2$； （6）发散.

**2-3.** 略.

# 习 题 5.6

**（A）**

**1.** （1）$\displaystyle\int_0^1(\sqrt{x}-x)\mathrm{d}x$ 或 $\displaystyle\int_0^1(y-y^2)\mathrm{d}y$； （2）$\displaystyle\int_0^1(\mathrm{e}-\mathrm{e}^x)\mathrm{d}x$ 或 $\displaystyle\int_1^{\mathrm{e}}\ln y\,\mathrm{d}y$；

（3）$\displaystyle\int_{-1}^3(3+2x-x^2)\mathrm{d}x$； （4）$\displaystyle\int_1^2\left(x-\dfrac{1}{x}\right)\mathrm{d}x$.

**2.** （1）$\dfrac{4}{3}a\sqrt{a}$； （2）$\dfrac{3}{2}-\ln 2$； （3）1； （4）$b-a$； （5）$\dfrac{7}{6}$； （6）$\dfrac{7}{2}$；

（7）$\mathrm{e}+\dfrac{1}{\mathrm{e}}-2$； （8）$\dfrac{\pi}{2}-1$.

**3.** （1）$V_x=7.5\pi$，$V_y=24.8\pi$； （2）$V_x=\dfrac{\pi^2}{4}$，$V_y=2\pi$； （3）$V_x=\dfrac{128}{7}\pi$，$V_y=\dfrac{64}{5}\pi$.

**4.** （1）$\dfrac{3\pi}{10}$； （2）$10\pi^2$.

**5.** $10\mathrm{e}^{0.2Q}+80$.

**6.** $15Q-Q^2$，$15-Q$.

**7.** 50，100.

**8.** （1）2.5，6.25； （2）0.25.

**（B）**

**1.** $\dfrac{1}{2}$.

**2.** $2\pi+\dfrac{4}{3}$.

**3.** $\dfrac{9}{4}$.

**4.** $\dfrac{\mathrm{e}}{2}$.

**5.** （1）$\dfrac{\pi R^2 H}{2}$； （2）$\pi H^2\left(R-\dfrac{H}{3}\right)$.

**6.** $\dfrac{16}{3}p^2$.

**7.** （1）$20Q-2Q^2$； （2）$Q=6$； （3）减少了24万元.

## 总 习 题 5

1. （1） $\int_{x^2}^{0} \cos t^2 \mathrm{d}t - 2x^2 \cos x^4$ ；   （2） $\int_{0}^{x^2} f(t^2)\mathrm{d}t + 2x^2 f(x^2)$ ；   （3） $\sin x^2$ ；

   （4） $xf(x^2)$ ；   （5） $\arctan \dfrac{\pi}{4}$ ；   （6） $x-1$ ；   （7） 1 ；   （8） 1.

2. （1） $\dfrac{4}{e}$ ；   （2） $\dfrac{\pi}{2}$ ；   （3） $\dfrac{20}{3}$ ；   （4） $\dfrac{\pi}{16} + \dfrac{\sqrt{3}}{4} - \dfrac{1}{8}\ln(2+\sqrt{3})$ ；   （5） $\dfrac{\pi}{8}(b-a)^2$ ；

   （6） 0 ；   （7） $\dfrac{\pi}{4} - \dfrac{1}{2}$ ；   （8） $\dfrac{a}{2}$ ；   （9） $2(\sqrt{e+1} - \sqrt{2})$ ；   （10） $\dfrac{\sqrt{3}}{3a^2}$ .

3. （1） $\dfrac{2}{3}\ln 2$ ；   （2） $\dfrac{\pi}{4e}$ ；   （3） $\dfrac{\pi}{3}$ ；   （4） $\pi$ ；   （5） $\dfrac{\pi}{2\sqrt{2}}$ ；   （6） $\dfrac{3}{2} - \dfrac{1}{\ln 2}$ .

4. $\ln(1+e)$ .

5. 2.

6-7. 略.

8. $\dfrac{\pi}{3}$ .

9. $\dfrac{\cos 1 - 1}{2}$ .

10. 略.

11. 极小值为 $f(0)=0$ ，极大值为 $f(\pm 1) = \int_{0}^{1}(1-t)e^{-t}\mathrm{d}t = \dfrac{1}{e}$ .

12. $\dfrac{28}{15}\pi$ .

13. 2，$9\pi$ .

14. 当 $t=0$ 时，$S$ 最大；当 $t=\dfrac{\pi}{4}$ 时，$S$ 最小.

15. 3.

16. $a=0$ ，$b=1$ .

17. $\dfrac{\pi}{2}$ .

18. $a = -\dfrac{5}{3}$ ，$b=2$ ，$c=0$ .

19. （1） 4百台；   （2） 0.5万元.

# 附录 A 初等数学中的常用公式

## 一、常用初等代数公式

### 1. 一元二次方程 $ax^2+bx+c=0$

根的判别式 $\Delta=b^2-4ac$.

（1）当 $\Delta>0$ 时，方程有两个相异实根；

（2）当 $\Delta=0$ 时，方程有两个相等实根；

（3）当 $\Delta<0$ 时，方程有共轭复根.

求根公式为

$$x_{1,2}=\frac{-b\pm\sqrt{b^2-4ac}}{2a}$$

### 2. 对数的运算性质

（1）若 $a^y=x$，则 $y=\log_a x$；

（2）$\log_a a=1$，$\log_a 1=0$，$\ln e=1$，$\ln 1=0$；

（3）$\log_a(x\cdot y)=\log_a x+\log_a y$；

（4）$\log_a\dfrac{x}{y}=\log_a x-\log_a y$；

（5）$\log_a x^b=b\log_a x$；

（6）$a^{\log_a x}=x$，$e^{\ln x}=x$.

### 3. 指数的运算性质

（1）$a^m\cdot a^n=a^{m+n}$；

（2）$\dfrac{a^m}{a^n}=a^{m-n}$；

（3）$(a^m)^n=a^{m\cdot n}$；

（4）$(a\cdot b)^m=a^m\cdot b^m$；

（5）$\left(\dfrac{a}{b}\right)^m=\dfrac{a^m}{b^m}$.

### 4. 常用二项展开及分解公式

（1）$(a+b)^2=a^2+2ab+b^2$；

（2）$(a-b)^2=a^2-2ab+b^2$；

（3）$(a+b)^3=a^3+3a^2b+3ab^2+b^3$；

（4）$(a-b)^3=a^3-3a^2b+3ab^2-b^3$；

（5）$a^2-b^2=(a+b)(a-b)$；

（6）$a^3-b^3=(a-b)(a^2+ab+b^2)$；

（7）$a^3+b^3=(a+b)(a^2-ab+b^2)$；

（8）$a^n-b^n=(a-b)(a^{n-1}+a^{n-2}b+a^{n-3}b^2+\cdots+b^{n-1})$；

（9）$(a+b)^n=C_n^0 a^n+C_n^1 a^{n-1}b+C_n^2 a^{n-2}b^2+\cdots+C_n^k a^{n-k}b^k+\cdots+C_n^n b^n$，其中组合系数

$$C_n^m=\frac{n(n-1)(n-2)\cdots(n-m+1)}{m!},\quad C_n^0=1,\quad C_n^n=1$$

### 5. 常用不等式及其运算性质

若 $a>b$，则有

（1）$a\pm c>b\pm c$；

（2）$ac>bc\,(c>0)$，$ac<bc\,(c<0)$；

（3）$\dfrac{a}{c} > \dfrac{b}{c}\,(c>0)$，$\dfrac{a}{c} < \dfrac{b}{c}\,(c<0)$；

（4）$a^n > b^n\,(n>0, a>0, b>0)$，$a^n < b^n\,(n<0, a>0, b>0)$；

（5）$\sqrt[n]{a} > \sqrt[n]{b}$（$n$为正整数，$a>0, b>0$）；

对于任意实数$a, b$，均有

（6）$|a| - |b| \leqslant |a+b| \leqslant |a| + |b|$；

（7）$a^2 + b^2 \geqslant 2ab$.

### 6. 常用数列公式

（1）等差数列：$a_1, a_1+d, a_1+2d, \cdots, a_1+(n-1)d, \cdots$，其公差为$d$，前$n$项的和为

$$S_n = a_1 + (a_1+d) + (a_1+2d) + \cdots + [a_1+(n-1)d] = \dfrac{a_1+a_n}{2} \cdot n$$

（2）等比数列：$a_1, a_1q, a_1q^2, \cdots, a_1q^{n-1}, \cdots$，其公比为$q$，前$n$项的和为

$$S_n = a_1 + a_1q + a_1q^2 + \cdots + a_1q^{n-1} = \dfrac{a_1(1-q^n)}{1-q}$$

（3）一些常见数列的前$n$项和：

$$1 + 2 + 3 + \cdots + n = \dfrac{1}{2}n(n+1)$$

$$2 + 4 + 6 + \cdots + 2n = n(n+1)$$

$$1 + 3 + 5 + \cdots + (2n-1) = n^2$$

$$1^2 + 2^2 + 3^2 + \cdots + n^2 = \dfrac{1}{6}n(n+1)(2n+1)$$

$$1^2 + 3^2 + 5^2 + \cdots + (2n-1)^2 = \dfrac{1}{3}n(4n^2-1)$$

$$1 \cdot 2 + 2 \cdot 3 + 3 \cdot 4 + \cdots + n(n+1) = \dfrac{1}{3}n(n+1)(n+2)$$

$$\dfrac{1}{1 \cdot 2} + \dfrac{1}{2 \cdot 3} + \dfrac{1}{3 \cdot 4} + \cdots + \dfrac{1}{n(n+1)} = 1 - \dfrac{1}{n+1}$$

### 7. 阶乘

$$n! = n(n-1)(n-2) \cdots 2 \cdot 1$$

## 二、常用基本三角公式

### 1. 基本公式

$$\sin^2 x + \cos^2 x = 1, \quad 1 + \tan^2 x = \sec^2 x, \quad 1 + \cot^2 x = \csc^2 x$$

### 2. 倍角公式

$$\sin 2x = 2\sin x \cos x$$

$$\cos 2x = \cos^2 x - \sin^2 x = 1 - 2\sin^2 x = 2\cos^2 x - 1$$

$$\tan 2x = \dfrac{2\tan x}{1 - \tan^2 x}$$

### 3. 半角公式

$$\sin^2 \dfrac{x}{2} = \dfrac{1-\cos x}{2}, \quad \cos^2 \dfrac{x}{2} = \dfrac{1+\cos x}{2}, \quad \tan \dfrac{x}{2} = \dfrac{1-\cos x}{\sin x}$$

### 4. 加法公式

$$\sin(x \pm y) = \sin x \cos y \pm \cos x \sin y$$

$$\cos(x \pm y) = \cos x \cos y \mp \sin x \sin y$$

$$\tan(x \pm y) = \dfrac{\tan x \pm \tan y}{1 \mp \tan x \tan y}$$

**5. 和差化积公式**

$$\sin x + \sin y = 2\sin\frac{x+y}{2}\cos\frac{x-y}{2}, \qquad \sin x - \sin y = 2\cos\frac{x+y}{2}\sin\frac{x-y}{2}$$

$$\cos x + \cos y = 2\cos\frac{x+y}{2}\cos\frac{x-y}{2}, \qquad \cos x - \cos y = -2\sin\frac{x+y}{2}\sin\frac{x-y}{2}$$

**6. 积化和差公式**

$$\sin x\cos y = \frac{1}{2}[\sin(x+y)+\sin(x-y)], \qquad \cos x\sin y = \frac{1}{2}[\sin(x+y)-\sin(x-y)]$$

$$\cos x\cos y = \frac{1}{2}[\cos(x+y)+\cos(x-y)], \qquad \sin x\sin y = -\frac{1}{2}[\cos(x+y)-\cos(x-y)]$$

## 三、常用求面积和体积的公式

**1. 圆**

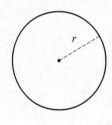

周长＝$2\pi r$

面积＝$\pi r^2$

**2. 平行四边形**

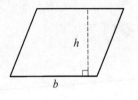

面积＝$bh$

**3. 三角形**

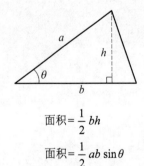

面积＝$\frac{1}{2}bh$

面积＝$\frac{1}{2}ab\sin\theta$

**4. 梯形**

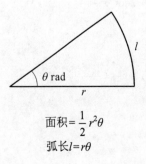

面积＝$\dfrac{a+b}{2}h$

**5. 扇形**

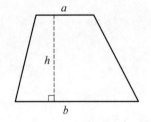

面积＝$\frac{1}{2}r^2\theta$

弧长$l=r\theta$

**6. 圆柱体**

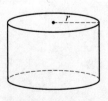

体积＝$\pi r^2 h$

侧面积＝$2\pi rh$

表面积＝$2\pi r(r+h)$

**7. 球体**

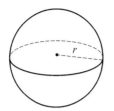

体积 $=\dfrac{4}{3}\pi r^3$

表面积 $=4\pi r^2$

**8. 圆锥体**

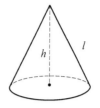

体积 $=\dfrac{1}{3}\pi r^2 h$

侧面积 $=\pi r l$

表面积 $=\pi r(r+l)$

**9. 圆台**

侧面积 $=\pi l(r+R)$

体积 $=\dfrac{1}{3}\pi(r^2+rR+R^2)h$

## 四、参数方程

（1）经过点 $P_0(x_0,y_0)$ 的直线参数方程的一般形式为

$$\begin{cases} x=x_0+at \\ y=y_0+bt \end{cases} \quad （t为参数）$$

（2）若直线 $l$ 经过点 $P_0(x_0,y_0)$，倾斜角为 $\alpha$，则直线参数方程的标准形式为

$$\begin{cases} x=x_0+t\cos\alpha \\ y=y_0+t\sin\alpha \end{cases} \quad （t为参数）$$

其中点 $P$ 对应的参数 $t$ 的几何意义是：有向线段 $\overline{P_0P}$ 的数量.

（3）若点 $P_1$、$P_2$、$P$ 是直线 $l$ 上的点，它们在上述参数方程中对应的参数分别为 $t_1,t_2,t$，则 $|P_1P_2|=|t_1-t_2|$；当点 $P$ 分有向线段 $\overline{P_1P_2}$ 成定比 $\lambda$ 时，$t=\dfrac{t_1+\lambda t_2}{1+\lambda}$；当点 $P$ 是线段 $P_1P_2$ 的中点时，$t=\dfrac{t_1+t_2}{2}$.

（4）圆心为点 $C(a,b)$、半径为 $r$ 的圆的参数方程为

$$\begin{cases} x=a+r\cos\alpha \\ y=b+r\sin\alpha \end{cases} \quad （\alpha为参数）$$

## 五、极坐标方程

（1）若以直角坐标系的原点为极点，$x$ 轴正半轴为极轴建立极坐标系，点 $P$ 的极坐标为 $(\rho,\theta)$，直角坐标为 $(x,y)$，则

$$x=\rho\cos\theta, \quad y=\rho\sin\theta, \quad \rho=\sqrt{x^2+y^2}, \quad \tan\theta=\dfrac{y}{x}$$

（2）经过极点，倾斜角为 $\alpha$ 的直线的极坐标方程为

$$\theta=\alpha \quad 或 \quad \theta=\pi+\alpha$$

（3）经过点 $(a,0)$，且垂直于极轴的直线的极坐标方程为

$$\rho \cos\theta = a$$

（4）经过点 $\left(a,\dfrac{\pi}{2}\right)$ 且平行于极轴的直线的极坐标方程为

$$\rho \sin\theta = a$$

（5）经过点 $(\rho_0,\theta_0)$ 且倾斜角为 $\alpha$ 的直线的极坐标方程为

$$\rho \sin(\theta - \alpha) = \rho_0 \sin(\theta_0 - \alpha)$$

（6）圆心为极点、半径为 $r$ 的圆的极坐标方程为

$$\rho = r$$

（7）圆心为点 $(a,0)$、半径为 $a$ 的圆的极坐标方程为

$$\rho = 2a\cos\theta$$

（8）圆心为点 $\left(a,\dfrac{\pi}{2}\right)$、半径为 $a$ 的圆的极坐标方程为

$$\rho = 2a\sin\theta$$

（9）圆心为点 $(\rho_0,\theta_0)$、半径为 $r$ 的圆的极坐标方程为

$$\rho^2 + \rho_0^2 - 2\rho\rho_0 \cos(\theta - \theta_0) = r^2$$

（10）若点 $M(\rho_1,\theta_1)$，$N(\rho_2,\theta_2)$，则

$$|MN| = \sqrt{\rho_1^2 + \rho_2^2 - 2\rho_1\rho_2 \cos(\theta_1 - \theta_2)}$$

# 附录B 积 分 表

**1. 含有 $ax+b$ 的积分**

（1） $\int \dfrac{\mathrm{d}x}{ax+b} = \dfrac{1}{a}\ln|ax+b|+C$ ；

（2） $\int (ax+b)^{\mu}\mathrm{d}x = \dfrac{1}{a(\mu+1)}(ax+b)^{\mu+1}+C\ (\mu \neq -1)$ ；

（3） $\int \dfrac{x}{ax+b}\mathrm{d}x = \dfrac{1}{a^2}(ax+b-b\ln|ax+b|)+C$ ；

（4） $\int \dfrac{x^2}{ax+b}\mathrm{d}x = \dfrac{1}{a^3}\left[\dfrac{1}{2}(ax+b)^2-2b(ax+b)+b^2\ln|ax+b|\right]+C$ ；

（5） $\int \dfrac{\mathrm{d}x}{x(ax+b)} = -\dfrac{1}{b}\ln\left|\dfrac{ax+b}{x}\right|+C$ ；

（6） $\int \dfrac{\mathrm{d}x}{x^2(ax+b)} = -\dfrac{1}{bx}+\dfrac{a}{b^2}\ln\left|\dfrac{ax+b}{x}\right|+C$ ；

（7） $\int \dfrac{x}{(ax+b)^2}\mathrm{d}x = -\dfrac{1}{a^2}\left(\ln|ax+b|+\dfrac{b}{ax+b}\right)+C$ ；

（8） $\int \dfrac{x^2}{(ax+b)^2}\mathrm{d}x = \dfrac{1}{a^3}\left(ax+b-2b\ln|ax+b|-\dfrac{b^2}{ax+b}\right)+C$ ；

（9） $\int \dfrac{\mathrm{d}x}{x(ax+b)^2} = \dfrac{1}{b(ax+b)}-\dfrac{1}{b^2}\ln\left|\dfrac{ax+b}{x}\right|+C$ .

**2. 含有 $\sqrt{ax+b}$ 的积分**

（10） $\int \sqrt{ax+b}\,\mathrm{d}x = \dfrac{2}{3a}\sqrt{(ax+b)^3}+C$ ；

（11） $\int x\sqrt{ax+b}\,\mathrm{d}x = \dfrac{2}{15a^2}(3ax-2b)\sqrt{(ax+b)^3}+C$ ；

（12） $\int x^2\sqrt{ax+b}\,\mathrm{d}x = \dfrac{2}{105a^3}(15a^2x^2-12abx+8b^2)\sqrt{(ax+b)^3}+C$ ；

（13） $\int \dfrac{x}{\sqrt{ax+b}}\mathrm{d}x = \dfrac{2}{3a^2}(ax-2b)\sqrt{ax+b}+C$ ；

（14） $\int \dfrac{x^2}{\sqrt{ax+b}}\mathrm{d}x = \dfrac{2}{15a^3}(3a^2x^2-4abx+8b^2)\sqrt{ax+b}+C$ ；

（15） $\int \dfrac{\mathrm{d}x}{x\sqrt{ax+b}} = \begin{cases} \dfrac{1}{\sqrt{b}}\ln\left|\dfrac{\sqrt{ax+b}-\sqrt{b}}{\sqrt{ax+b}+\sqrt{b}}\right|+C, & b>0, \\[3mm] \dfrac{2}{\sqrt{-b}}\arctan\sqrt{\dfrac{ax+b}{-b}}+C, & b<0; \end{cases}$

（16） $\int \dfrac{\mathrm{d}x}{x^2\sqrt{ax+b}} = -\dfrac{\sqrt{ax+b}}{bx}-\dfrac{a}{2b}\int \dfrac{\mathrm{d}x}{x\sqrt{ax+b}}$ ；

（17） $\int \dfrac{\sqrt{ax+b}}{x}\mathrm{d}x = 2\sqrt{ax+b}+b\int \dfrac{\mathrm{d}x}{x\sqrt{ax+b}}$ ；

（18）$\int \dfrac{\sqrt{ax+b}}{x^2}\mathrm{d}x = -\dfrac{\sqrt{ax+b}}{x} + \dfrac{a}{2}\int \dfrac{\mathrm{d}x}{x\sqrt{ax+b}}$ .

**3. 含有 $x^2 \pm a^2$ 的积分**

（19）$\int \dfrac{\mathrm{d}x}{x^2+a^2} = \dfrac{1}{a}\arctan \dfrac{x}{a} + C$ ;

（20）$\int \dfrac{\mathrm{d}x}{(x^2+a^2)^n} = \dfrac{x}{2(n-1)a^2(x^2+a^2)^{n-1}} + \dfrac{2n-3}{2(n-1)a^2}\int \dfrac{\mathrm{d}x}{(x^2+a^2)^{n-1}}$ ;

（21）$\int \dfrac{\mathrm{d}x}{x^2-a^2} = \dfrac{1}{2a}\ln\left|\dfrac{x-a}{x+a}\right| + C$ .

**4. 含有 $ax^2+b(a>0)$ 的积分**

（22）$\int \dfrac{\mathrm{d}x}{ax^2+b} = \begin{cases} \dfrac{1}{\sqrt{ax}}\arctan\sqrt{\dfrac{a}{b}}x + C, & b>0 \\[3mm] \dfrac{1}{2\sqrt{-ab}}\ln\left|\dfrac{\sqrt{ax}-\sqrt{-b}}{\sqrt{ax}+\sqrt{-b}}\right| + C, & b<0 \end{cases}$ ;

（23）$\int \dfrac{x}{ax^2+b}\mathrm{d}x = \dfrac{1}{2a}\ln\left|ax^2+b\right| + C$ ;

（24）$\int \dfrac{x^2}{ax^2+b}\mathrm{d}x = \dfrac{x}{a} - \dfrac{b}{a}\int \dfrac{\mathrm{d}x}{ax^2+b}$ ;

（25）$\int \dfrac{\mathrm{d}x}{x(ax^2+b)} = \dfrac{1}{2b}\ln\dfrac{x^2}{|ax^2+b|} + C$ ;

（26）$\int \dfrac{\mathrm{d}x}{x^2(ax^2+b)} = -\dfrac{1}{bx} - \dfrac{a}{b}\int \dfrac{\mathrm{d}x}{ax^2+b}$ ;

（27）$\int \dfrac{\mathrm{d}x}{x^3(ax^2+b)} = \dfrac{a}{2b^2}\ln\dfrac{|ax^2+b|}{x^2} - \dfrac{1}{2bx^2} + C$ ;

（28）$\int \dfrac{\mathrm{d}x}{(ax^2+b)^2} = \dfrac{x}{2b(ax^2+b)} + \dfrac{1}{2b}\int \dfrac{\mathrm{d}x}{ax^2+b}$ .

**5. 含有 $ax^2+bx+c(a>0)$ 的积分**

（29）$\int \dfrac{\mathrm{d}x}{ax^2+bx+c} = \begin{cases} \dfrac{2}{\sqrt{4ac-b^2}}\arctan\dfrac{2ax+b}{\sqrt{4ac-b^2}} + C, & b^2<4ac, \\[3mm] \dfrac{1}{\sqrt{b^2-4ac}}\ln\left|\dfrac{2ax+b-\sqrt{b^2-4ac}}{2ax+b+\sqrt{b^2-4ac}}\right| + C, & b^2>4ac; \end{cases}$

（30）$\int \dfrac{x}{ax^2+bx+c}\mathrm{d}x = \dfrac{1}{2a}\ln\left|ax^2+bx+c\right| - \dfrac{b}{2a}\int \dfrac{\mathrm{d}x}{ax^2+bx+c}$ .

**6. 含有 $\sqrt{x^2+a^2}\ (a>0)$ 的积分**

（31）$\int \dfrac{\mathrm{d}x}{\sqrt{x^2+a^2}} = \operatorname{arsh}\dfrac{x}{a} + C_1 = \ln(x+\sqrt{x^2+a^2}) + C$ ;

（32）$\int \dfrac{\mathrm{d}x}{\sqrt{(x^2+a^2)^3}} = \dfrac{x}{a^2\sqrt{x^2+a^2}} + C$ ;

（33）$\int \dfrac{x}{\sqrt{x^2+a^2}}\mathrm{d}x = \sqrt{x^2+a^2} + C$ ;

（34）$\int \dfrac{x}{\sqrt{(x^2+a^2)^3}}\mathrm{d}x = -\dfrac{1}{\sqrt{x^2+a^2}} + C$ ;

(35) $\int \dfrac{x^2}{\sqrt{x^2+a^2}}\mathrm{d}x = \dfrac{x}{2}\sqrt{x^2+a^2} - \dfrac{a^2}{2}\ln(x+\sqrt{x^2+a^2})+C$ ;

(36) $\int \dfrac{x^2}{\sqrt{(x^2+a^2)^3}}\mathrm{d}x = -\dfrac{x}{\sqrt{x^2+a^2}} + \ln(x+\sqrt{x^2+a^2})+C$ ;

(37) $\int \dfrac{\mathrm{d}x}{x\sqrt{x^2+a^2}} = \dfrac{1}{a}\ln\dfrac{\sqrt{x^2+a^2}-a}{|x|}+C$ ;

(38) $\int \dfrac{\mathrm{d}x}{x^2\sqrt{x^2+a^2}} = -\dfrac{\sqrt{x^2+a^2}}{a^2 x}+C$ ;

(39) $\int \sqrt{x^2+a^2}\,\mathrm{d}x = \dfrac{x}{2}\sqrt{x^2+a^2} + \dfrac{a^2}{2}\ln(x+\sqrt{x^2+a^2})+C$ ;

(40) $\int \sqrt{(x^2+a^2)^3}\,\mathrm{d}x = \dfrac{x}{8}(2x^2+5a^2)\sqrt{x^2+a^2} + \dfrac{3}{8}a^4\ln(x+\sqrt{x^2+a^2})+C$ ;

(41) $\int x\sqrt{x^2+a^2}\,\mathrm{d}x = \dfrac{1}{3}\sqrt{(x^2+a^2)^3}+C$ ;

(42) $\int x^2\sqrt{x^2+a^2}\,\mathrm{d}x = \dfrac{x}{8}(2x^2+a^2)\sqrt{x^2+a^2} - \dfrac{a^4}{8}\ln(x+\sqrt{x^2+a^2})+C$ ;

(43) $\int \dfrac{\sqrt{x^2+a^2}}{x}\mathrm{d}x = \sqrt{x^2+a^2} + a\ln\dfrac{\sqrt{x^2+a^2}-a}{|x|}+C$ ;

(44) $\int \dfrac{\sqrt{x^2+a^2}}{x^2}\mathrm{d}x = -\dfrac{\sqrt{x^2+a^2}}{x} + \ln(x+\sqrt{x^2+a^2})+C$ .

**7. 含有 $\sqrt{x^2-a^2}$ （$a>0$）的积分**

(45) $\int \dfrac{\mathrm{d}x}{\sqrt{x^2-a^2}} = \dfrac{x}{|x|}\operatorname{arch}\dfrac{|x|}{a}+C_1 = \ln\left|x+\sqrt{x^2-a^2}\right|+C$ ;

(46) $\int \dfrac{\mathrm{d}x}{\sqrt{(x^2-a^2)^3}} = -\dfrac{x}{a^2\sqrt{x^2-a^2}}+C$ ;

(47) $\int \dfrac{x}{\sqrt{x^2-a^2}}\mathrm{d}x = \sqrt{x^2-a^2}+C$ ;

(48) $\int \dfrac{x}{\sqrt{(x^2-a^2)^3}}\mathrm{d}x = -\dfrac{1}{\sqrt{x^2-a^2}}+C$ ;

(49) $\int \dfrac{x^2}{\sqrt{x^2-a^2}}\mathrm{d}x = \dfrac{x}{2}\sqrt{x^2-a^2} + \dfrac{a^2}{2}\ln\left|x+\sqrt{x^2-a^2}\right|+C$ ;

(50) $\int \dfrac{x^2}{\sqrt{(x^2-a^2)^3}}\mathrm{d}x = -\dfrac{x}{\sqrt{x^2-a^2}} + \ln\left|x+\sqrt{x^2-a^2}\right|+C$ ;

(51) $\int \dfrac{\mathrm{d}x}{k\sqrt{x^2-a^2}} = \dfrac{1}{a}\arccos\dfrac{a}{|x|}+C$ ;

(52) $\int \dfrac{\mathrm{d}x}{x^2\sqrt{x^2-a^2}} = \dfrac{\sqrt{x^2-a^2}}{a^2 x}+C$ ;

(53) $\int \sqrt{x^2-a^2}\,\mathrm{d}x = \dfrac{x}{2}\sqrt{x^2-a^2} - \dfrac{a^2}{2}\ln\left|x+\sqrt{x^2-a^2}\right|+C$ ;

(54) $\int \sqrt{(x^2-a^2)^3}\,\mathrm{d}x = \dfrac{x}{8}(2x^2-5a^2)\sqrt{x^2-a^2} + \dfrac{3}{8}a^4\ln\left|x+\sqrt{x^2-a^2}\right|+C$ ;

（55） $\displaystyle\int x\sqrt{x^2-a^2}\,\mathrm{d}x=\frac{1}{3}\sqrt{(x^2-a^2)^3}+C$ ；

（56） $\displaystyle\int x^2\sqrt{x^2-a^2}\,\mathrm{d}x=\frac{x}{8}(2x^2-a^2)\sqrt{x^2-a^2}-\frac{a^4}{8}\ln\left|x+\sqrt{x^2-a^2}\right|+C$ ；

（57） $\displaystyle\int\frac{\sqrt{x^2-a^2}}{x}\,\mathrm{d}x=\sqrt{x^2-a^2}-a\arccos\frac{a}{|x|}+C$ ；

（58） $\displaystyle\int\frac{\sqrt{x^2-a^2}}{x^2}\,\mathrm{d}x=-\frac{\sqrt{x^2-a^2}}{x}+\ln\left|x+\sqrt{x^2-a^2}\right|+C.$

## 8. 含有 $\sqrt{a^2-x^2}$ （$a>0$）的积分

（59） $\displaystyle\int\frac{\mathrm{d}x}{\sqrt{a^2-x^2}}=\arcsin\frac{x}{a}+C$ ；

（60） $\displaystyle\int\frac{\mathrm{d}x}{\sqrt{(a^2-x^2)^3}}=\frac{x}{a^2\sqrt{a^2-x^2}}+C$ ；

（61） $\displaystyle\int\frac{x}{\sqrt{a^2-x^2}}\,\mathrm{d}x=-\sqrt{a^2-x^2}+C$ ；

（62） $\displaystyle\int\frac{x}{\sqrt{(a^2-x^2)^3}}\,\mathrm{d}x=\frac{1}{\sqrt{a^2-x^2}}+C$ ；

（63） $\displaystyle\int\frac{x^2}{\sqrt{a^2-x^2}}\,\mathrm{d}x=-\frac{x}{2}\sqrt{a^2-x^2}+\frac{a^2}{2}\arcsin\frac{x}{a}+C$ ；

（64） $\displaystyle\int\frac{x^2}{\sqrt{(a^2-x^2)^3}}\,\mathrm{d}x=\frac{x}{\sqrt{a^2-x^2}}-\arcsin\frac{x}{a}+C$ ；

（65） $\displaystyle\int\frac{\mathrm{d}x}{x\sqrt{a^2-x^2}}=\frac{1}{a}\ln\frac{a-\sqrt{a^2-x^2}}{|x|}+C$ ；

（66） $\displaystyle\int\frac{\mathrm{d}x}{x^2\sqrt{a^2-x^2}}=-\frac{\sqrt{a^2-x^2}}{a^2x}+C$ ；

（67） $\displaystyle\int\sqrt{a^2-x^2}\,\mathrm{d}x=\frac{x}{2}\sqrt{a^2-x^2}+\frac{a^2}{2}\arcsin\frac{x}{a}+C$ ；

（68） $\displaystyle\int\sqrt{(a^2-x^2)^3}\,\mathrm{d}x=\frac{x}{8}(5a^2-2x^2)\sqrt{a^2-x^2}+\frac{3}{8}a^4\arcsin\frac{x}{a}+C$ ；

（69） $\displaystyle\int x\sqrt{a^2-x^2}\,\mathrm{d}x=-\frac{1}{3}\sqrt{(a^2-x^2)^3}+C$ ；

（70） $\displaystyle\int x^2\sqrt{a^2-x^2}\,\mathrm{d}x=\frac{x}{8}(2x^2-a^2)\sqrt{a^2-x^2}+\frac{a^4}{8}\arcsin\frac{x}{a}+C$ ；

（71） $\displaystyle\int\frac{\sqrt{a^2-x^2}}{x}\,\mathrm{d}x=\sqrt{a^2-x^2}+a\ln\frac{a-\sqrt{a^2-x^2}}{|x|}+C$ ；

（72） $\displaystyle\int\frac{\sqrt{a^2-x^2}}{x^2}\,\mathrm{d}x=-\frac{\sqrt{a^2-x^2}}{x}-\arcsin\frac{x}{a}+C.$

## 9. 含有 $\sqrt{\pm ax^2+bx+c}$ （$a>0$）的积分

（73） $\displaystyle\int\frac{\mathrm{d}x}{\sqrt{ax^2+bx+c}}=\frac{1}{\sqrt{a}}\ln\left|2ax+b+2\sqrt{a}\sqrt{ax^2+bx+c}\right|+C$ ；

（74） $\displaystyle\int\sqrt{ax^2+bx+c}\,\mathrm{d}x=\frac{2ax+b}{4a}\sqrt{ax^2+bx+c}+\frac{4ac-b^2}{8\sqrt{a^3}}\ln\left|2ax+b+2\sqrt{a}\sqrt{ax^2+bx+c}\right|+C$ ；

（75） $\int \dfrac{x}{\sqrt{ax^2+bx+c}}\mathrm{d}x = \dfrac{1}{a}\sqrt{ax^2+bx+c} - \dfrac{b}{2\sqrt{a^3}}\ln\left|2ax+b+2\sqrt{a}\sqrt{ax^2+bx+c}\right|+C$ ；

（76） $\int \dfrac{\mathrm{d}x}{\sqrt{c+bx-ax^2}} = -\dfrac{1}{\sqrt{a}}\arcsin\dfrac{2ax-b}{\sqrt{b^2+4ac}}+C$ ；

（77） $\int \sqrt{c+bx-ax^2}\,\mathrm{d}x = \dfrac{2ax-b}{4a}\sqrt{c+bx-ax^2} + \dfrac{b^2+4ac}{8\sqrt{a^3}}\arcsin\dfrac{2ax-b}{\sqrt{b^2+4ac}}+C$ ；

（78） $\int \dfrac{x}{\sqrt{c+bx-ax^2}}\mathrm{d}x = -\dfrac{1}{a}\sqrt{c+bx-ax^2} + \dfrac{b}{2\sqrt{a^3}}\arcsin\dfrac{2ax-b}{\sqrt{b^2+4ac}}+C$ .

**10. 含有 $\sqrt{\pm\dfrac{x-a}{x-b}}$ 或 $\sqrt{(x-a)(b-x)}$ 的积分**

（79） $\int \sqrt{\dfrac{x-a}{x-b}}\,\mathrm{d}x = (x-b)\sqrt{\dfrac{x-a}{x-b}} + (b-a)\ln(\sqrt{|x-a|}+\sqrt{|x-b|})+C$ ；

（80） $\int \sqrt{\dfrac{x-a}{b-x}}\,\mathrm{d}x = (x-b)\sqrt{\dfrac{x-a}{b-x}} + (b-a)\arcsin\sqrt{\dfrac{x-a}{b-a}}+C$ ；

（81） $\int \dfrac{\mathrm{d}x}{\sqrt{(x-a)(b-x)}} = 2\arcsin\sqrt{\dfrac{x-a}{b-a}}+C\ (a<b)$ ；

（82） $\int \sqrt{(x-a)(b-x)}\,\mathrm{d}x = \dfrac{2x-a-b}{4}\sqrt{(x-a)(b-x)} + \dfrac{(b-a)^2}{4}\arcsin\sqrt{\dfrac{x-a}{b-a}}+C\ (a<b)$ .

**11. 含有三角函数的积分**

（83） $\int \sin x\mathrm{d}x = -\cos x + C$ ；

（84） $\int \cos x\mathrm{d}x = \sin x + C$ ；

（85） $\int \tan x\mathrm{d}x = -\ln|\cos x|+C$ ；

（86） $\int \cot x\mathrm{d}x = \ln|\sin x|+C$ ；

（87） $\int \sec x\mathrm{d}x = \ln\left|\tan\left(\dfrac{\pi}{4}+\dfrac{x}{2}\right)\right|+C = \ln|\sec x+\tan x|+C$ ；

（88） $\int \csc x\mathrm{d}x = \ln\left|\tan\dfrac{x}{2}\right|+C = \ln|\csc x-\cot x|+C$ ；

（89） $\int \sec^2 x\mathrm{d}x = \tan x + C$ ；

（90） $\int \csc^2 x\mathrm{d}x = -\cot x + C$ ；

（91） $\int \sec x\tan x\mathrm{d}x = \sec x + C$ ；

（92） $\int \csc x\cot x\mathrm{d}x = -\csc x + C$ ；

（93） $\int \sin^2 x\mathrm{d}x = \dfrac{x}{2} - \dfrac{1}{4}\sin 2x + C$ ；

（94） $\int \cos^2 x\mathrm{d}x = \dfrac{x}{2} + \dfrac{1}{4}\sin 2x + C$ ；

（95） $\int \sin^n x\mathrm{d}x = -\dfrac{1}{n}\sin^{n-1}x\cos x + \dfrac{n-1}{n}\int \sin^{n-2}x\mathrm{d}x$ ；

（96） $\int \cos^n x\mathrm{d}x = \dfrac{1}{n}\cos^{n-1}x\sin x + \dfrac{n-1}{n}\int \cos^{n-2}x\mathrm{d}x$ ；

（97） $\int \dfrac{\mathrm{d}x}{\sin^n x} = -\dfrac{1}{n-1}\cdot\dfrac{\cos x}{\sin^{n-1}x} + \dfrac{n-2}{n-1}\int \dfrac{\mathrm{d}x}{\sin^{n-2}x}$ ；

（98）$\int\dfrac{\mathrm{d}x}{\cos^n x}=\dfrac{1}{n-1}\cdot\dfrac{\sin x}{\cos^{n-1}x}+\dfrac{n-2}{n-1}\int\dfrac{\mathrm{d}x}{\cos^{n-2}x}$ ;

（99）$\int\cos^m x\sin^n x\mathrm{d}x=\dfrac{1}{m+n}\cos^{m-1}x\sin^{n+1}x+\dfrac{m-1}{m+n}\int\cos^{m-2}x\sin^n x\mathrm{d}x$

$$=-\dfrac{1}{m+n}\cos^{m+1}x\sin^{n-1}x+\dfrac{n-1}{m+n}\int\cos^m x\sin^{n-2}x\mathrm{d}x$$ ;

（100）$\int\sin ax\cos bx\mathrm{d}x=-\dfrac{1}{2(a+b)}\cos(a+b)x-\dfrac{1}{2(a-b)}\cos(a-b)x+C\ (a\neq b)$ ;

（101）$\int\sin ax\sin bx\mathrm{d}x=-\dfrac{1}{2(a+b)}\sin(a+b)x+\dfrac{1}{2(a-b)}\sin(a-b)x+C\ (a\neq b)$ ;

（102）$\int\cos ax\cos bx\mathrm{d}x=\dfrac{1}{2(a+b)}\sin(a+b)x+\dfrac{1}{2(a-b)}\sin(a-b)x+C\ (a\neq b)$ ;

（103）$\int\dfrac{\mathrm{d}x}{a+b\sin x}=\dfrac{2}{\sqrt{a^2-b^2}}\arctan\dfrac{a\tan\frac{x}{2}+b}{\sqrt{a^2-b^2}}+C\ (a^2>b^2)$ ;

（104）$\int\dfrac{\mathrm{d}x}{a+b\sin x}=\dfrac{1}{\sqrt{b^2-a^2}}\ln\left|\dfrac{a\tan\frac{x}{2}+b-\sqrt{b^2-a^2}}{a\tan\frac{x}{2}+b+\sqrt{b^2-a^2}}\right|+C\ (a^2<b^2)$ ;

（105）$\int\dfrac{\mathrm{d}x}{a+b\cos x}=\dfrac{2}{a+b}\sqrt{\dfrac{a+b}{a-b}}\arctan\left(\sqrt{\dfrac{a-b}{a+b}}\tan\dfrac{x}{2}\right)+C\ (a^2>b^2)$ ;

（106）$\int\dfrac{\mathrm{d}x}{a+b\cos x}=\dfrac{1}{a+b}\sqrt{\dfrac{a+b}{b-a}}\ln\left|\dfrac{\tan\frac{x}{2}+\sqrt{\frac{a+b}{b-a}}}{\tan\frac{x}{2}-\sqrt{\frac{a+b}{b-a}}}\right|+C\ (a^2<b^2)$ ;

（107）$\int\dfrac{\mathrm{d}x}{a^2\cos^2 x+b^2\sin^2 x}=\dfrac{1}{ab}\arctan\left(\dfrac{b}{a}\tan x\right)+C$ ;

（108）$\int\dfrac{\mathrm{d}x}{a^2\cos^2 x-b^2\sin^2 x}=\dfrac{1}{2ab}\ln\left|\dfrac{b\tan x+a}{b\tan x-a}\right|+C$ ;

（109）$\int x\sin ax\mathrm{d}x=\dfrac{1}{a^2}\sin ax-\dfrac{1}{a}x\cos ax+C$ ;

（110）$\int x^2\sin ax\mathrm{d}x=-\dfrac{1}{a}x^2\cos ax+\dfrac{2}{a^2}x\sin ax+\dfrac{2}{a^3}\cos ax+C$ ;

（111）$\int x\cos ax\mathrm{d}x=\dfrac{1}{a^2}\cos ax+\dfrac{1}{a}x\sin ax+C$ ;

（112）$\int x^2\cos ax\mathrm{d}x=\dfrac{1}{a}x^2\sin ax+\dfrac{2}{a^2}x\cos ax-\dfrac{2}{a^3}\sin ax+C$ .

**12. 含有反三角函数的积分（$a>0$）**

（113）$\int\arcsin\dfrac{x}{a}\mathrm{d}x=x\arcsin\dfrac{x}{a}+\sqrt{a^2-x^2}+C$ ;

（114）$\int x\arcsin\dfrac{x}{a}\mathrm{d}x=\left(\dfrac{x^2}{2}-\dfrac{a^2}{4}\right)\arcsin\dfrac{x}{a}+\dfrac{x}{4}\sqrt{a^2-x^2}+C$ ;

（115）$\int x^2\arcsin\dfrac{x}{a}\mathrm{d}x=\dfrac{x^3}{3}\arcsin\dfrac{x}{a}+\dfrac{1}{9}(x^2+2a^2)\sqrt{a^2-x^2}+C$ ;

（116）$\int\arccos\dfrac{x}{a}\mathrm{d}x=x\arccos\dfrac{x}{a}-\sqrt{a^2-x^2}+C$ ;

（117） $\int x \arccos \dfrac{x}{a} \mathrm{d}x = \left(\dfrac{x^2}{2} - \dfrac{a^2}{4}\right)\arccos \dfrac{x}{a} - \dfrac{x}{4}\sqrt{a^2 - x^2} + C$ ；

（118） $\int x^2 \arccos \dfrac{x}{a} \mathrm{d}x = \dfrac{x^3}{3}\arccos \dfrac{x}{a} - \dfrac{1}{9}(x^2 + 2a^2)\sqrt{a^2 - x^2} + C$ ；

（119） $\int \arctan \dfrac{x}{a} \mathrm{d}x = x\arctan \dfrac{x}{a} - \dfrac{a}{2}\ln(a^2 + x^2) + C$ ；

（120） $\int x \arctan \dfrac{x}{a} \mathrm{d}x = \dfrac{1}{2}(a^2 + x^2)\arctan \dfrac{x}{a} - \dfrac{a}{2}x + C$ ；

（121） $\int x^2 \arctan \dfrac{x}{a} \mathrm{d}x = \dfrac{x^3}{3}\arctan \dfrac{x}{a} - \dfrac{a}{6}x^2 + \dfrac{a^3}{6}\ln(a^2 + x^2) + C$ .

**13. 含有指数函数的积分**

（122） $\int a^x \mathrm{d}x = \dfrac{1}{\ln a}a^x + C$ ；

（123） $\int \mathrm{e}^{ax}\mathrm{d}x = \dfrac{1}{a}\mathrm{e}^{ax} + C$ ；

（124） $\int x\mathrm{e}^{ax}\mathrm{d}x = \dfrac{1}{a^2}(ax - 1)\mathrm{e}^{ax} + C$ ；

（125） $\int x^n\mathrm{e}^{ax}\mathrm{d}x = \dfrac{1}{a}x^n\mathrm{e}^{ax} - \dfrac{n}{a}\int x^{n-1}\mathrm{e}^{ax}\mathrm{d}x$ ；

（126） $\int xa^x\mathrm{d}x = \dfrac{x}{\ln a}a^x - \dfrac{1}{(\ln a)^2}a^x + C$ ；

（127） $\int x^n a^x\mathrm{d}x = \dfrac{1}{\ln a}x^n a^x - \dfrac{n}{\ln a}\int x^{n-1}a^x\mathrm{d}x$ ；

（128） $\int \mathrm{e}^{ax}\sin bx\mathrm{d}x = \dfrac{1}{a^2 + b^2}\mathrm{e}^{ax}(a\sin bx - b\cos bx) + C$ ；

（129） $\int \mathrm{e}^{ax}\cos bx\mathrm{d}x = \dfrac{1}{a^2 + b^2}\mathrm{e}^{ax}(b\sin bx + a\cos bx) + C$ ；

（130） $\int \mathrm{e}^{ax}\sin^n bx\mathrm{d}x = \dfrac{1}{a^2 + b^2 n^2}\mathrm{e}^{ax}\sin^{n-1}bx(a\sin bx - nb\cos bx) + \dfrac{n(n-1)b^2}{a^2 + b^2 n^2}\int \mathrm{e}^{ax}\sin^{n-2}bx\mathrm{d}x$ ；

（131） $\int \mathrm{e}^{ax}\cos^n bx\mathrm{d}x = \dfrac{1}{a^2 + b^2 n^2}\mathrm{e}^{ax}\cos^{n-1}bx(a\cos bx + nb\sin bx) + \dfrac{n(n-1)b^2}{a^2 + b^2 n^2}\int \mathrm{e}^{ax}\cos^{n-2}bx\mathrm{d}x$ .

**14. 含有对数函数的积分**

（132） $\int \ln x\mathrm{d}x = x\ln x - x + C$ ；

（133） $\int \dfrac{\mathrm{d}x}{x\ln x} = \ln|\ln x| + C$ ；

（134） $\int x^n \ln x\mathrm{d}x = \dfrac{1}{n+1}x^{n+1}\left(\ln x - \dfrac{1}{n+1}\right) + C$ ；

（135） $\int (\ln x)^n \mathrm{d}x = x(\ln x)^n - n\int (\ln x)^{n-1}\mathrm{d}x$ ；

（136） $\int x^m (\ln x)^n \mathrm{d}x = \dfrac{1}{m+1}x^{m+1}(\ln x)^n - \dfrac{n}{m+1}\int x^m (\ln x)^{n-1}\mathrm{d}x$ .

**15. 定积分**

（137） $\displaystyle\int_{-\pi}^{\pi}\cos nx\mathrm{d}x = \int_{-\pi}^{\pi}\sin nx\mathrm{d}x = 0$ ；

（138） $\displaystyle\int_{-\pi}^{\pi}\cos mx\sin nx\mathrm{d}x = 0$ ；

（139）$\int_{-\pi}^{\pi} \cos mx \cos nx \mathrm{d}x = \begin{cases} 0, & m \neq n, \\ \pi, & m = n; \end{cases}$

（140）$\int_{-\pi}^{\pi} \sin mx \sin nx \mathrm{d}x = \begin{cases} 0, & m \neq n, \\ \pi, & m = n; \end{cases}$

（141）$\int_{0}^{\pi} \sin mx \sin nx \mathrm{d}x = \int_{0}^{\pi} \cos mx \cos nx \mathrm{d}x = \begin{cases} 0, & m \neq n, \\ \dfrac{\pi}{2}, & m = n; \end{cases}$

（142）$I_n = \int_{0}^{\frac{\pi}{2}} \sin^n x \mathrm{d}x = \int_{0}^{\frac{\pi}{2}} \cos^n x \mathrm{d}x, I_n = \dfrac{n-1}{n} I_{n-2}, I_1 = 1, I_0 = \dfrac{\pi}{2}.$